高职高专机电类工学结合模式教材

数控铣床技能实训

罗小青 郑绍芸 主 编
曹智梅 许韶洲 副主编

清华大学出版社
北京

内容简介

本书以目前企业应用最为广泛的 FANUC 系统数控铣床作为背景，重点介绍数控铣床手工编程、MasterCAM X6 自动编程和宏程序编程的技能技巧。在课程结构上打破了原有课程体系，以国家职业技能鉴定为标准，强化实践操作和编程技能，增强学生对所学理论知识的应用能力和综合能力。内容按国家职业技能鉴定对初级、中级的技能要求依次递进、由浅入深，通过案例讲解数控铣床指令，突出了应用性、实用性、综合性和先进性。

本书可作为高职高专院校机械及相关专业的教材，也可作为机械行业高级技工的培训教材和行业工程技术人员的参考资料。

图书在版编目（CIP）数据

数控铣床技能实训/罗小青，郑绍芸主编. —北京：清华大学出版社，2018（2024.9重印）
（高职高专机电类工学结合模式教材）
ISBN 978-7-302-50320-0

Ⅰ.①数… Ⅱ.①罗… ②郑… Ⅲ.①数控机床—铣床—高等职业教育—教材 Ⅳ.①TG547

中国版本图书馆 CIP 数据核字(2018)第 114979 号

责任编辑：刘翰鹏
封面设计：常雪影
责任校对：刘 静
责任印制：杨 艳

出版发行：清华大学出版社
网 址：https://www.tup.com.cn，https://www.wqxuetang.com
地 址：北京清华大学学研大厦 A 座　　**邮 编**：100084
社 总 机：010-83470000　　**邮 购**：010-62786544
投稿与读者服务：010-62776969，c-service@tup.tsinghua.edu.cn
质量反馈：010-62772015，zhiliang@tup.tsinghua.edu.cn
课件下载：https://www.tup.com.cn，010-83470410
印 装 者：三河市龙大印装有限公司
经 销：全国新华书店
开 本：185mm×260mm　　**印 张**：16.25　　**字 数**：369 千字
版 次：2018 年 9 月第 1 版　　**印 次**：2024 年 9 月第 5 次印刷
定 价：48.00 元

产品编号：078647-02

FOREWORD

前言

近年来，数控技术已经广泛应用于工业产品控制的各个领域，尤其是机械制造业；普通机械正逐步被高效率、高精度、高自动化的数控机械所代替，急需培养一大批掌握数控加工工艺，数控机床编程、操作和维护的应用型技能人才。编者在总结高职高专机械专业人才培养模式的基础上编写了本书。

本书以目前企业应用最广泛的 FANUC 系统数控铣床作为背景，内容按国家职业技能鉴定对初级、中级的技能要求依次递进、由浅入深，结合案例讲解数控铣床指令，突出了应用性、实用性、综合性和先进性，体系新颖，内容翔实。

本书编写主要有以下特点。

(1) 根据数控铣床指令的特征划分教学任务，采用由浅入深、结合案例、循序渐进的编写方式，让学生在任务的引领下学习数控铣床编程与操作的相关理论与技能。

(2) 在内容上，将目前企业应用最广泛的 FANUC 系统数控铣床作为背景，介绍数控铣床的操作与编程，顺应了目前社会发展的需要。

(3) 采用“管用”“够用”“适用”的编写方式，以技能训练为主线，以相关知识为支撑，更好处理理论教学与技能训练的关系。

本书既可作为大专院校机械及相关专业的教材，又可作为机械行业高级技工的培训教材和机械行业工程技术人员的参考用书。

本书由广东松山职业技术学院罗小青、郑绍芸任主编，曹智梅、许韶洲任副主编。本书任务 3、任务 7 由罗小青编写；任务 4、任务 6 由郑绍芸编写；任务 5 由曹智梅编写；任务 1、任务 2、附录 A、附录 B 由许韶洲编写。

由于编写人员水平有限，加上软件发展迅速，本书难免有不足之处，恳请读者和诸位同人谅解并提出宝贵意见。

编　者

2018 年 5 月

CONTENTS

目录

任务 1

数控铣床操作

1.1 任务描述

本任务是学习数控铣床的面板操作。试编写图 1-1 所示零件上表面平面(要求平面铣深 1mm)及 5mm 高凸台加工程序，毛坯尺寸 120mm×80mm×30mm，毛坯材料为硬铝。要求完成程序的输入与校验，从而熟练掌握 FANUC 0i-MB 系统数控铣床面板的各功能键。

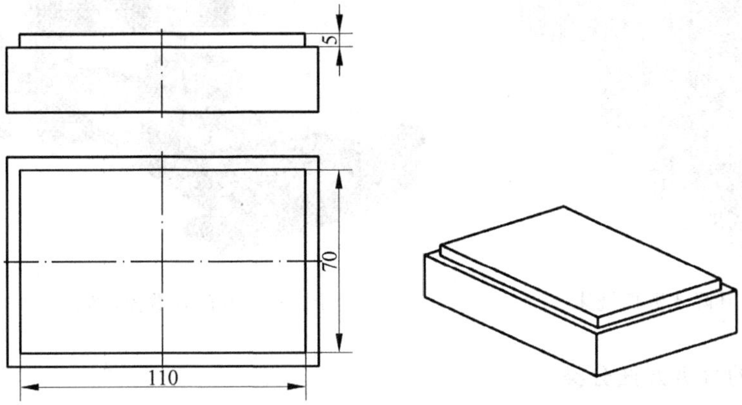

图 1-1 零件图

1.2 知识学习

数控铣床是在一般铣床的基础上发展起来的，是出现比较早和使用比较早的数控机床，是在普通铣床上集成了数字控制系统，可以在程序代码的控制下较精确地进行铣削加工的机床。在制造中，数控铣床具有很重要的地位，在汽车、航天、军工、模具等行业得到了广泛的应用。要掌握数控铣床的操作，机床操作面板的操作是关键。熟悉数控铣床的控制面板是操作机床的基础。

1.2.1 数控铣床的分类

1. 按构造分类

1）工作台升降式数控铣床

工作台升降式数控铣床采用工作台移动、升降，而主轴不动的方式。主要适用于小型数控铣床(图 1-2)。

2）主轴头升降式数控铣床

主轴头升降式数控铣床采用工作台纵向移动和横向移动，且主轴沿垂向溜板上下运动；主轴头升降式数控铣床在精度保持、承载重量、系统构成等方面具有很多优点，已成为数控铣床的主流。

3）龙门式数控铣床

龙门式数控铣床主轴可以在龙门架的横向与纵向溜板上运动，而龙门架则沿床身做纵向运动。大型数控铣床因要考虑到扩大行程、缩小占地面积及刚性等技术上的问题，往往采用龙门架移动式(图 1-3)。

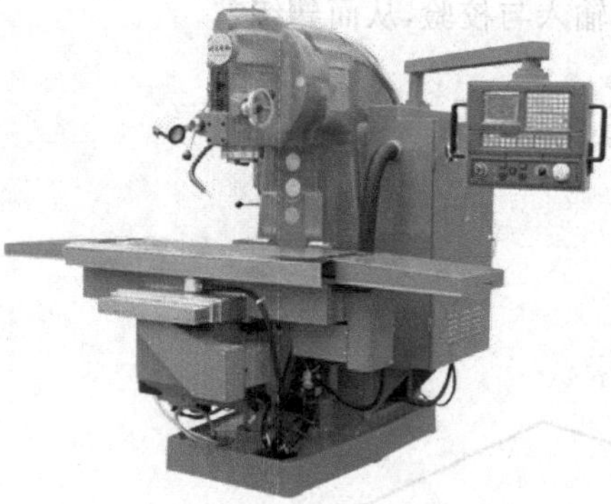

图 1-2 工作台升降式数控铣床

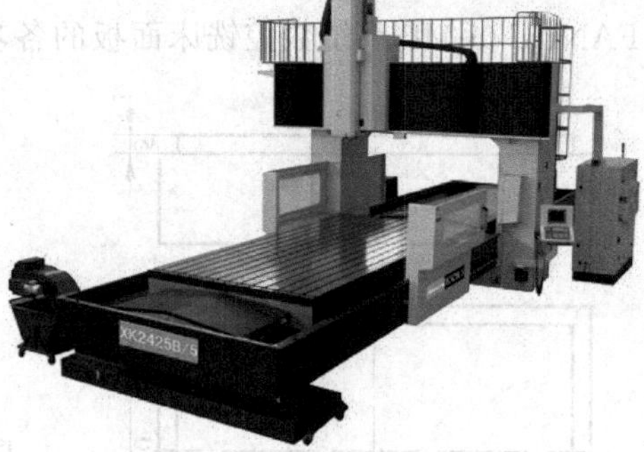

图 1-3 龙门式数控铣床

2. 按通用铣床的分类方法分类

1）立式数控铣床

立式数控铣床在数量上一直占据大多数，应用范围也最广。从机床数控系统控制的坐标数量来看，目前 3 坐标立式数控铣床仍占大多数(图 1-4)，一般可进行 3 坐标联动加工；但也有部分机床只能进行三个坐标中的任意两个坐标联动加工(常称为 2.5 坐标加工)。此外，还有机床主轴可以绕 X、Y、Z 坐标轴中的其中一个或两个轴做数控摆角运动的 4 坐标和 5 坐标立式数控铣床。

2）卧式数控铣床

卧式数控铣床与通用卧式数控铣床相同，其主轴轴线平行于水平面(图 1-5)。为了扩大加工范围和功能，卧式数控铣床通常采用增加数控转盘或万能数控转盘来实现 4 坐标和 5 坐标加工。这样，不但工件侧面上的连续回转轮廓可以加工出来，而且可以实现在一次安装中，通过转盘改变工位，进行“四面加工”。

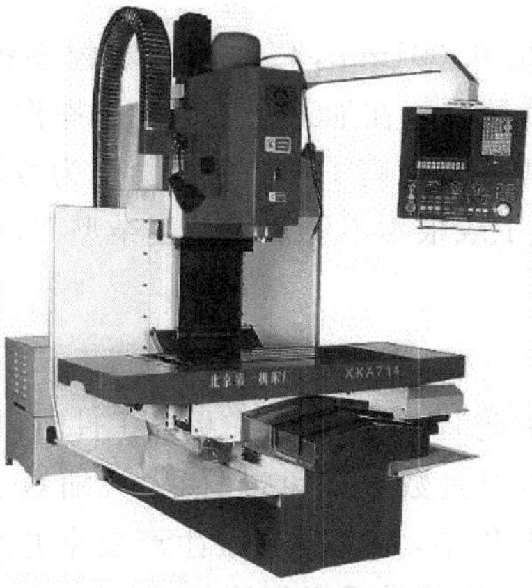

图 1-4 立式数控铣床

图 1-5 卧式数控铣床

3）立卧两用数控铣床

目前，立卧两用数控铣床已不多见，因为这类铣床的主轴方向可以更换，在一台机床上既可以进行立式加工，又可以进行卧式加工。其使用范围更广、功能更全，选择加工对象的余地更大，且给用户带来不少方便。特别是生产批量小、品种较多，又需要立、卧两种方式加工时，用户只需买一台立卧两用数控铣床就行了（图 1-6）。

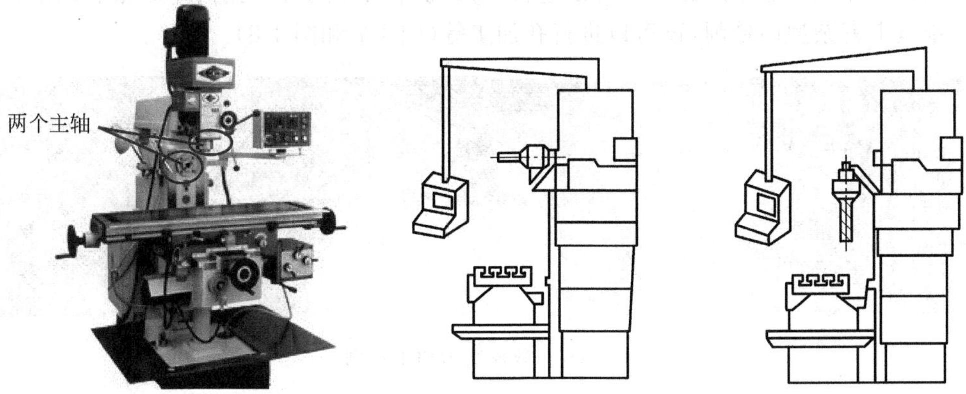

(a) 立卧两用数控铣床　　(b) 卧式加工状态　　(b) 立式加工状态

图 1-6 立卧两用数控铣床

1.2.2 数控铣床的加工特点

1. 加工灵活、通用性强

数控铣床的最大特点是高柔性，即灵活、通用、万能，可以加工不同形状的工件。在数控铣床上能完成钻孔、镗孔、校孔、铣平面、铣斜面、铣槽、铣曲面（凸轮）、攻螺纹等加工。在一般情况下，数控铣床可以一次装夹就完成所有需要的加工工序。

2. 加工精度高

目前，数控铣床中，数控装置的脉冲当量是 0.001mm，高精度的数控系统能达到 0.1μm，通常情况下都能保证工件精度。另外，数控铣床在加工中还避免了操作人员的操作失误，同一批加工零件的尺寸同一性好，很大程度上提高了产品质量。因为数控铣床具有较高的加工精度，能加工很多普通机床难以加工或根本不能加工的复杂型面，所以在加工各种复杂模具时更显出其优越性。

3. 生产效率高

数控铣床上通常无须使用专用夹具等专用工艺装备。首先，在更换工件时，只需调用储存于数控装置中的加工程序、装夹工件和调整刀具数据即可，因而大大缩短了生产周期。其次，数控铣床具有钻床的功能，使工序高度集中，大大提高了生产效率并减少了工件装夹误差。另外，数控铣床的主轴转速和进给速度都是无级变速的，因此有利于选择最佳切削用量。数控铣床具有快进、快退、快速定位功能，可大大减少机动时间。据统计，数控铣床加工比普通铣床加工生产效率可提高 3～5 倍，对于复杂的成形面加工，生产效率可提高十几倍，甚至几十倍。此外，数控铣床还能改善工人的劳动条件，大大减轻劳动强度。

1.2.3 数控铣床的用途

数控铣床应用非常广泛。它可以进行平面铣削、平面型腔铣削、外形轮廓铣削、三维及三维以上复杂型面铣削，还可以进行孔加工等(图 1-7 和图 1-8)。

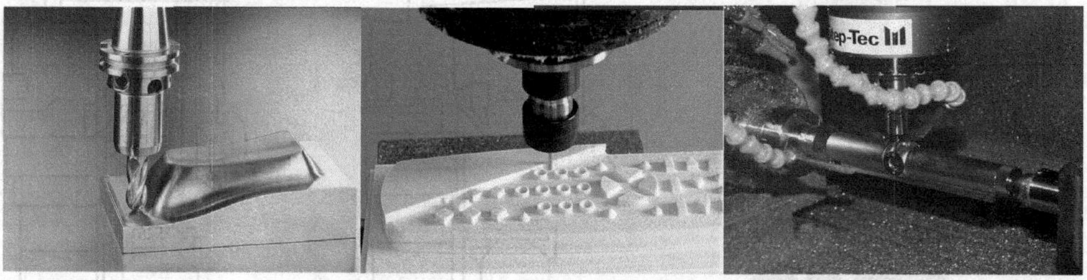

图 1-7 数控铣床加工示例

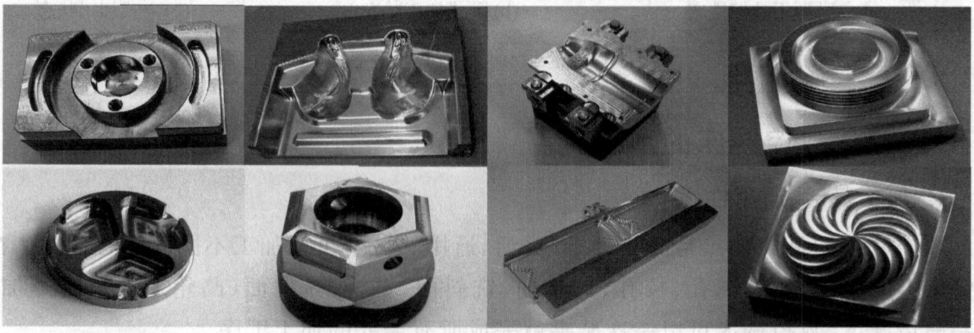

图 1-8 数控铣床加工出的零件

1.2.4　数控铣床的结构

数控铣床的结构如图1-9所示，它由床身、立柱、主轴箱、工作台、滑鞍、滚珠丝杠、伺服电动机、伺服装置、数控系统等组成。

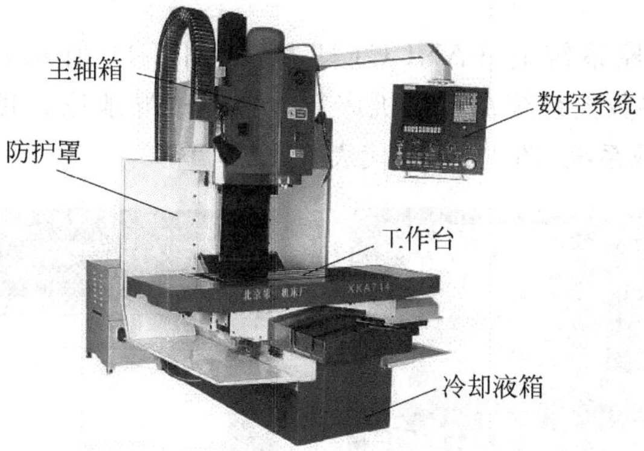

图1-9　数控铣床的结构

床身用于支撑和连接机床各部件。主轴箱用于安装主轴。主轴下端的锥孔用于安装铣刀。当主轴箱内的主轴电动机驱动主轴旋转时，铣刀能够切削工件。主轴箱还可沿立柱上的导轨在 Z 向移动，使刀具上升或下降。工作台用于安装工件或夹具。工作台可沿滑鞍上的导轨在 X 向移动，滑鞍可沿床身上的导轨在 Y 向移动，从而实现工件在 X 向和 Y 向的移动。无论是 X 向、Y 向，还是 Z 向的移动都是靠伺服电动机驱动滚珠丝杠来实现。伺服装置用于驱动伺服电动机。控制器用于输入零件加工程序和控制机床工作状态。控制电源用于向伺服装置和控制器供电。

数控铣床的工作原理就是根据零件形状、尺寸、精度和表面粗糙度等技术要求，制定加工工艺，选择加工参数，通过手动编程或利用CAM软件自动编程，将编好的加工程序输入控制器。控制器对加工程序处理后，向伺服装置传送指令。伺服装置向伺服电动机发出控制信号。主轴电动机使刀具旋转，X 向、Y 向和 Z 向的伺服电动机控制刀具与工件按一定的轨迹相对运动，从而实现工件的切削(图1-10)。

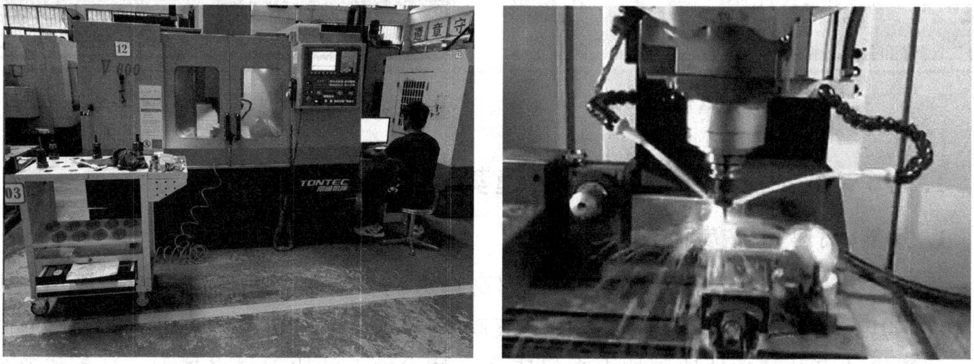

图1-10　数控铣床工件切削工作场景

1.2.5 数控系统

数控系统是数控机床的核心。不同数控铣床可能配置不同的数控系统。不同的数控系统，其指令代码也有差别。因此，编程时应根据所使用的数控系统指令代码及格式进行编程。

目前，常用的数控系统有 FANUC（日本，如图 1-11 所示）、SIEMENS（德国，如图 1-12 所示）等，这些数控系统在数控机床行业占据主导地位。我国数控产品以华中数控系统（图 1-13）、广数系统（图 1-14）为代表。

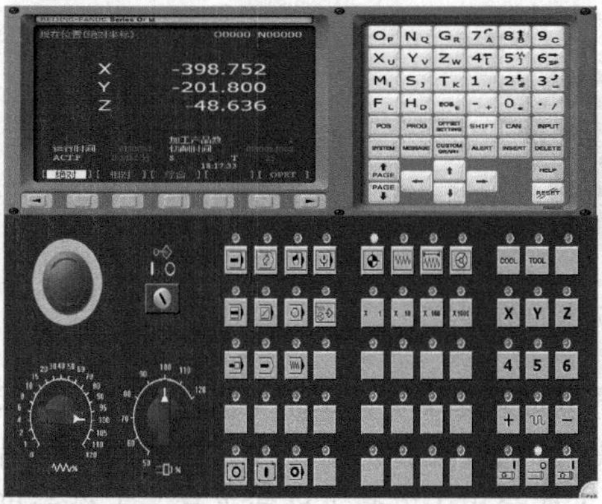

图 1-11 FANUC 系统

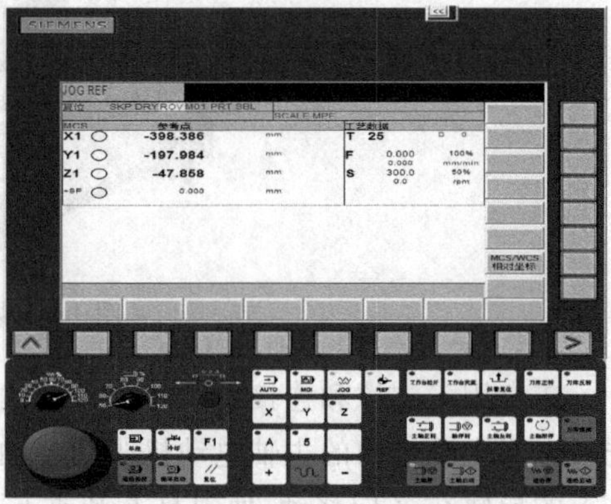

图 1-12 SIEMENS 系统

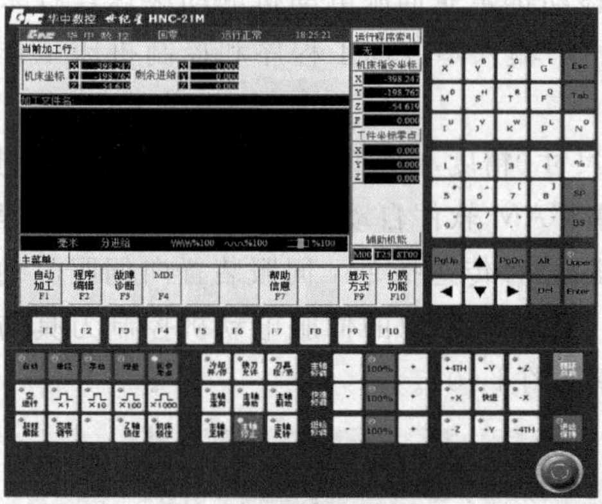

图 1-13 华中数控系统

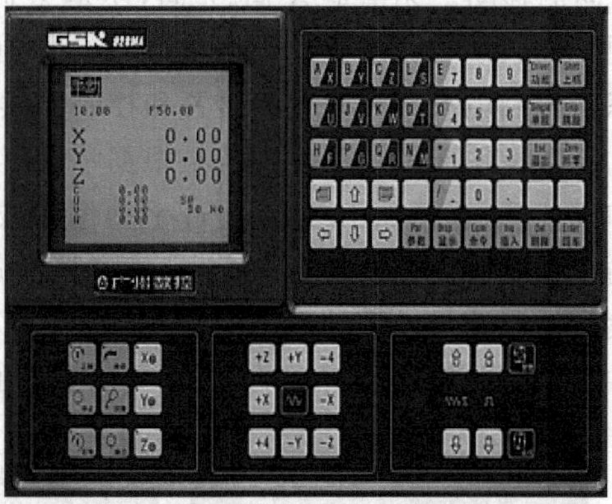

图 1-14 广数系统

1.2.6 数控铣床技术的发展趋势

1. 智能、高速、高精度化

为提高生产效率，新一代数控铣床向超高速方向发展。新一代数控铣床采用新型功能部件（如电主轴、直线电动机、LM 直线滚动系统等），主轴转速最高达 15 000r/min 以上。计算机技术及其软件控制技术在机床产品技术中占的比重越来越大。计算机系统及其应用软件的复杂化，带来了机床系统及其硬件结构的简化。高精度的机床，有最好的轴承、丝杠。随着计算机辅助制造(CAM)系统的发展,加工精密度已达到微米级。

2. 设计、制造绿色化

绿色设计是一种综合考虑了产品设计、制造、使用与回收等整个生命周期的环境特性和资源效率的先进设计理论及方法。它在不牺牲产品功能、质量和成本的前提下,系统考虑产品开发、制造及其活动对环境的影响,从而使得产品在整个生命周期中对环境的负面影响最小,资源利用率最高。数控铣床在设计时要考虑:绿色材料设计,可拆卸性设计,节能性设计,可回收性设计,模块化设计,绿色包装设计等。绿色制造是一个综合考虑环境影响和资源消耗的现代制造模式,通过绿色生产过程生产出绿色产品。数控铣床在制造时要考虑:节约资源的工艺设计,节约能源的工艺设计,环保型工艺设计等。数控机床作为装备制造业的核心,能否顺应环保趋势,加大绿色设计与制造的研制,将是影响经济发展的重要因素之一。

3. 复合化与系统化

工件一次装夹能进行多种工序复合加工,可大大提高生产效率和加工精度,是机床一贯追求的。由于产品开发周期越来越短,人们对制造速度的要求也相应提高,机床也朝高复合化与系统化方向发展。

1.2.7 数控铣床操作面板的基本组成(SSCNC 斯沃数控仿真软件)

机床面板主要是用于控制机床运动和机床运行状态。以 FANUC 0i-MB 系统数控面板为例,整个面板一般由显示屏、系统操作键盘、机床操作键盘、编辑锁、急停按钮、进给倍率选择旋钮、主轴倍率选择旋钮、数控程序运行控制开关等多个部分组成。图 1-15 所示为 FANUC 0i-MB 系统的数控面板。

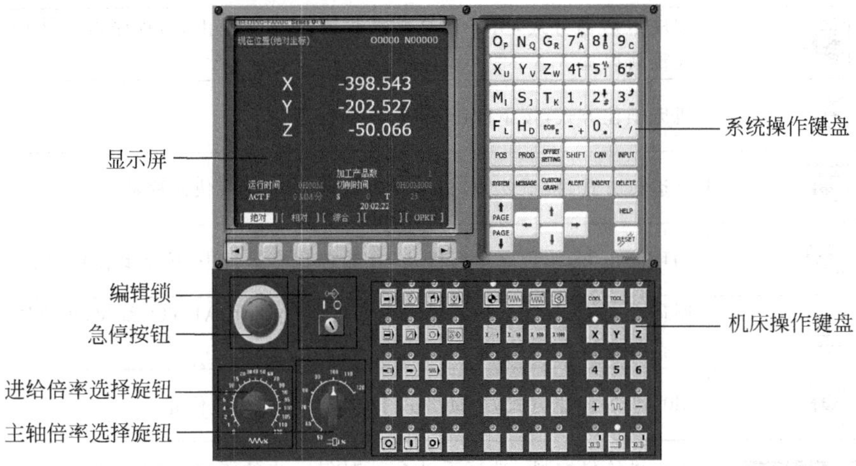

图 1-15　FANUC 0i-MB 系统的数控面板

1. 机床操作键盘按钮功能

在机床的操作过程中,机床操作键盘的使用频率很高。在机床操作键盘区域中,有很多常用的功能按钮，具体各按钮的功能如表 1-1 所示。

表 1-1 机床操作键盘各按钮功能

按钮图标	功 能
	自动方式(AUTO 方式)，进入自动加工模式
	编辑方式(EDIT 方式)，可直接通过操作面板输入数控程序和编辑程序
	手动输入方式(MDI 方式)，手动数据输入，可直接通过操作面板输入数控程序和编辑程序
	文件传输方式(DNC 方式)，用 232 电缆线连接 PC 和数控机床进行数控程序文件传输
	回原点方式(REF 方式)，通过手动回机床参考点
	手动进给方式(JOG 方式)，通过手动连续移动各轴
	手动脉冲方式(INC 方式)，通过 X、Y、Z 方向键进行增量进给
	手轮进给方式(HAND 方式)，通过手轮方式移动各轴
	单步方式，自动方式和 MDI 方式中，每按一次执行一条数控指令
	程序段跳过方式，自动方式按下此键，跳过程序段开头带有“/”的程序段
	可选择暂停方式，按下此键，自动方式下，遇有 M01 程序停止
	程序重启动方式，由于刀具破损等原因自动停止后，程序可以从指定的程序段重新启动
	机床锁住方式，按下此键，机床各轴被锁住
	空运行方式，按下此键，机床各轴均以 G00 速度快速移动
	循环停止方式，程序运行停止，在数控程序运行中，按下此按钮停止程序运行
	循环启动式，程序运行开始；模式选择旋钮在 AUTO 和 MDI 位置时按下有效，其余时间按下无效
	M00 程序停止方式，自动方式下，遇有 M00 程序停止
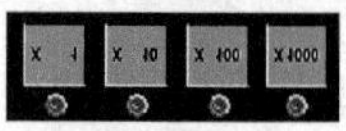	单步进给量控制：选择手动台面时每一步的距离。X1 为 0.001mm；X10 为 0.01mm；X100 为 0.1mm；X1000 为 1mm
	机床主轴手动控制开关：从左到右分别表示机床主轴正转、机床主轴停止、机床主轴反转

除了以上的这些功能按钮外，其他按钮：X、Y、Z 分别表示向 X 轴、Y 轴、Z 轴方向移动、+ 表示向正方向移动、− 表示向负方向移动、 表示快速移动。

通过主轴倍率选择旋钮可以对主轴转速进行调节，调节范围为 0～120%，通过进给倍率选择旋钮可以对进给倍率进行调节，调节范围为 0～120%。急停按钮是在紧急的时候停机用的。

2. 系统操作键盘按钮功能

在机床的操作过程中，系统操作键盘也会经常用到。在系统操作键盘区域中，也有很多常用的功能按钮。为了讲解方便，我们将整个系统操作键盘按钮分成六个区域，如图 1-16 所示，并对每一个区域的功能进行介绍。具体各区域的功能如表 1-2 所示。

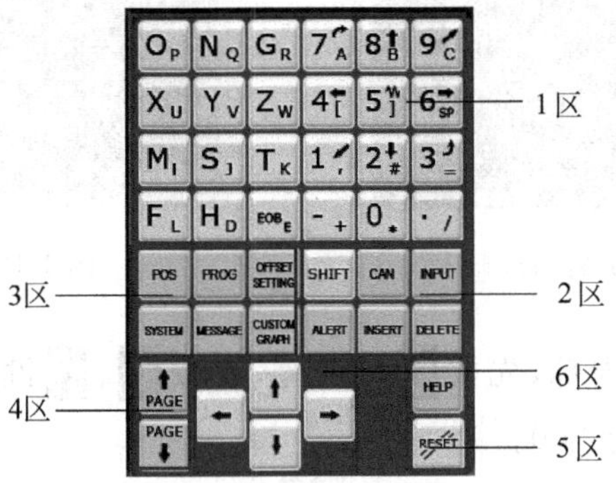

图 1-16　系统操作键盘分区

表 1-2　系统操作键盘各区域按钮功能

区域	区域按钮图标	功　能
1 区		该区域为数字/字母键，主要用于编辑、修改程序等
2 区		该区域为编辑键，主要对程序进行编辑用。SHIFT 为上挡键、CAN 为取消键、INPUT 为输入键、ALERT 为替换键、INSERT 为插入键、DELETE 为删除键
3 区		该区域为功能键。POS 表示当前位置的坐标；PROG 表示程序显示与编辑；OFFSET SETTING 表示参数输入页面。另外 3 个分别为系统设置、报警和图形显示
4 区		该区域为页面切换键。当有多个页面时，用 PAGE 按钮进行不同页面的切换
5 区		该区域为复位键和帮助键
6 区		该区域为光标移动区，在输入数据之前，可以通过光标的上、下、左、右移动将光标移动到合适的位置

3. 机床操作

1）手动操作

(1) 机床的开机、回参考点、关机。

① 合上电源总开关。

② 按红色系统启动按钮(图 1-17)，当位置页面如图 1-18 所示时，显示系统已经上电。

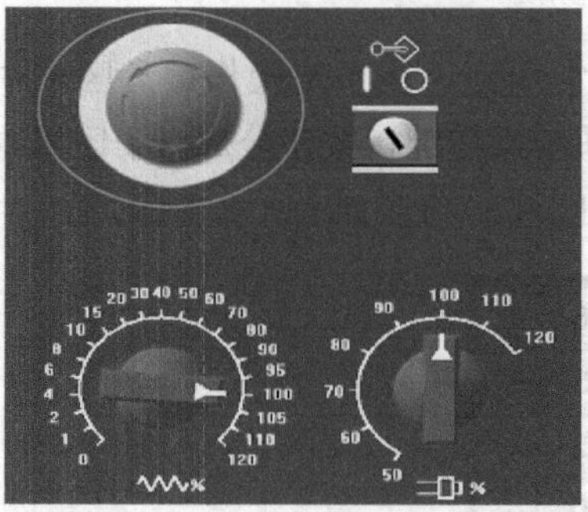

图 1-17　系统启动按钮

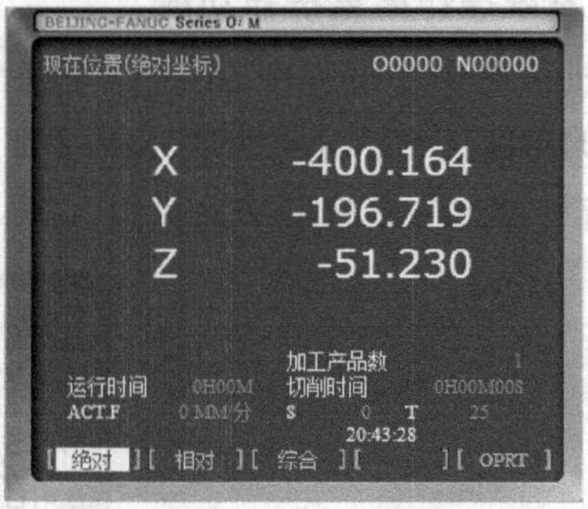

图 1-18　位置页面

③ 上电以后，灯闪烁，先按键回零，再按、键回零(图 1-19)，回零后如图 1-20 所示，X、Y、Z 坐标为 0。

图 1-19　回零按钮

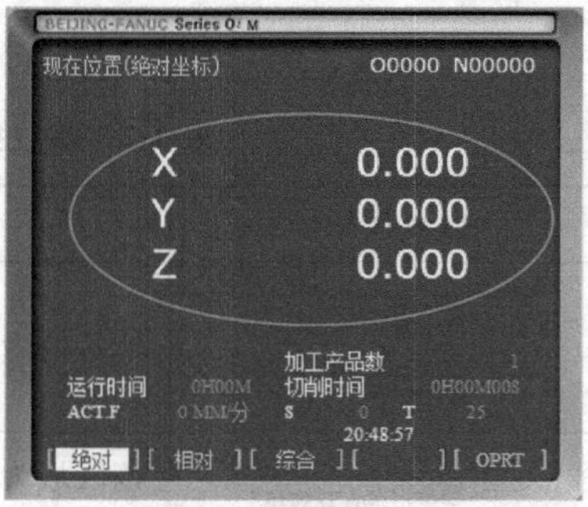

图 1-20　回零后位置页面

④ 任何时候只要按下红色系统下电按钮，系统随即关机。

注意：关闭总电源开前，一定要将系统关机。

打开仿真软件及回零.mp4(30.3MB)

(2) X、Y、Z 轴移动。

① 快速、进给移动操作。

- 按手动键，指示灯亮，机床进入手动状态。

- 按方向键X、Y、Z，按负方向键-或正方向键+，可以分别移动各轴。
- 当快速键灯不亮时，各轴移动分别以切削速度移动，当快速键灯亮时，各轴移动分别以快速移动速度移动。

注意：★ 各轴快速移动时，要注意方向和速度的选择。

★ 快移速度＝1424＃参数设定值×倍率键上的百分数(快速倍率)。

★ F0 的速度由 1421＃参数来设定。

★ 程序中的 G00 速度也可通过倍率开关来调整。

★ 进给开关上的百分数为进给倍率 10%～150%。

★ 速度范围为 2～1260mm/min。0%时速度为 0。

★ 程序中的 F 值可以通过进给开关来调整。

② 手轮移动操作。

- 单击按钮，机床进入手轮状态。
- 选择任一手轮倍率。
- 选择手轮轴，*X* 轴、*Y* 轴或 *Z* 轴。
- 转动手轮，右转，工作或主轴向正方向移动；左转，工作或主轴向负方向移动。

注意：★ 手摇倍率键有×1、×10、×100 三种倍率：×1 表示手轮每转一格床鞍移动 1μm；×10 表示手轮每转一格，床鞍移动 10μm；×100 表示手轮每转一格，床鞍移动 100μm。

★ 摇动手轮的速度一定要低于 5r/s，否则会出现溜车现象。

(3) 主轴变速操作。

① 按下 MDI 方式键，按下程序键PROG，出现图 1-21 所示页面，按下下方的 MDI 软键，输入 S1000 M03；按插入键INSERT，出现如图 1-22 所示页面。

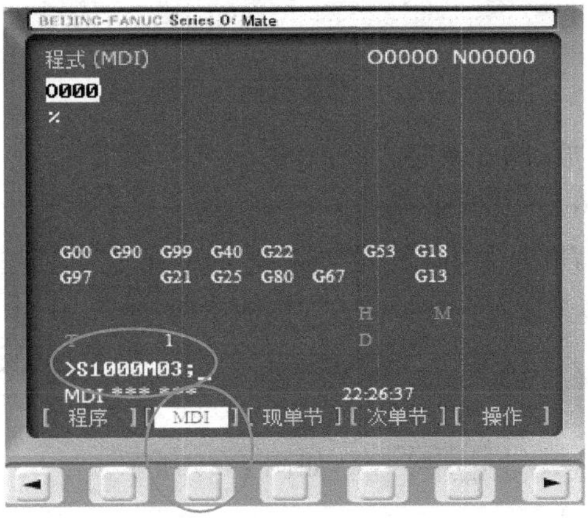

图 1-21　转速输入页面(1)

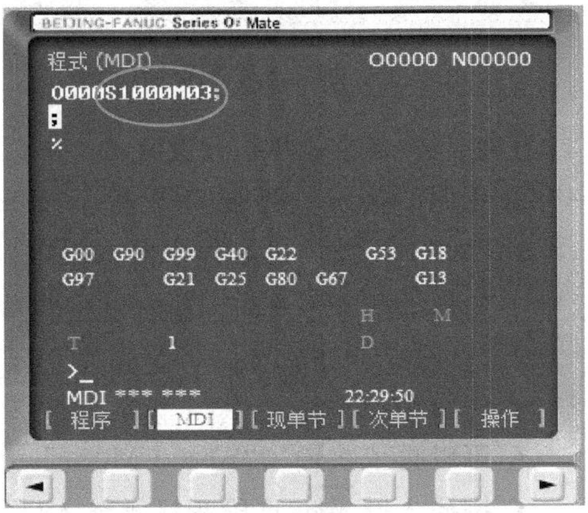

图 1-22　转速插入页面(2)

② 按运行键，主轴就可以旋转起来了，接着可以切换到按手动键或手轮键；按主轴正转键，主轴正转；按主轴反转键，主轴反转；按主轴停止键，主轴停转。

注意：★ 禁止在换刀时启动主轴。

主轴转动、手动、手轮.mp4(28.5MB)

2）自动操作

(1) 程序编辑。

① 程序新建。例如，新建O2000号程序。

- 按编辑键，指示灯亮，机床进入编辑状态。
- 按程序键 PROG，显示程序页面(图1-23)。
- 输入要登记的程序号“O2000;”(图1-23)。
- 按插入键 INSERT，O2000程序号被登记，可进行程序内容的编写(图1-24)。

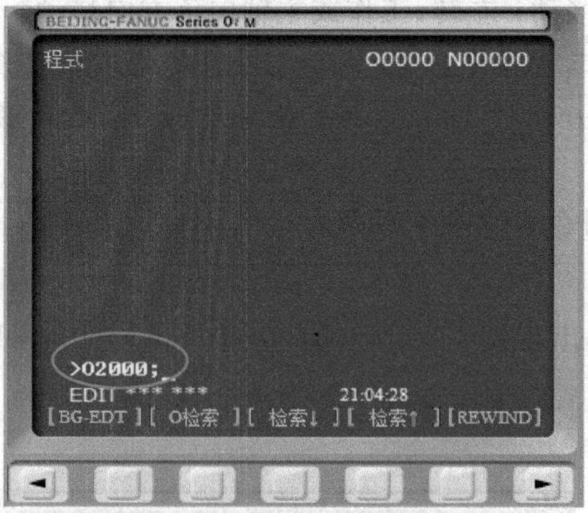

图1-23 程序号输入页面(1)

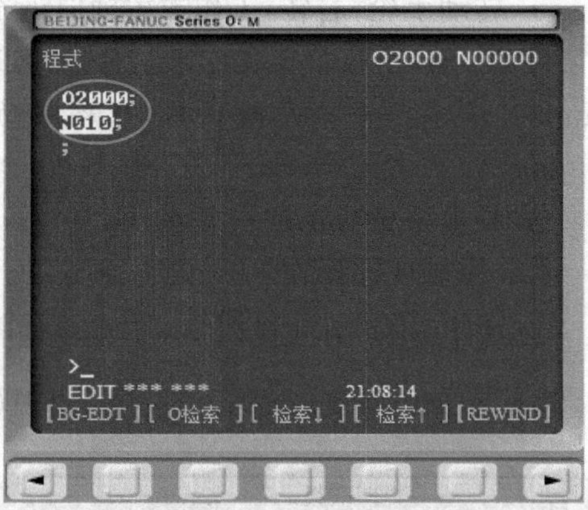

图1-24 程序号插入页面(2)

注意：★ 程序号不能重复使用，若重复使用，73＃报警。

② 程序的输入。例如，输入程序“G00 X60.0 Y60.0;”。

- FANUC数控机床程序输入时可以不写顺序号，这样就可以把新建程序号时自动生成的顺序号删除(图1-24)，把光标移至顺序号N010处，按删除键 DELETE。
- 依次输入“G00 X60.0 Y60.0;” G 0 0 X 6 0 . Y 6 0 . EOB，按插入键 INSERT，这段程序被输入(图1-25)。
- 可以再依次输入“S1000 M03;” S 1 0 0 0 M 0 3 EOB，如图1-26所示。
- 按插入键 INSERT，这段程序被输入(图1-26)。

注意：★ 在按插入键以前，程序存在存储器缓冲区。

★ 若此时发现字输入错误，可按清除键 CAN 清除，再输入正确的字。

③ 程序的插入、修改、删除。例如，在 G00 后插入 G41。

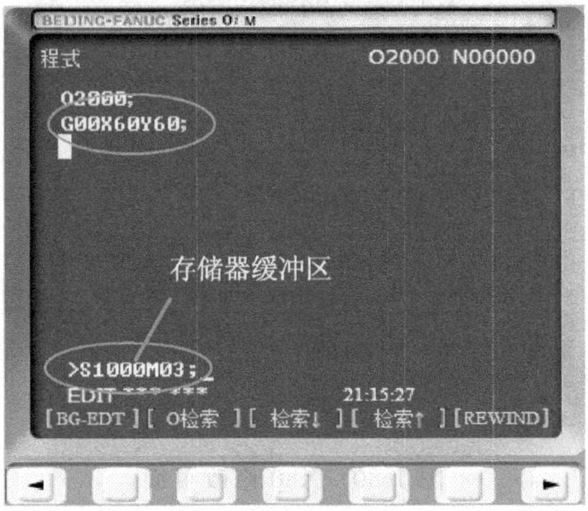

图 1-25 程序号输入页面(3)

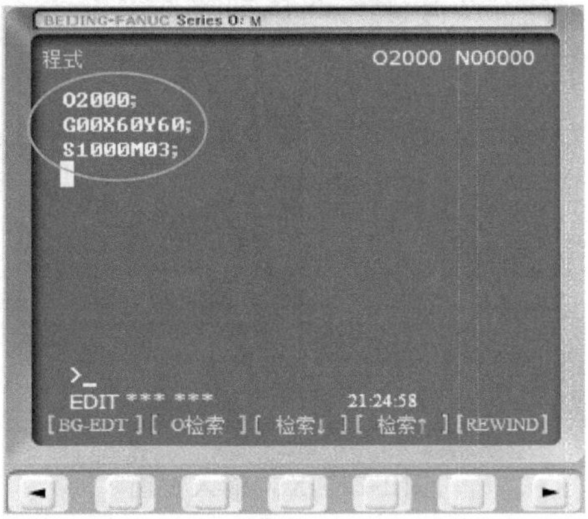

图 1-26 程序号插入页面(4)

- 编辑状态。
- 将光标移到 G00 处(图 1-27)，输入 G41；按插入键 INSERT ，G41 被插入(图 1-28)。

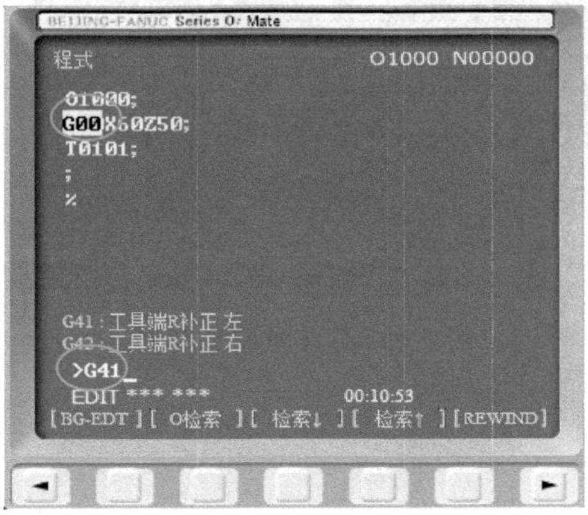

图 1-27 G41 输入页面(1)

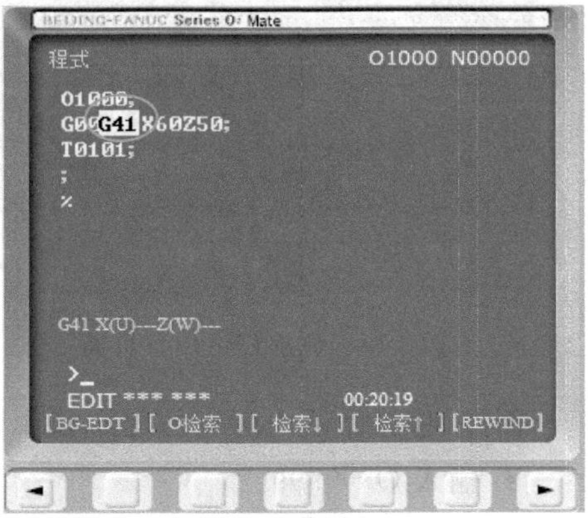

图 1-28 G41 插入页面(2)

例如，将 X60 修改为 X80。

- 将光标移到要修改的 X60 处(图 1-29)，输入 X80。
- 按修改键 ALERT ，X60 被修改为 X80(图 1-30)。

例如，将 G41 删除。

- 将光标移到要删除的 G41 处(图 1-31)。
- 按删除键 DELETE ，字 G41 被删除(图 1-32)。

例如，将 O2000 整个程序删除。

- 输入 O2000。
- 按删除键 DELETE ，O2000 整个程序被删除。

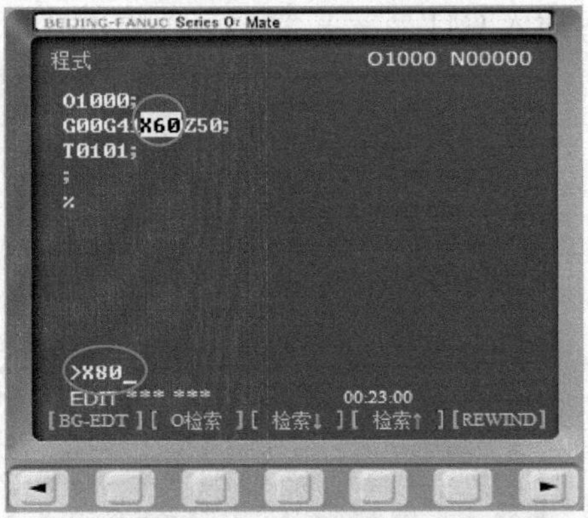

图 1-29 X80 输入页面

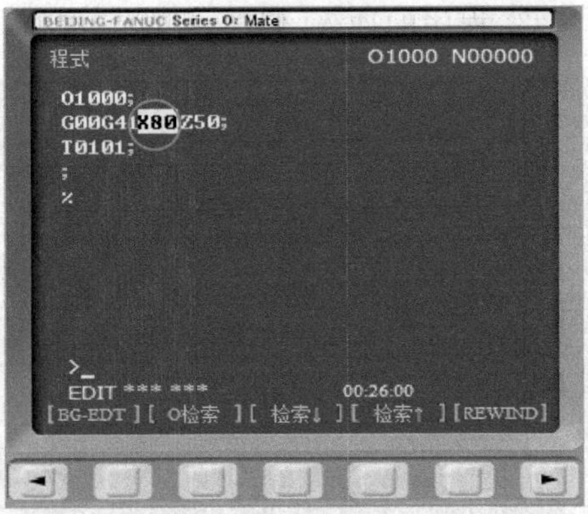

图 1-30 X80 修改页面

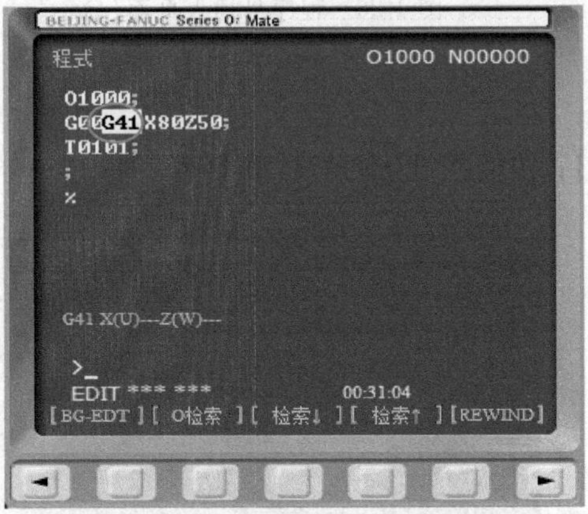

图 1-31 删除停留位置页面

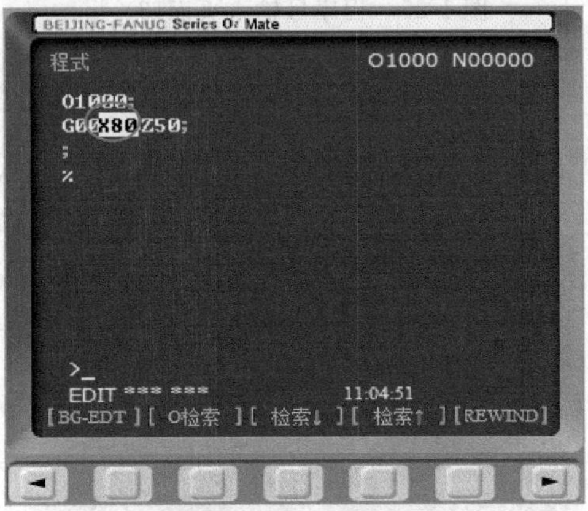

图 1-32 G41 被删除页面

例如，将存储器内所有的程序删除。

- 输入 O－9999。
- 按删除键 DELETE ，存储器内所有的程序被删除。

例如，调出 O2000 程序号。

- 输入 O2000 程序号。
- 按软键 [O检索] ，整个程序被调出。

程序新建、编辑.mp4(42.4MB)

(2) 后台编辑。

在执行一个程序期间，编辑另一个程序称为后台编辑，编辑方法与普通编辑（前台编辑）方法相同。

- 在程序自动加工中按键。按［　操作　］软键。
- 按［BG-EDT］软键，显示后台编辑页面，在这个页面就可进行零件的后台编辑了。

注意：★ 后台编辑期间发生编程报警，不影响前台运行。

★ 前台运行出现报警，也不影响后台编辑。

(3) 自动加工。

- 调出要加工的程序。
- 按自动键，指示灯亮，机床进入自动状态。
- 选择程序监视画面，按循环启动键，指示灯亮，程序自动运行。

注意：★ 在位置监视画面可适时监控程序运行的坐标值和剩余距离的坐标值，使用非常方便。

★ 首件加工过程中，当刀尖接近工件时，按下进给保持键，使进给轴暂停。

★ 查看这段程序中实际的剩余距离和剩余坐标值是否相符。

★ 若相符，再按循环启动键，程序继续运行。

★ 若不相符，立即停止自动运行，查出原因，这样可避免发生碰撞事故。

(4) MDI(手动数据输入)运行。

- 按 MDI 键，指示灯亮，机床进入 MDI 状态。
- 按程序键 PROG，显示 MDI 页面，这时要输入一段或几段程序，按循环启动键，程序被运行。如主轴转动、各轴移动。

注意：★ 在 MDI 状态下可输入一段或几段程序，最多不能超过 10 段。

★ 输入方法与编程的输入方法相同。

★ 按循环启动键，输入的程序被执行。

★ 在 MDI 状态下建立的程序不能存储，程序执行完毕后，程序消失。

★ MDI 状态通常用于机床的调试。

MDI(手动数据输入)运行.mp4(37.1MB)

(5) AUTO(自动)运行。

- 按 AUTO 键，指示灯亮，机床进入 AUTO 状态。
- 按程序键 PROG，调出需要加工的程序，按复位键 RESET，按循环启动键，程序被运行。

AUTO(自动)运行.mp4(9.67MB)

1.3 任务实施

1.3.1 FANUC 0i-MB 系统数控铣床面板

FANUC 0i-MB 系统数控铣床面板如图 1-33 所示。

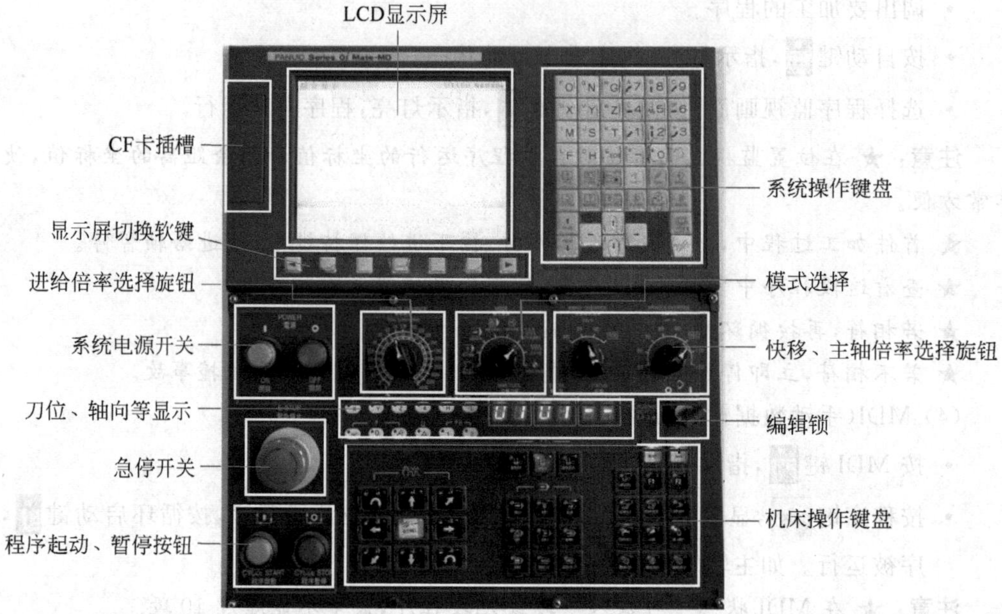

图 1-33 FANUC 0i-MB 系统数控铣床面板

1. FANUC 0i-MB 系统数控铣床 CRT/MDI 面板

CRT/MDI 面板如图 1-34 所示(各软键用途可参考表 1-2)。

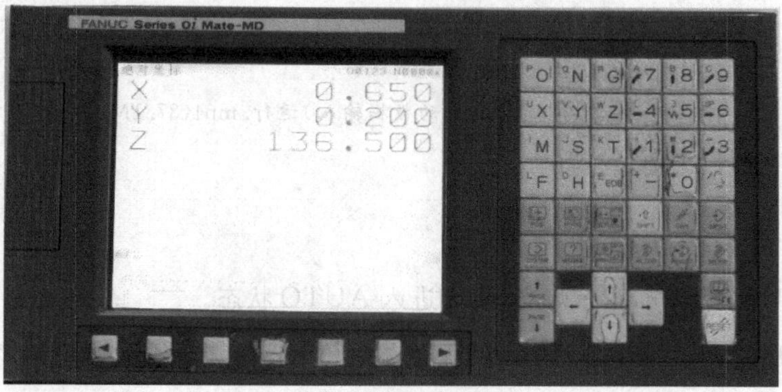

图 1-34 CRT/MDI 面板

2. FANUC 0i-MB 系统数控铣床各键功能

各键功能如图 1-35 所示,各键功能如表 1-3 所示。

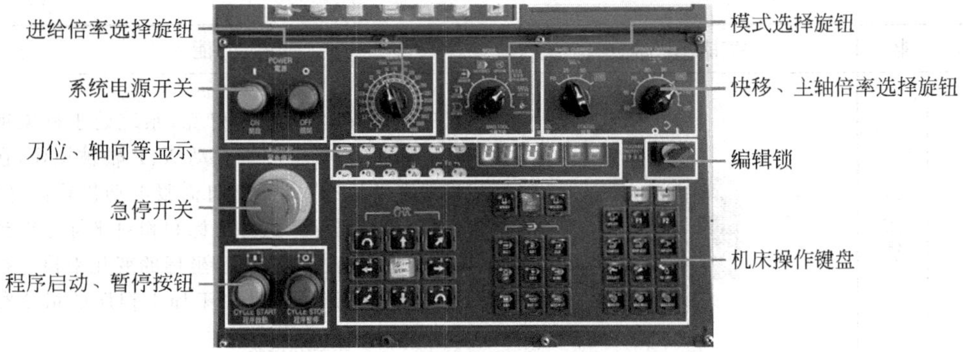

图 1-35　机床操作面板

表 1-3　机床操作面板功能

功　能		功 能 图 标	功　　能
模式选择			用于选择一种机床工作方式。 EDIT 编辑：用于编辑程序或通过计算机接口输入/输出程序。 MEM 记忆：自动加工，用于连续执行程序加工工件。 MDI 手动输入：手动输入模式。在 CRT 面板上，直接用键盘将程序输入 MDI 存储器内，再在 MDI 模式下运行操作。MDI 输入模式可输入系统参数和执行暂时性的单节程序。 DNC 连线：用于在自动运行时，通过与计算机的接口读入程序，并执行程序进行加工。 MPG 手轮：用手轮来移动坐标轴。 JOG 手动：手动连续进给。 HOME 原点复归：使各坐标轴返回参考点位置并建立机床坐标系。 RAPID 快速移动：通过 *X*、*Y*、*Z* 方向键进行增量进给
机床操作键盘	主轴功能		按  键，指示灯亮，主轴正转；按  键，指示灯亮，主轴停转；按  键，指示灯亮，主轴反转
	进给轴选择		在 JOG 工作方式之下，按下欲运动轴的进给轴选择按钮，被选择的轴会以 JOG 倍率进行移动，松开按钮则轴停止移动；如果同时按  键，则 JOG 倍率将加倍

续表

功能		功能图标	功能
机床操作键盘	机床锁		按下机床锁按键，按键指示灯亮，系统处于机床锁住执行状态。此时，机床进给运动 X、Y 轴被锁住，在手动运行或自动运行时，停止向伺服电动机输出脉冲，但依然进行指令分配，绝对坐标和相对坐标也得到更新，操作者可以通过观察显示坐标的变化来检查指令编制是否正确。该功能常用于加工程序的指令和位移的模拟运行检查
	程序段跳过		程序段跳过又称跳段或跳选，该按键仅对自动方式有效。按下跳段按键，指示灯亮，系统处于程序段跳过执行状态，系统将跳过程序段前加有“/”符号的程序段；跳段按键未按下，指示灯不亮的情况下，程序段跳过功能无效，系统将正常运行而不跳过程序段前加有“/”符号的程序段
	Z 轴锁		按下 Z 轴锁按键，按键指示灯亮，系统处于机床锁住执行状态。此时，机床进给运动 Z 轴被锁住，在手动运行或自动运行时，停止向 Z 轴伺服电动机输出脉冲，但依然进行指令分配，绝对坐标和相对坐标也得到更新。操作者可以通过观察显示坐标的变化来检查指令编制是否正确。该功能常用于加工程序的指令和位移的模拟运行检查
	选择性暂停		选择性暂停也称选择停按键，仅对自动方式有效。按下选择停按键，指示灯亮，系统处于选择停止执行状态。此时，系统在自动运行方式下执行到程序中出现“M01”指令时程序暂停，不再继续往下运行。此时，主轴功能、冷却功能等也将停止，再次按下循环启动按键，系统将继续执行“M01”下面的程序段。该功能常常用于加工过程中的不定期检查，如尺寸测量、调整、主轴变速等
	空运行	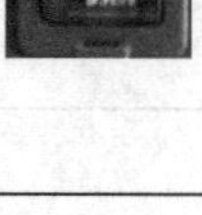	空运行按键仅对自动方式有效。按下空运行按键，指示灯亮，系统处于空运行执行状态。此时，机床以参数(参数号 1410)设定的恒定进给速度运行(快速定位)而不按照程序中所指定的进给速度 F 值运行。该功能主要用于机床不装夹情况下检查刀具的运行轨迹。通常在编辑加工程序后，试运行程序时使用

续表

功　能		功能图标	功　　能
机床操作键盘	单段		单段(Single Block)按键仅对自动方式有效。按下单段按键,指示灯亮,系统处于单段执行状态。每按下一次循环启动按键,系统将执行一个程序段并暂停,再次按下循环启动按键,系统再执行一个程序段并暂停。新程序在第一次运行时或者是重新对刀后,通常采用这种方式可对程序及操作进行检查
	MST锁		按下MST锁按键,按键指示灯亮,系统处于辅助功能、转速功能、刀具功能锁住执行状态。此时,机床停止辅助功能、转速功能、刀具功能的执行,但依然进行指令分配,绝对坐标和相对坐标也得到更新。操作者可以通过观察显示坐标的变化来检查指令编制是否正确。该功能常用于加工程序的指令和位移的模拟运行检查
	复位		复位键,机床有报警时可以消除报警提示。程序编辑时可以将光标调到程序的最开始
	上挡		上挡键,上挡有效。与计算机键盘上的Shift键功能相同
	冷却液		按下冷却开或关按键,可手动控制工件冷却泵的启动和停止,实现手动开关冷却液
	润滑油		按下润滑油开或关按键,可手动控制工件润滑油泵的启动和停止,实现手动开关润滑油
	照明灯		CNC启动后,可通过手动控制方式,开启照明灯
编辑锁		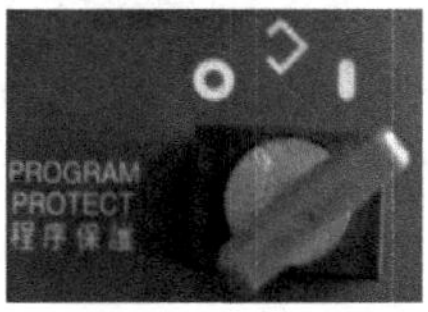	用来防止零件程序、偏移量、参数等被错误地存储、修改或删除

续表

功　能	功能图标	功　能
程序启动暂停		用于自动方式下，自动操作的启动。选择好程序后，按此按钮执行加工程序。指示灯用于自动运行状态（绿色启动，红色停止）
急停按钮	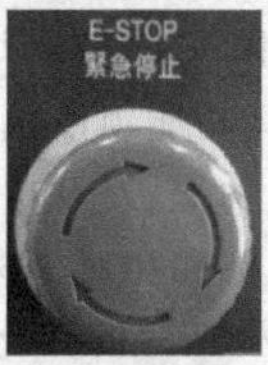	紧急情况下按下此按钮，机床立即停止所有动作；松开此按钮，机床恢复刚开机状态（松开时需要顺时针旋转）
系统开关		绿色按键用于启动 NC 系统电源，红色按键用于关闭 NC 系统电源
进给倍率		MDI 方式及自动方式下可通过此开关设定进给修调倍率。加工时选择进给倍率，在 0～150％的范围内，每格增量为 10％，修调后的进给速度即为坐标轴的移动速度
主轴倍率		在自动或手动时，从 50％～120％修调主轴转速
快移倍率	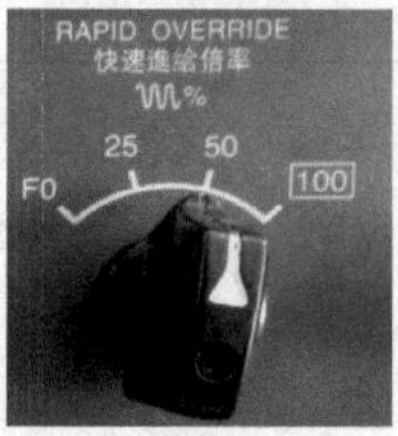	在低速 F0、25％、50％和 100％范围内快速移动速度

1.3.2　FANUC 0i-MB 系统数控铣床基础操作

1. 开机顺序（如图 1-36 所示）

（1）打开机床主电源。

（2）按下系统电源开键，CRT 显示屏出现 ALM 警示。

（3）顺时针旋转松开急停开关，当 ALM 警示消失后，开机成功。

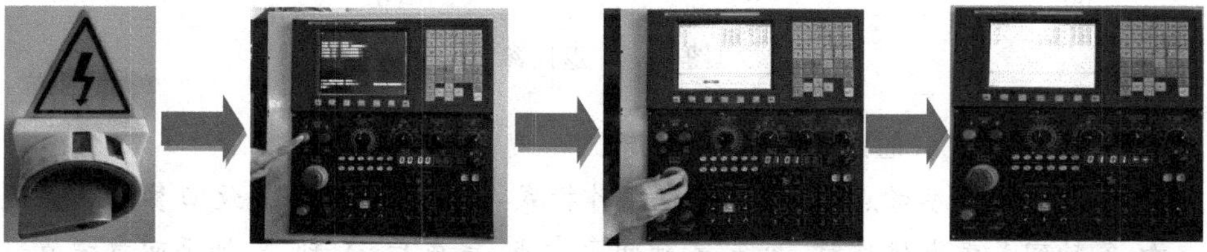

顺时针打开急停按钮　　打开系统开关　　顺时针松开急停开关　　机床启动正常

图 1-36　开机顺序

2. 关机顺序（如图 1-37 所示）

（1）按下急停按钮，切断伺服电源。（注意：表示“循环启动”的 LED 灯必须灭。）

（2）断开数控系统电源。（注意：检查 CNC 机床移动部件是否停止。）

（3）断开机床电源。（注意：如果有外部输入或输出设备，必须先关掉所有外部设备电源，避免数控机床在关机过程中受到电流变化产生的冲击，以及关机完毕后立即进行加工现场及机床的清理和保养。）

按下急停按钮　　关闭系统开关　　逆时针关闭机床开关

图 1-37　关机顺序

3. 回参考点

回参考点具体操作如图 1-38 所示：把旋钮旋至  回零位置。如图 1-38(a)和图 1-38(b)所示位置，按图 1-38(a)图 +Z 方向键，即可回 Z 的方向，按 +X、+Y 方向，即可回 X、Y 方向。图 1-38(c)是系统已回到参考点屏幕机械坐标显示情况，机械坐标系 X、Y、Z 坐标为 0 时，表明坐标轴已回到参考点，图 1-38(d)是系统没完成回参考点屏幕的显示情况，机械坐标系 X、Y 坐标为 0 时，表明坐标轴已回到参考点，而 Z 坐标不为 0，表明 Z 未回到参考点。

注意：★ 开机后首先各轴须回参考点操作，如不回参考点，机床不能正常加工。

★ 通常参考点在各坐标轴的正向移动的极限位置，回参考点前需用手轮把各轴往负

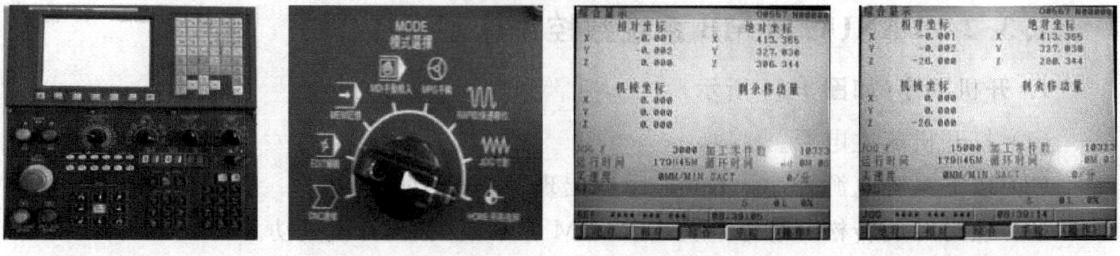

(a) (b) (c) (d)

图 1-38 返回参考点

方向移动一定距离，以免出现超程报警。

★ 机床执行回参考点时，不许改变操作模式，若此时改变会导致回参考点失败。

★ 各轴回参考点操作时，应先 Z 轴回参考点，完成后，X 轴、Y 轴再回参考点。

4. 手动移动操作

如图 1-39 所示，将旋钮旋至 JOG寸动 手动位置，机床进入手动状态，按方向键 X、Y 或 Z 方向，按负方向键或正方向键，可以分别移动三轴。同时按下 O.T.REL 键，三轴会以 JOG 倍率进行快速移动。

图 1-39 手动移动操作

如图 1-39 所示，把旋钮旋至 RAPID快速移位 快速移位位置，机床进入手动快速移位状态，按方向键 X、Y 或 Z 方向，可以分别快速移动三轴。

5. 手轮移动操作

如图 1-40 所示，将旋钮旋至 MPG手轮 手轮位置，机床进入手轮状态，选择任一手轮倍率，选择手轮轴 X 轴、Y 轴或 Z 轴。转动手轮，右转，工作台或主轴向正方向移动；左转，工作台或主轴向负方向移动。图 1-40 所示为手轮处在 Y 轴，进给倍率为 100%的状态。

6. 主轴变速操作

如图 1-41 所示，将旋钮旋至“MDI 手动输入”位置，按下 程序键，按下 MDI 软键，输入 S1000M3;，依次按 EOB 结束符、插入键、运行键，主轴就可以旋转起来了。按 RESET 复位键，主轴停转。接着可以切换到按 JOG寸动 JOG 手动键或 MPG手轮 MPG 手轮键。按主轴 正转键，主轴正转；按主轴 反转键，主轴反转；按主轴 停止键，主轴停转。

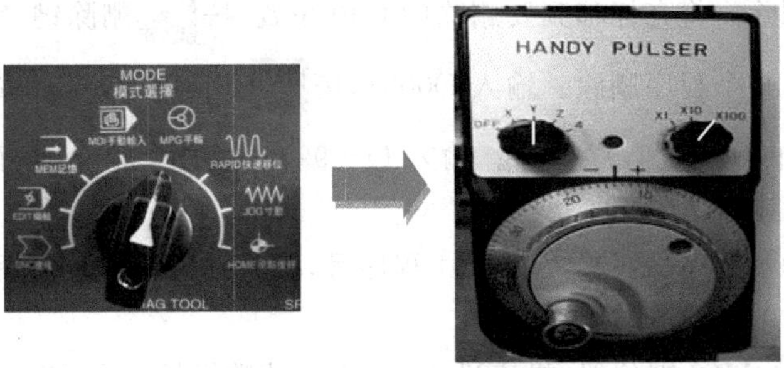

图 1-40 手轮移动操作

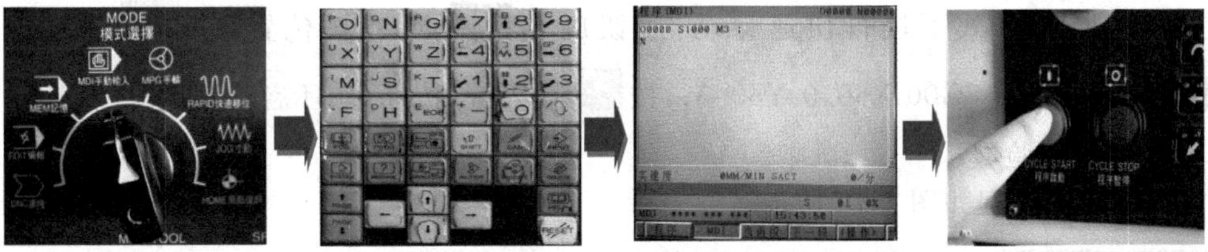

图 1-41 主轴变速操作

7. 新建编辑程序

如图 1-42 所示，将旋钮旋至 EDIT编辑 程序编辑位置。

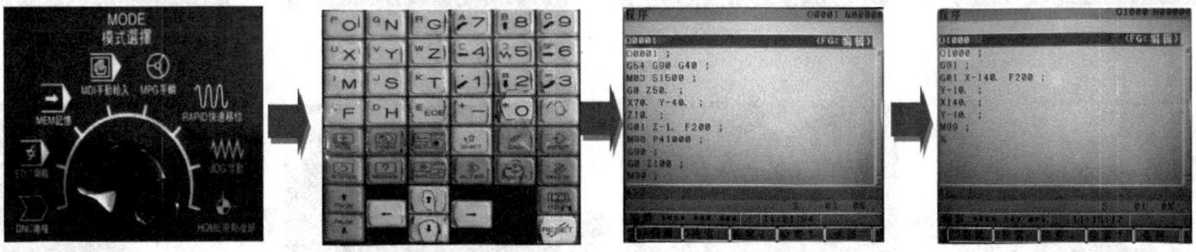

图 1-42 程序编辑

(1) 新建 O0001 号程序。将旋钮旋至 EDIT编辑 程序编辑位置，按 PROG 程序键，输入要登记程序号 O0001，按 INSERT 插入键，O0001 程序号被登记，按 EOB EOB 结束符、插入键 INSERT 后就可以进行程序内容的编写了。

(2) 程序的输入。依次输入 G54、G90、G40，按 INSERT 插入键。

(3) 程序的插入、修改、删除。

① 在 G54 后插入 G00。在 EDIT 编辑 EDIT编辑 位置，按下 PROG 程序页面，将光标移到 G54 位置，输入 G00；按 INSERT 插入键，G00 被插入。

② 将 G90 修改为 G91。将光标移到要修改的 G90 位置，输入 G91；按 ALTER 修改键，G90 被修改为 G91。

③ 将 G40 删除。将光标移到要删除的 G40 位置，按 删除键，字 G40 被删除。

④ 将 O0001 整个程序删除。输入 O0001，按 删除键，O0001 整个程序被删除。

⑤ 将存储器内所有的程序删除。输入 O－9999，按 删除键，存储器内所有的程序被删除。

⑥ 调出 O0001 程序号。输入 O0001 程序号，按软键 ，整个程序被调出。

8. MDI(手动数据输入)运行操作

旋钮旋至 MDI 键位置，机床进入 MDI 手动数据输入状态，按 程序键，显示 页面，这时可以输入一段或几段程序后，按 循环启动键，程序被运行。

如在 MDI 方式下进行快速移动，旋钮旋至 MDI 键位置，按 程序键，按 页面，输入 G00 X60.0 Y60.0;，按 插入键，按 循环启动键，程序被运行。

9. 程序校验

程序校验过程如图 1-43 所示。

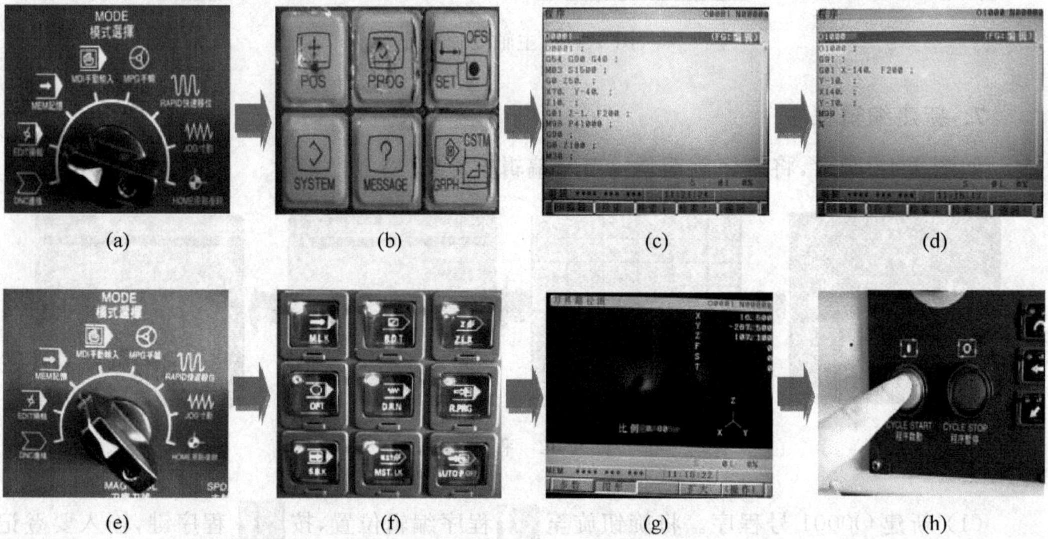

图 1-43 程序校验过程

(1) 将旋钮旋至 程序编辑位置，如图 1-43(a)所示。

(2) 按下 程序键，如图 1-43(b)所示。

(3) 新建程序号。输入图 1-1 零件图上表面平面加工程序，按 键，让光标处在程序开始位置，如图 1-43(c)和图 1-43(d)所示。

(4) 把旋扭旋至 自动方式，如图 1-43(e)所示。

(5) 按下机床锁住功能键，如图 1-43(f)所示。

(6) 按下 图形显示功能键，页面显示如图 1-43(g)所示。

(7) 按下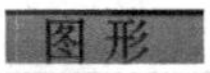图形软键，页面显示如图 1-43(g)所示。

(8) 按下循环运行按钮，如图 1-43(h)所示。

(9) 程序校验结果如图 1-44 所示。

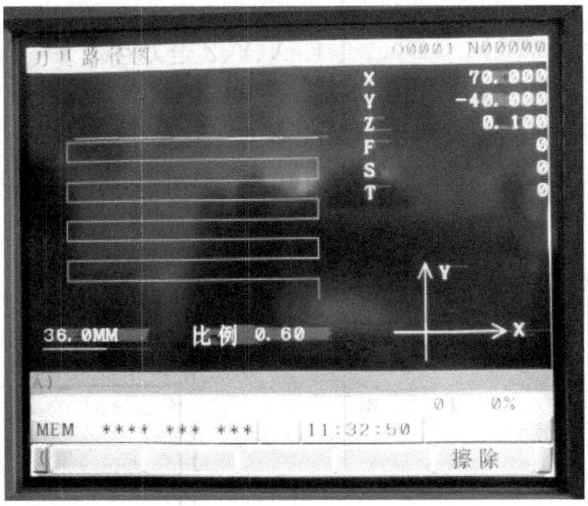

图 1-44　程序校验结果

1.3.3　零件参考程序

图 1-1 零件参考程序如表 1-4 所示。

表 1-4　图 1-1 零件参考程序

加工内容：铣上表面(铣深 1mm)　主程序号：O1010　子程序号：O0101	
程序内容	动作说明
O1010(铣上表面平面主程序) G54 G90 G40; S1000 M3; G0 Z50; G00 X70 Y40; Z10; G01 Z0 F200; M98 P40101; G90; G00 Z100; M5; M30;	1. X、Y、Z 走刀路线 从 A 点到 B 点，Z 方向一刀下，吃深 1mm 2. 各点坐标值 a(70,40)，b(−70,40)，c(−70,30)，d(70,30)，e(70,20) 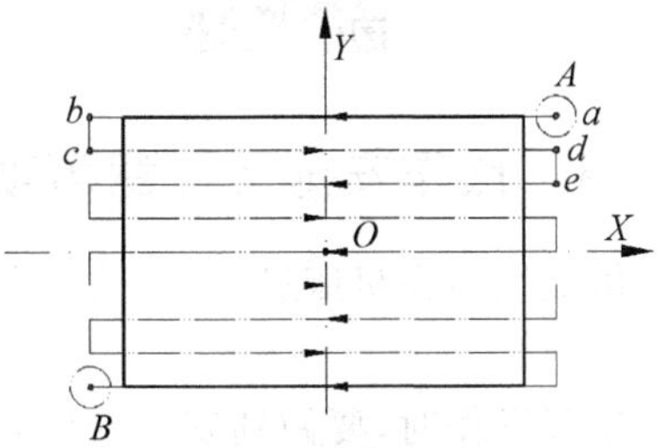
O0101(铣上表面平面子程序) G91 G01 X−140 F200; Y−12; X140; Y−12; M99;	

续表

加工内容：铣正面 110mm×70mm 外轮廓　主程序号：O2011　子程序号：O1102	
程 序 内 容	动 作 说 明
O2011(铣正面 110mm×70mm 外轮廓主程序) G54 G90 G40; S1000 M3; G0 Z50; G00 X100 Y80; G00 Z10; G01 Z0 F200; M98 P1102; G90; G0 Z100; M5; M30;	1. X、Y、Z 走刀路线 从 a 点出发，经各点走至 f 点，Z 方向吃深 5mm 2. 各点坐标值 a(100,80),b(75,35,−5),c(−55,35,−5), d(−55,−35,−5),e(55,−35,−5),f(55,50,−5) 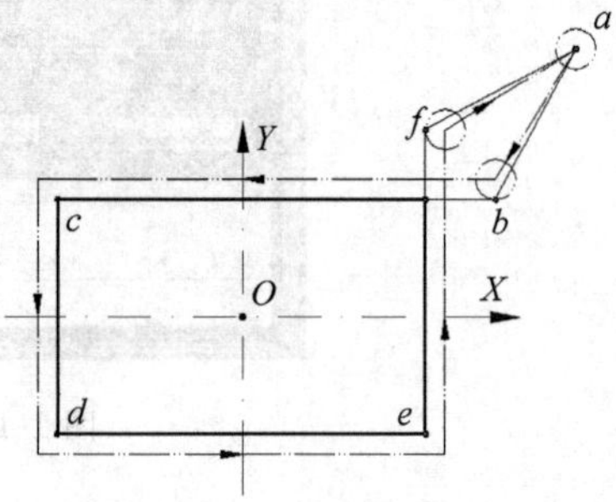
O1102(铣正面 110mm×70mm 外轮廓子程序) G1 Z−5 F200; G42 G0 X75 Y35 D01; G1 X−55; Y−35; X55; Y50; G40 G0 X100 Y80; M99;	

图 1-1 零件操作加工过程.mp4(174MB)

1.3.4 操作安排及注意事项

(1) 仿真练习在机床进行，一人一机，力求与真实环境一致操作，避免养成不良操作习惯。

(2) 实际操作时，要做到安全操作，文明生产；在操作中发现有错，应立即停机。

(3) 实际操作时，使用手轮或手动进给时，眼睛应观察刀具的移动方向，避免发生碰撞。

(4) 先由教师在机床通电状态下演示各功能键的功能。

(5) 让学生轮流进行机床操作，使学生获得对按键的感性认识。

(6) 让学生轮流正确操作设备校验程序。

数控铣床对刀操作

2.1 任务描述

本节任务是学习数控铣床毛坯、刀具装夹与对刀、试加工操作。试编写图 2-1 所示零件上表面平面(要求平面铣深 1mm)及 5mm 高凸台加工程序。毛坯尺寸 120mm×80mm×30mm,硬铝。要求熟练掌握程序的编辑、输入、校验、装刀、装毛坯、对刀、试加工的任务。

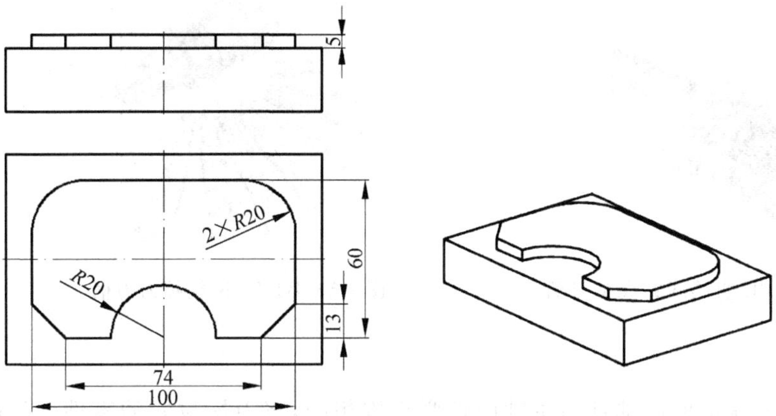

图 2-1　零件图

2.2 知识学习

2.2.1 刀具安装

铣刀是广泛用于平面及各种成形表面加工的刀具,数控铣削加工刀具系统由成品刀具和标准刀柄两部分组成。其中成品刀具部分包括钻头、铣刀、绞刀、丝锥等。标准刀柄部分可满足机床自动换刀的需求,能够在机床主轴上自动松开和拉紧定位,并准确地安装各种刀具和检具,能适应机械手的装刀和卸刀，便于在刀库中进行存取管理、搬运和识别等。

1. 刀柄

数控铣床使用的刀具是通过刀柄与主轴相连，刀柄通过拉钉固定在主轴上，由刀柄夹持铣刀传递转速、转矩。刀柄与主轴的配合锥面一般采用 7∶24 锥度。图 2-2～图 2-5 是常用铣刀刀柄；图 2-6 和图 2-7 为刀柄夹紧用螺母与扳手。

图 2-2　BT-ER 弹性筒夹刀柄

图 2-3　BT-C 直筒式强力刀柄

图 2-4　BT-APU 直结式钻夹头刀柄

图 2-5　BT-DCK 精镗刀刀柄

2. 拉钉

拉钉是固定在铣床锥柄尾部且与主轴内拉紧机构相配，将刀柄拉紧的零件。目前拉钉已标准化，图 2-8 左边为 JT-40 刀柄所用的 LDA40 拉钉，右边为 BT-40 刀柄所用的 P40T-1 拉钉。

图 2-6　固定用圆螺母

图 2-7　上紧用扳手

图 2-8　拉钉

3. 铣刀

铣刀是用于铣削加工的、具有一个或多个刀齿的旋转刀具。工作时,各刀齿依次间歇地切去工件的余量。铣刀主要用于在铣床上加工平面、台阶、沟槽、成形表面和切断工件等。常见的铣刀有图 2-9 所示的三刃立铣刀、图 2-10 所示的球铣刀、图 2-11 所示的二刃键槽铣刀。

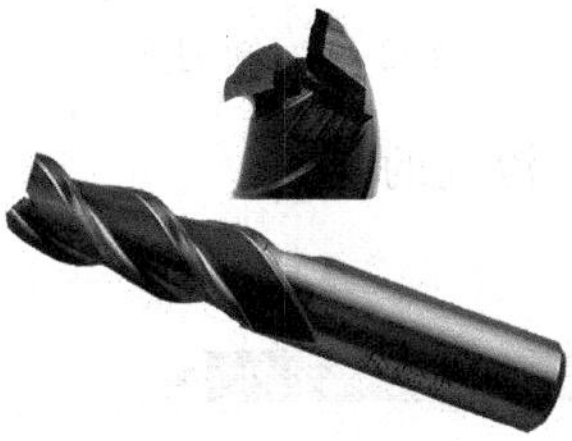
图 2-9　三刃立铣刀

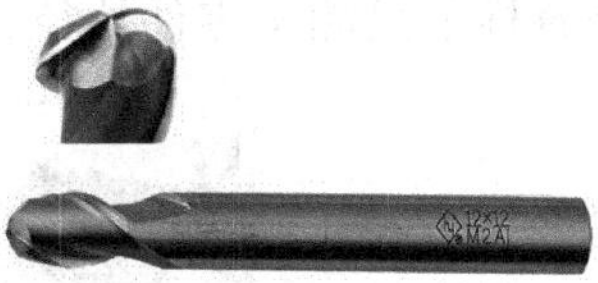
图 2-10　球铣刀

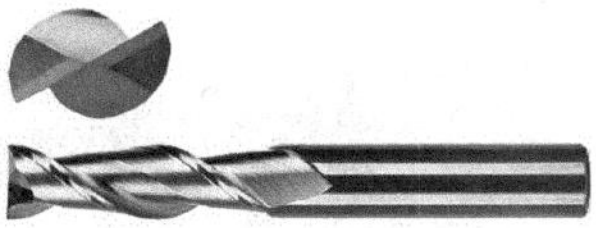
图 2-11　二刃键槽铣刀

4. 其他加工刀具

铣床上常见的其他加工刃具有图 2-12 所示的机用丝锥、图 2-13 所示的直柄麻花钻、图 2-14 所示的直柄机用铰刀、图 2-15 所示的锪钻、图 2-16 所示的 90°定心钻、图 2-17 所示的中心钻。

图 2-12　机用丝锥

图 2-13　直柄麻花钻

图 2-14　直柄机用铰刀

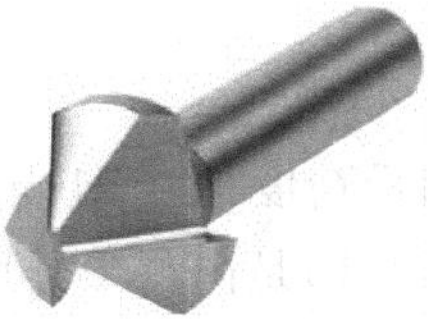
图 2-15　锪钻

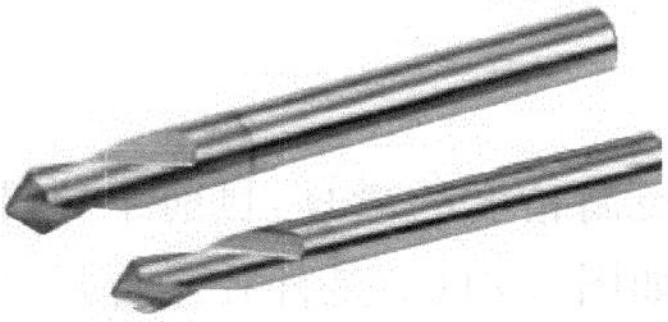
图 2-16　90°定心钻

图 2-17　中心钻

5. 卸刀座

卸刀座就是用于把铣刀从刀柄上卸下来或装上去的装置(图 2-18)。用之前,卸刀座须先固定在工作台上,再把刀柄放上去,把铣刀夹紧。

2.2.2 常用量具

图 2-18 卸刀座

数控铣床常用量具式样很多，主要有卡尺类量具和千分尺。

1. 卡尺类量具

根据测量用途的不同，卡尺分为测量外径和内径的一般卡尺，如图 2-19(a)～图 2-19(c)所示，测量深度的深度卡尺如图 2-19(d)所示。图 2-20 是游标卡尺测量零件外径、内孔、深度的方法。

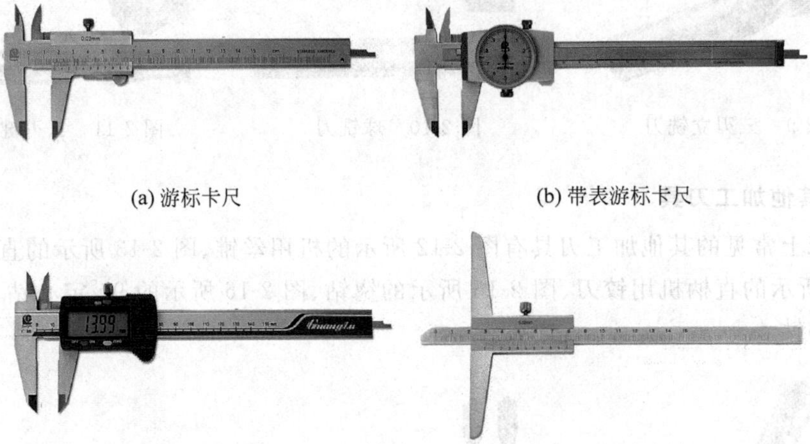

(a) 游标卡尺　(b) 带表游标卡尺

(c) 数显游标卡尺　(d) 深度卡尺

图 2-19 卡尺类量具

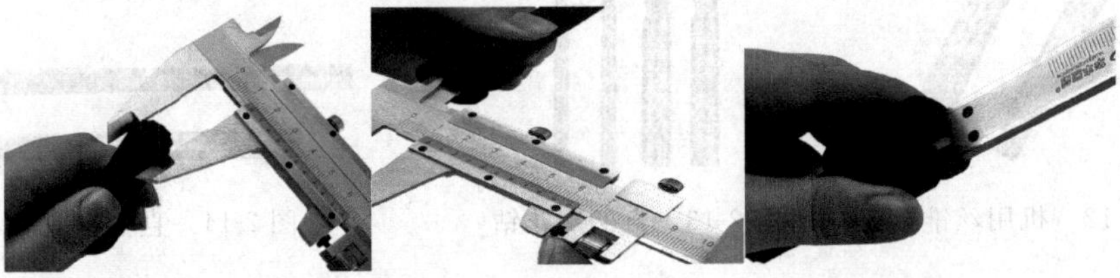

图 2-20 游标卡尺的应用

2. 千分尺

千分尺是测量精度比卡尺更高精度的量具，目前千分尺的测量精度是 0.01mm，千分尺根据用途的不同，种类很多，如图 2-21(a)是外径千分尺，图 2-21(b)是内测千分尺。

3. 找正用具

工件定位后必须找正。根据找正的需要，可将图 2-22(a)所示的磁力表座吸在机床主轴、导轨或工作台上，把百分表安装在表座接杆上，移动工作台，校正被测面相对于 X、Y 或 Z 轴方向的平行度或平面度。

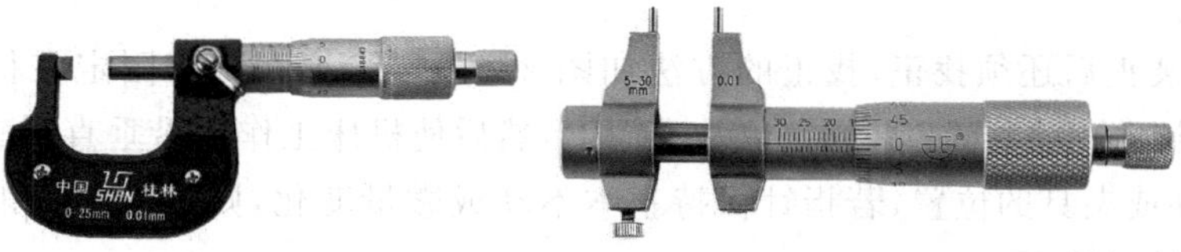

(a) 外径千分尺　　(b) 内测千分尺

图 2-21　千分尺

(a) 百分表　　(b) 磁力表座

图 2-22　找正用具

2.2.3　毛坯安装

1. 压板、三爪卡盘装夹

1）装夹

圆形毛坯装夹可用压板或三爪卡盘来夹持(图 2-23)，用压板装夹时，将压板螺杆的矩形一端装在工件台的 T 形槽中，压板较薄的一端放在工件上，另一端根据高度放在阶梯形垫铁的一个台阶上，用螺栓紧固(图 2-23(a))。用三爪卡盘装夹时，卡盘用压板固定在工作台上，调整卡盘的锁紧机构，让卡盘夹紧工件(图 2-23(b))。

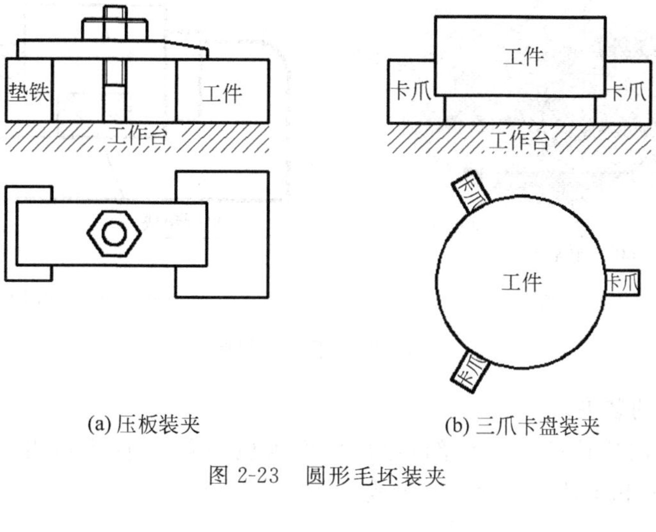

(a) 压板装夹　　(b) 三爪卡盘装夹

图 2-23　圆形毛坯装夹

2）找正

用压板装夹后还须找正，找正的方法如图 2-24 所示，把百分表固定在机床床身的某个位置，表针压在工件或夹具的定位基准面上，然后使机床工作台沿垂直于表针的方向移动，调整工件或夹具的位置，若指针保持基本不动或微量变化，则说明工件的定位基准与机床该方向的导轨平行。

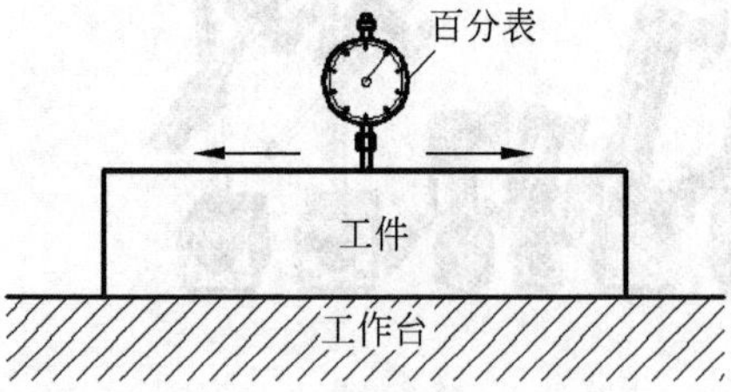

(a) 找正平面

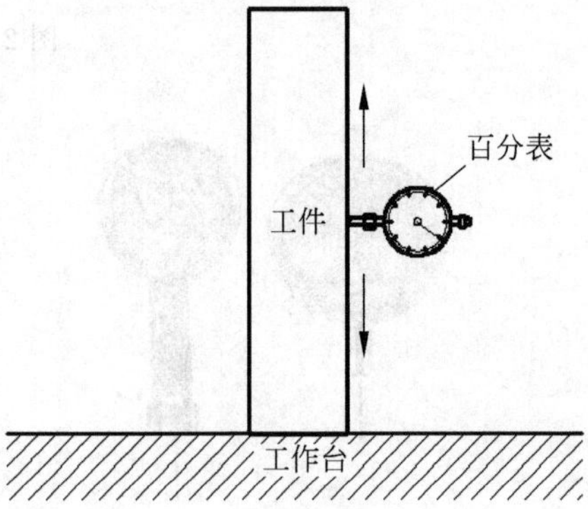

(b) 找正侧面

图 2-24　压板装夹找正

2. 平口钳装夹

1）装夹

方形毛坯的装夹可以用平口钳，平口钳结构如图 2-25(a)所示，通常使用平口钳比较方便。在工作台上装好平口钳，调整好方向并找正，松开钳口，放进毛坯，找正调平，紧固即可。

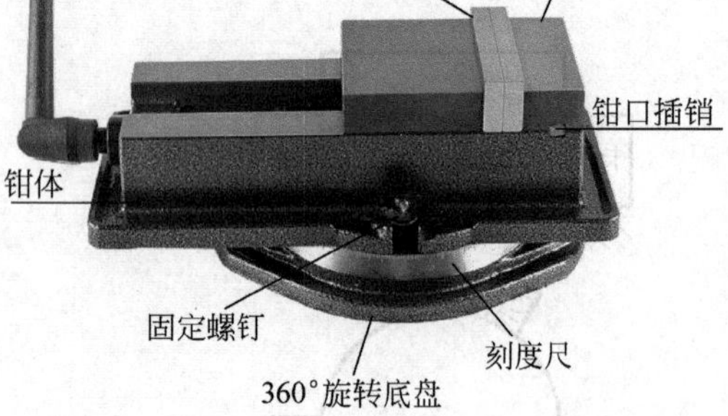

(a) 平口钳

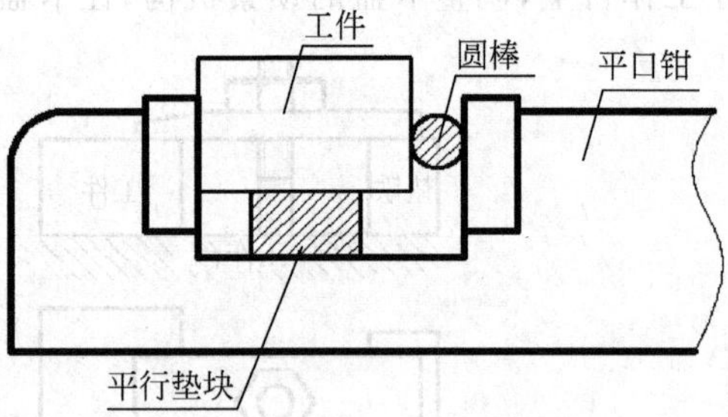

(b) 活动钳口和工件间放置一圆棒

图 2-25　平口钳装夹

(1) 毛坯件的装夹。

毛坯件装夹时应选择一个平整的毛坯面作为粗基准，靠向平口钳的固定钳口。装夹时，在钳口铁平面和工件毛坯面间垫铜皮。

(2) 已加工面的装夹。

在装夹已经粗加工的工件时，应选择一个粗加工表面作为基准面，将这个基准面靠向平口钳的固定钳口或钳体导轨面。工件的基准面靠向平口钳的固定钳口时，可在活动钳口和工件间放置一圆棒，通过圆棒将工件加紧，这样能保证工件基准面与固定钳口很好地贴合(图 2-25(b))。

2) 找正

(1) 平口钳找正。

用划针校正固定钳口与铣床主轴轴心线垂直或平行(图 2-26)。

用百分表校正固定钳口与铣床主轴轴心线垂直或平行(图 2-27)。

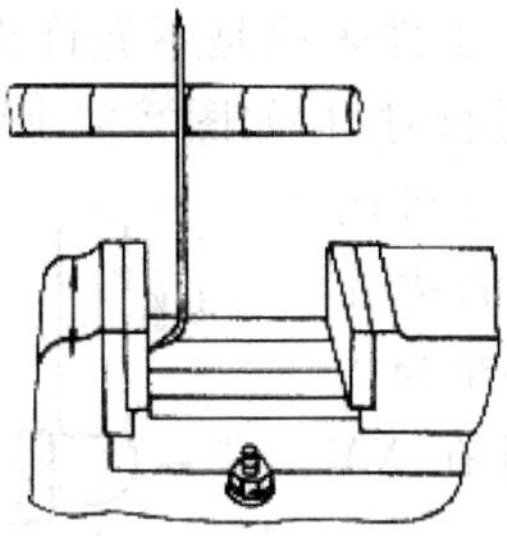

图 2-26 用划针校正固定钳口

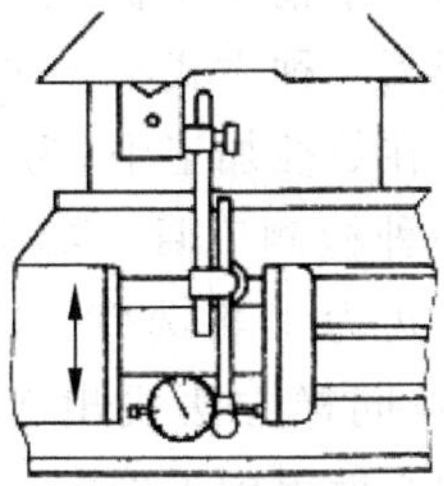

图 2-27 用百分表校正固定钳口

(2) 工件找正。

用划针校正工件水平(图 2-28)。

用划针校正工件侧面与铣床主轴轴心线垂直或平行(图 2-29)。

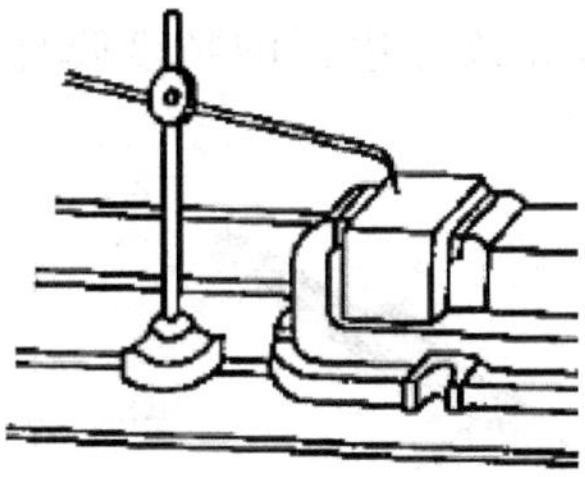

图 2-28 用划针校正工件水平

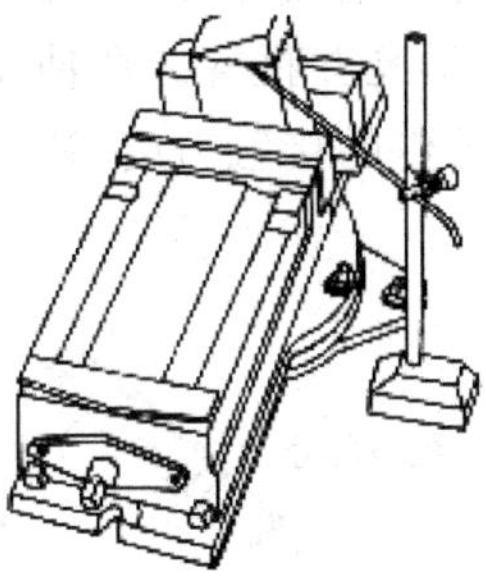

图 2-29 用划针校正工件侧面

2.2.4 数控铣床对刀方法

1. 试切对刀

试切对刀是用已安装在主轴上的刀具，通过手轮移动各轴，使旋转刀具与工件表面做微量的接触，如图 2-30 所示。这种方法简单方便，但会在工件上留下切削痕迹，对刀精度较低。这种方法主要使用在毛坯零件或工件外轮廓粗加工的情况下。

2. 用寻边器对刀

由于在数控铣床或加工中心上加工的零件大多数都是已经进行过粗加工的零件，在

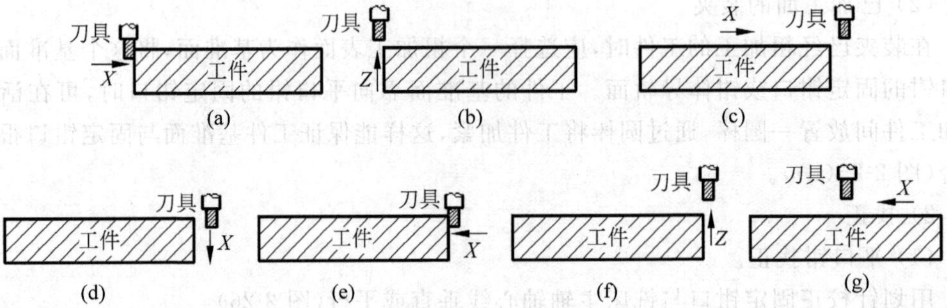

图 2-30 试切对刀

数控铣床上进行半精加工甚至精加工，这时已加工工件表面是不允许出现切削痕迹的。这时需要采用第二种方式——采用寻边器等工具进行对刀，如图 2-31 所示。

寻边器是在数控加工中，为了精确确定被加工工件的中心位置的一种检测工具。寻边器的工作原理是首先在 X 轴上选定一边为 0，再选另一边得出数值，取其一半为 X 轴中点，然后按同样方法找出 Y 轴原点，这样工件在 XY 平面的加工中心就得到了确定。

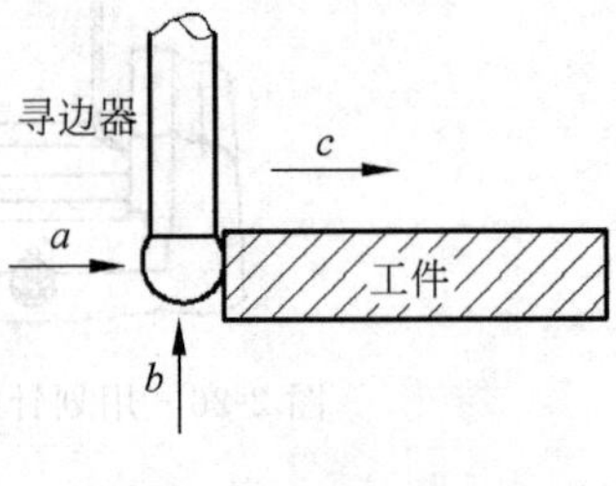

图 2-31 用寻边器对刀

根据生产的需要，寻边器有不同的类型，如光电式、偏置式等，比较常用的是偏置式。

1）光电式

光电式寻边器如图 2-32(a)所示，这种寻边器分为柄体和测量两部分，柄体和测量头之间用一个绝缘垫隔开，当测量头与工件关系合适时，寻边器与工件和机床之间构成回路，这时寻边器亮并报警。在使用光电式寻边器的时候要注意，主轴不需要转动，同时控制寻边器与工件的接触力度，避免因接触力度过大，导致寻边器的精度降低，甚至损坏寻边器。

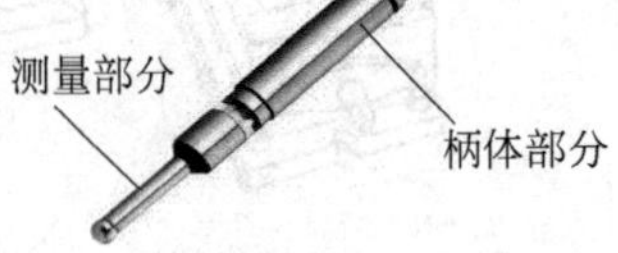

(a) 光电式

(b) 偏置式

图 2-32 寻边器

2）偏置式

偏置式寻边器如图 2-32(b)所示，它主要由两部分组成，上半部分一般装夹在铣刀刀柄上，下半部分是测量部分，中间用弹簧连接。主轴旋转时，寻边器产生离心力，使测量部分不停地抖动。当寻边器与工件的位置关系合适时，目测测量部分，停止抖动。在使用这种寻边器的时候，应注意控制主轴的转速。当主轴转速过低时，由于没有足够大的离心力，观察不到寻边器的抖动现象；当主轴转速过高时，由于离心力过大，寻边器损坏，此时应把主轴的转速控制在 600r/min 左右。

Z 轴设定器是用于设定数控机床工件高度的一种工具(图 2-33)，设定高度为 50.00±0.01mm。Z 轴设定器包括圆形 Z 轴设定器、方形 Z 轴设定器、外附表式 Z 轴设定器、光电式 Z 轴设定器、磁力 Z 轴设定器等。这些设定器使用前需要千分尺对设定器进行校表，校好的设定器高度正好是 50mm。

3. 验棒对刀

验棒对刀如图 2-34 所示，验棒就是具有一定精度的圆棒，通常使用铣刀的刀柄。使用验棒对刀时，需要与塞尺或量块配合使用，用量块或塞尺来测量工件与验棒之间的位置关系。使用时，把塞尺或量块放在工件与验棒之间，验棒边靠近工件边用塞尺或量块感觉验棒与工件之间的夹紧力，当感觉似紧非紧的时候，这时候验棒与工件之间的间隙为合适，这是目前在生产和竞赛中最常用的方法。

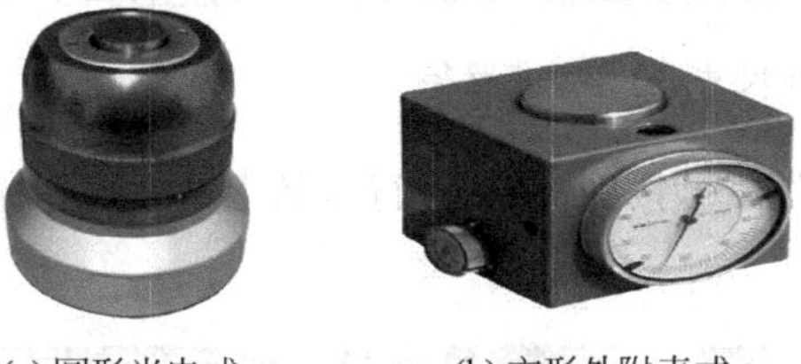

(a) 圆形光电式　　(b) 方形外附表式

图 2-33　Z 轴设定器

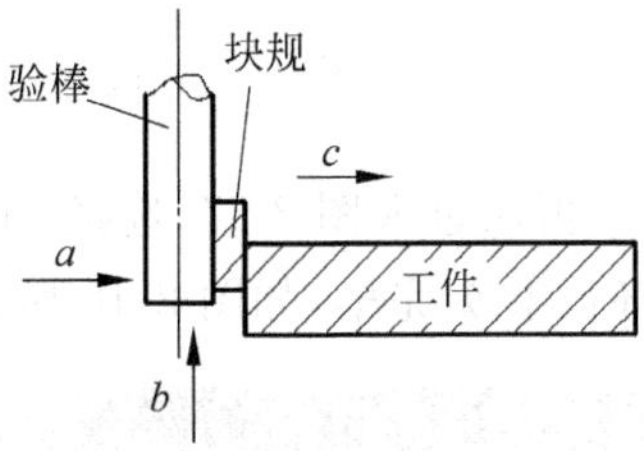

图 2-34　验棒对刀

2.2.5　斯沃数控仿真软件 FANUC 数控铣床对刀操作过程

1. 安装毛坯、刀具

(1) 打开斯沃数控仿真软件，如图 2-35 所示，选择 FANUC 0iM 系统，单击运行，进入数控仿真界面。

(2) 打开急停开关，按 X、Y、Z 键做回零，如图 2-36 所示。

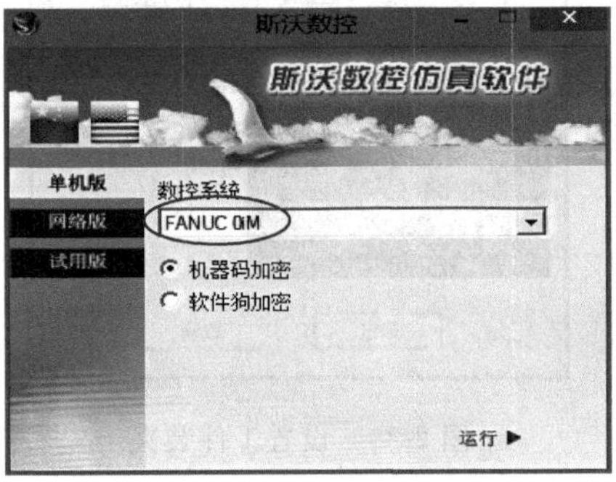

图 2-35　斯沃数控仿真软件

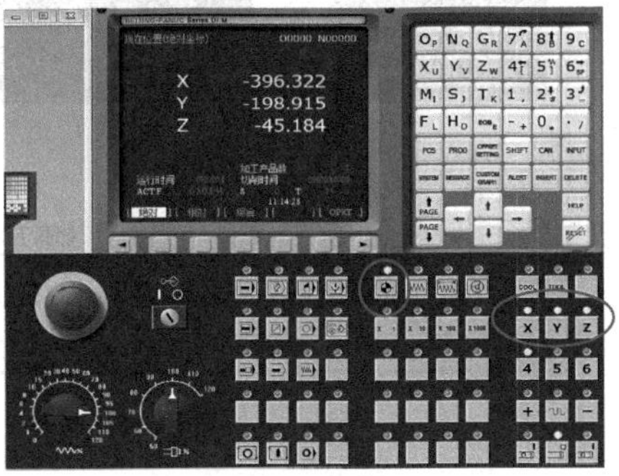

图 2-36　回零

(3) 打开毛坯参数与装夹方式设置菜单，选择“设置毛坯”方式，如图 2-37 所示。

(4) 出现如图 2-38 所示“设置毛坯”菜单，按图 2-1 所示零件(毛坯尺寸 120mm×80mm×30mm)大小设置，单击“确定”按钮。

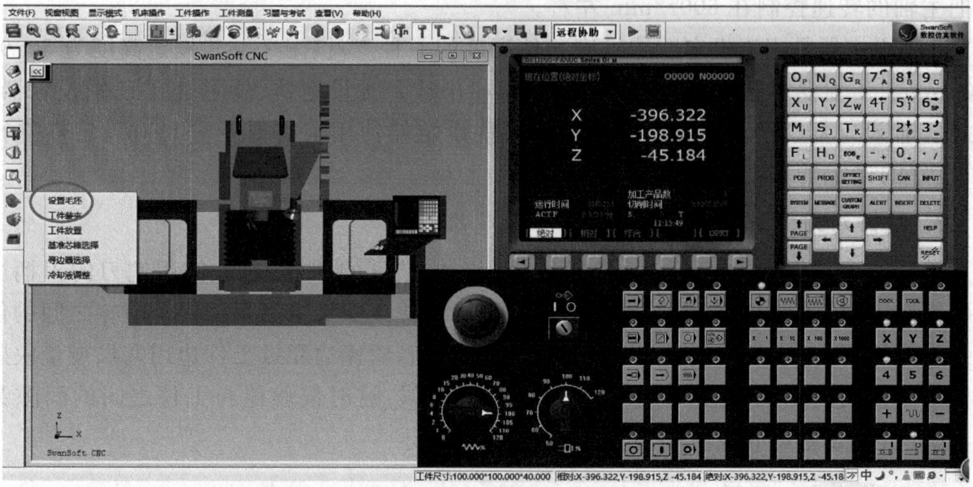

图 2-37　设置毛坯尺寸、装夹方式路径

（5）再次进入图 2-37，选择“工件装夹”方式，按图 2-39 进行设置装夹，单击“确定”按钮，毛坯已装夹完毕，如图 2-40 所示。

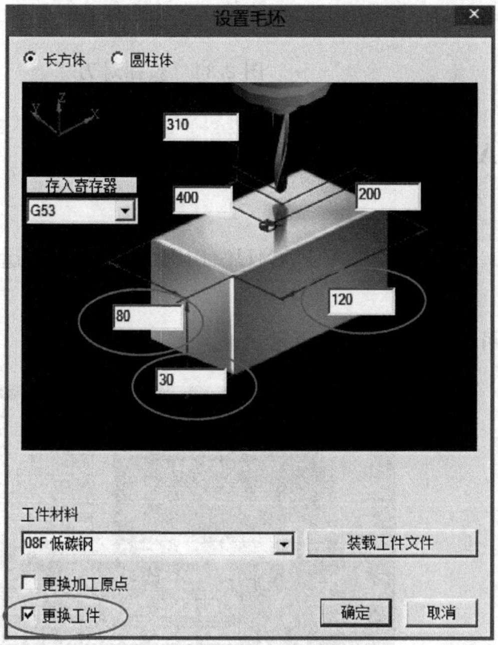

图 2-38　设置毛坯

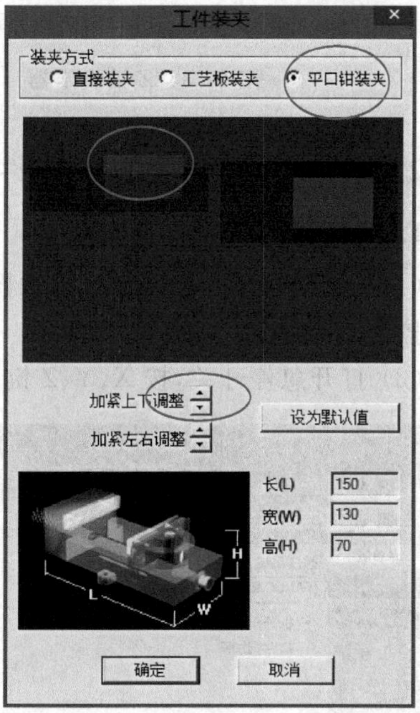

图 2-39　设置工件装夹

（6）接着安装刀具到主轴，打开“刀具管理”菜单，出现如图 2-41 所示界面。

（7）出现如图 2-42 所示“刀具库管理”，选择一把“ϕ10mm 端铣刀”，单击“添加到刀库”按钮。

（8）出现如图 2-43 所示界面，单击“1 号刀位”按钮，刀具就添加到了 1 号刀位。

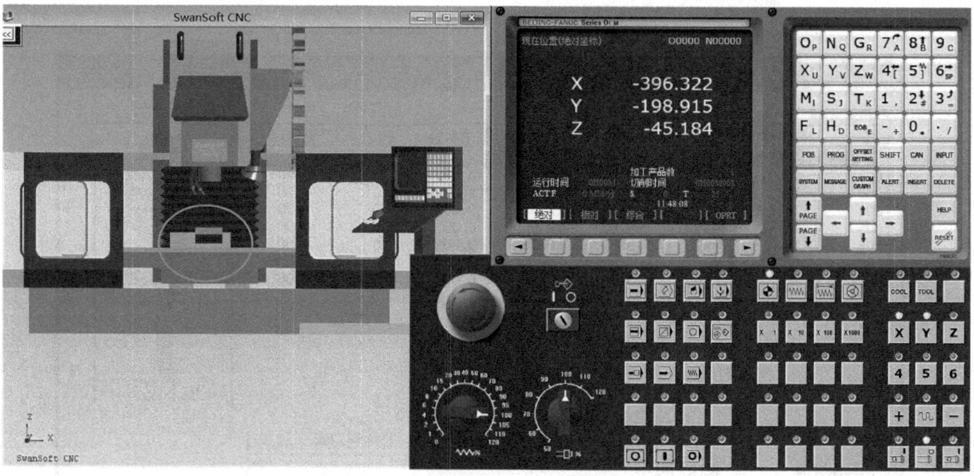

图 2-40　毛坯已装夹完毕

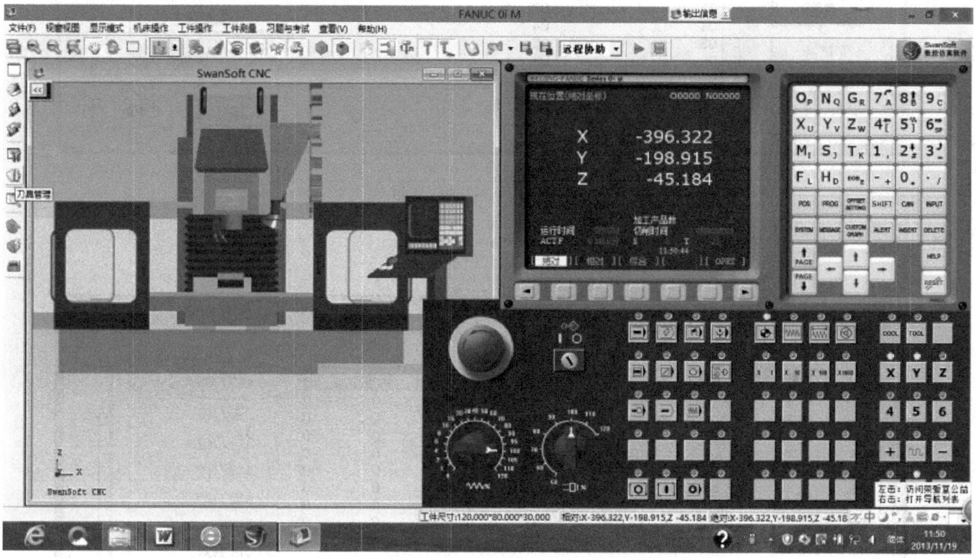

图 2-41　“刀具管理”菜单

(9) 如图 2-44 所示，选择“添加到主轴”，单击“确定”按钮，刀具就被安装到机床主轴上了，如图 2-45 所示。

安装毛坯、刀具.mp4(19.0MB)

2. 对刀(试切法对刀)

(1) 在面板 MDI 模式下输入 S500 M3 指令，按循环启动，使主轴转动。切换到手轮方式使主轴正转。

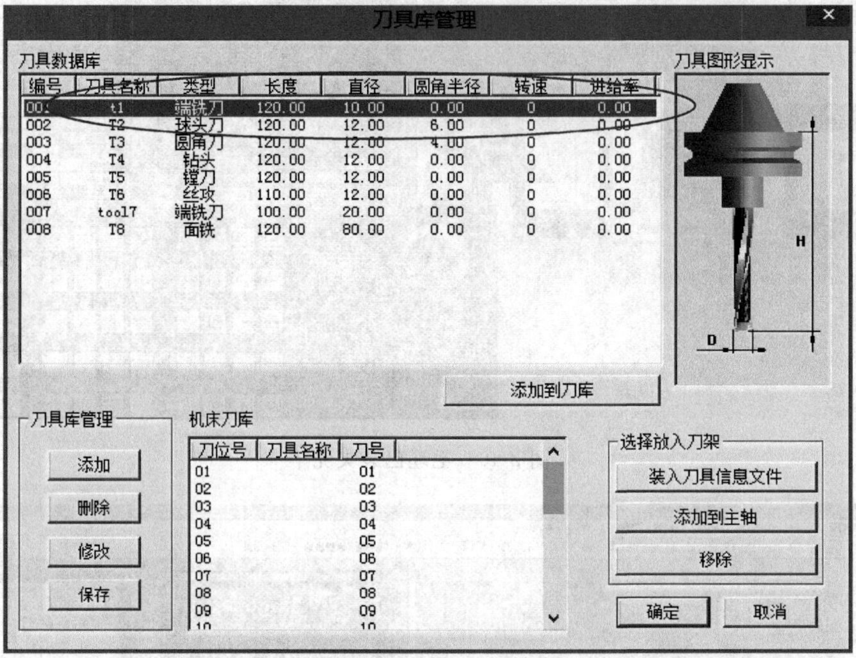

图 2-42 选择刀具

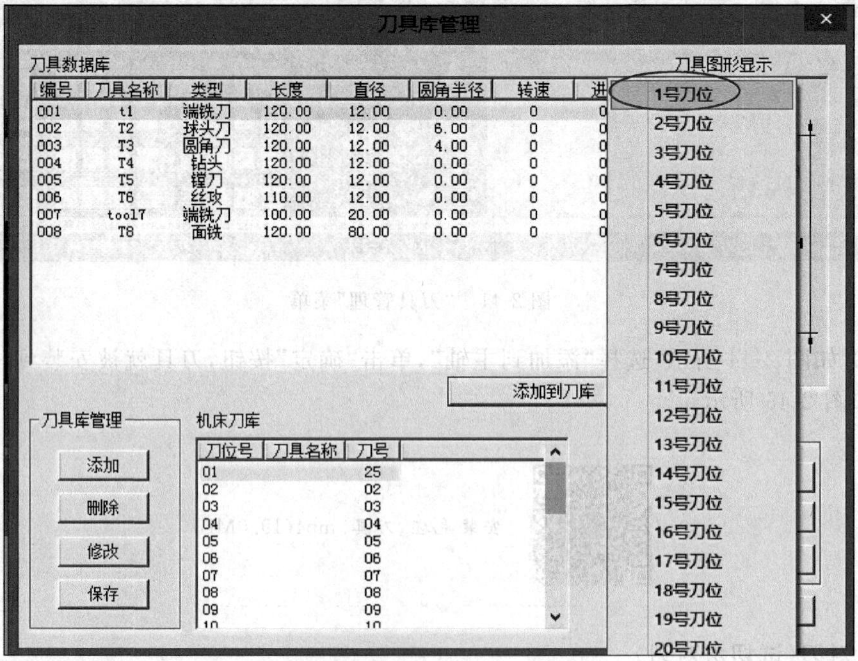

图 2-43 添加到 1 号刀位

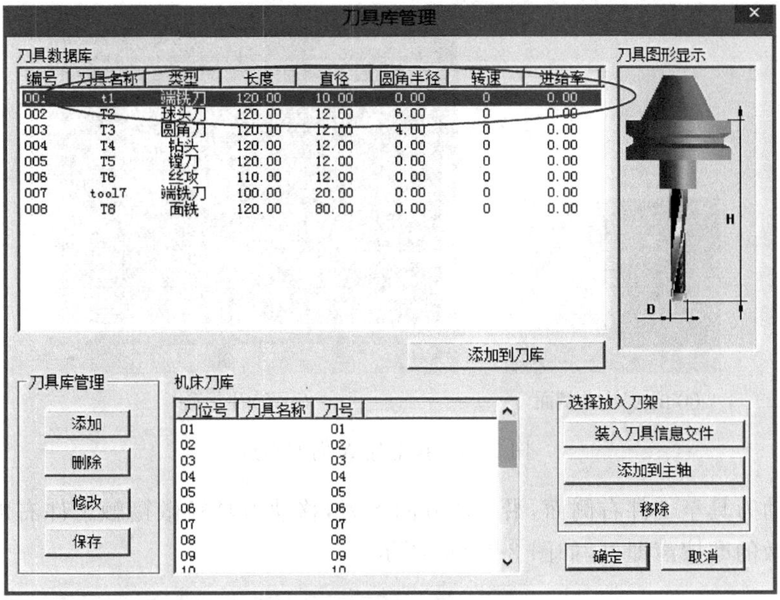

图 2-44 添加到主轴

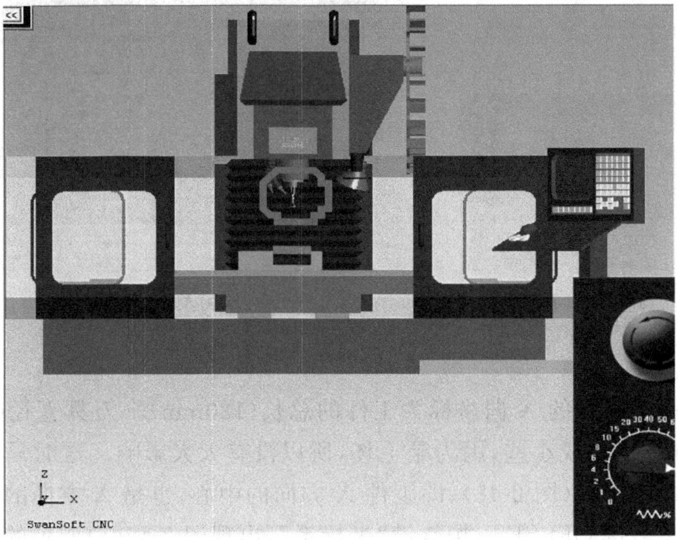

图 2-45 刀具安装完毕

(2) X 方向对刀。方法是先用刀具准确测量出 X 方向工件的长度，然后再将刀具移到"X.中心"处即工件的原点即可。

- 在手动方式下，移动刀具让刀具轻微接触工件 X 向的左端侧面，可听到轻微的接触摩擦即可，如图 2-46(a)所示。
- 保持 X 方向不变，将铣刀沿 $+Z$ 方向退离工件。
- 按机床面板 POS 键，如图 2-46(b)所示，将 X 方向置 0。

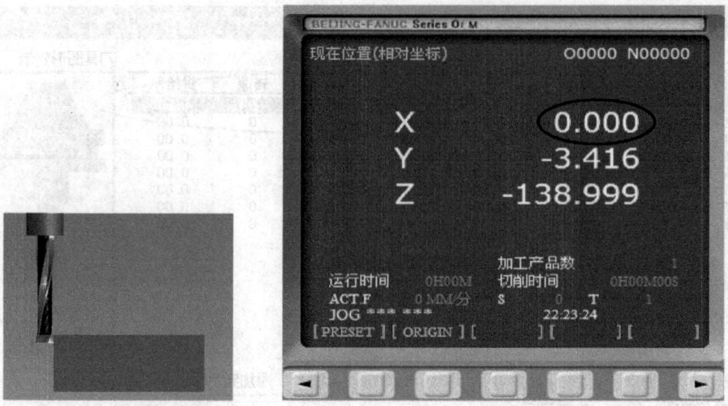

(a) 试切X向左侧面　　(b) X向坐标置0

图 2-46　找毛坯 X 向左端点

- 移动刀具至工件右侧面，沿－Z 方向下刀，移动刀具轻微接触工件右侧面，可听到轻微的摩擦声即可，如图 2-47(a)所示。

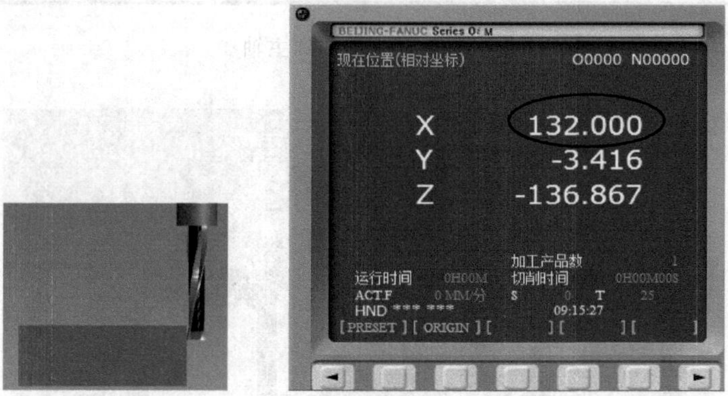

(a) 试切X向右侧面　　(b) X向坐标值

图 2-47　找毛坯 X 向右端点

- 这时面板上显示的 X 向坐标为工件的总长(120mm)＋刀具直径(12mm)，也许会比 132mm 大些或小些，因为是毛坯，所以没有太大影响。这时只需将铣刀移到这个数值的一半处(图 2-48)，即工件 X 方向的中心，也是 X 方向的坐标原点。
- 按面板参数键 OFFSET，按软键“坐标系”，出现图 2-49(a)所示的工件坐标系设定输入页面。
- 光标移到 G54 的 X 轴数据处。
- 输入“X0.”，按软键“测量”，完成 X 方向的对刀，如图 2-49(b)所示。

(3) Y 方向对刀。同理，使用 X 方向的对刀方法，也可完成 Y 方向的对刀。

(4) Z 方向的对刀。

- 在手动 JOG 方式下，让主轴正转，移动刀具，沿 Z 方向慢慢靠近工件上表面，听到轻微的摩擦声音即可，如图 2-50(a)所示。
- 按机床面板 POS 键，出现图 2-50(b)所示界面，按软键相对方式，将 Z 方向置 0。

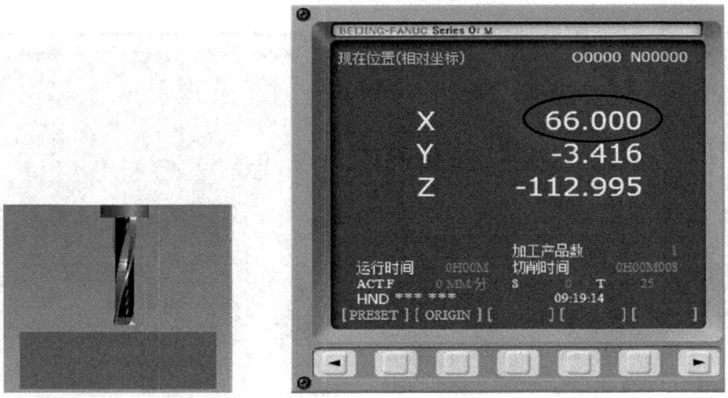

(a) 移到*X*向中心　　(b) (120mm+12mm)/2

图 2-48　找毛坯 *X* 向中点

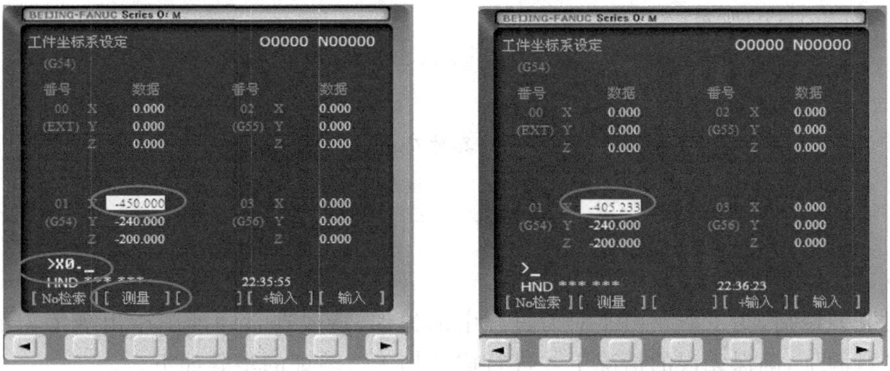

(a) “工件坐标系设定”输入页面　　(b) *X*向对刀完成

图 2-49　坐标系设定

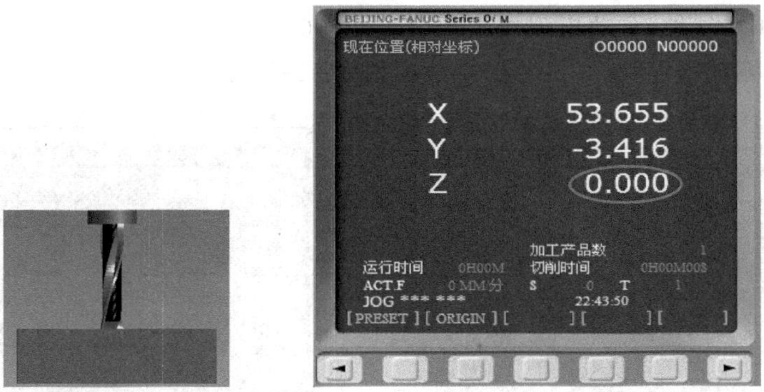

(a) 刀具移到*Z*向的上表面　　(b) *Z*向坐标清零

图 2-50　找 *Z* 向的坐标原点

• 按面板参数 OFFSET，按软键坐标系，出现图 2-51 所示界面。

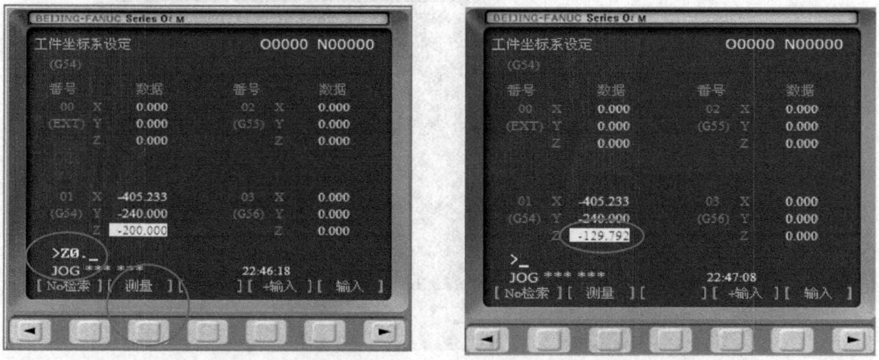

(a) Z向坐标输入　　(b) Z向对刀完成

图 2-51　设定 Z 轴坐标原点

• 光标移到 G54 的 Z 轴数据处，输入 Z0.，按软键“测量”完成 Z 方向的对刀，如图 2-51(b)所示。

仿真对刀.mp4(137.0MB)

3. 对刀检验

对完刀以后，为了防止由于对刀过程中的失误，造成在自动加工中出现撞刀的现象。可以进行验证，确保无误的情况下才进行成功加工。验证的步骤如下。

1) 验证 X、Y 轴方向

(1) 按下键，使机床处于 MDI(录入方式)的工作模式。

(2) 按下程序键。

(3) 按 MDI 软件，自动出现加工程序名 O000。

(4) 输入测试程序“G54 G90 X0 Y0;”，如图 2-52 所示。

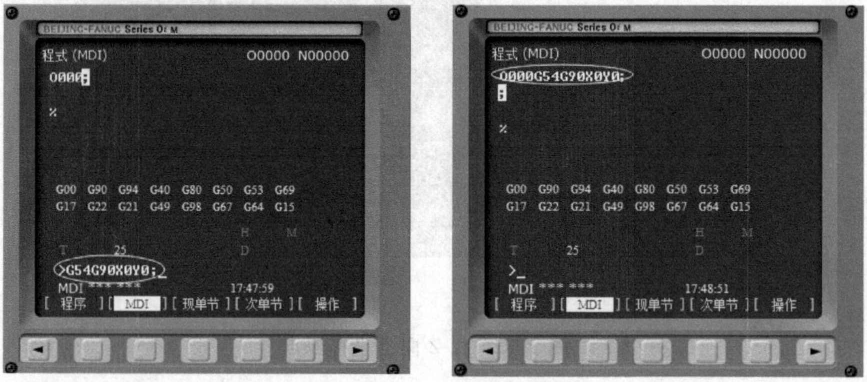

图 2-52　输入验正程序

(5) 按循环启动键，运行测试程序。

(6) 观察刀具是不是处于工件 X、Y 中心处，如果是，就是正确的；如果不是，说明操作有误，重新对刀。

2) 验证 Z 轴方向

(1) 在手轮方式下，将刀在水平方向远离工件一段距离。

(2) 使机床处于 MDI(手动输入)工作模式。

(3) 按下程序键。

(4) 按下 MDI 软件，自动出现加工程序 O000。

(5) 输入测试程序“G54 G90 Z0;”，如图 2-53 所示。

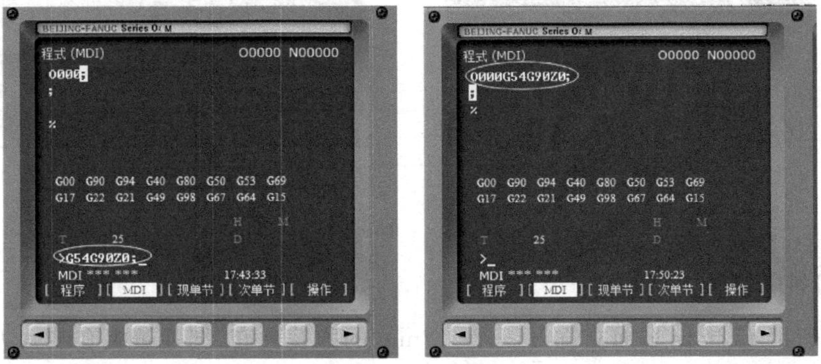

图 2-53　验证 Z 向对刀

(6) 按循环启动键，运行测试程序。

(7) 观察刀具的刀位点是否与工件上表面处于同一水平线上。如果是，Z 向对刀是正确的；如果不是，操作有误，需要重新对刀。

仿真对刀检验.mp4(27.8MB)

2.3　任务实施

1. 毛坯装夹

(1) 将平口钳底面与铣床工作台面擦干净。

(2) 将平口钳放置在铣床工作台上，并用 T 形螺钉固定，用百分表校正平口钳，钳口与铣床工作台横向平行或纵向平行(图 2-54(a))并用扳手上紧。

(3) 把图 2-1 所示零件毛坯 120mm×80mm×30mm 铝块放入钳口比较中间的位置(图 2-54(b))，下面用平行垫块支承，夹位 5～8mm(图 2-54(b))。

(4) 为让毛坯贴紧平行垫块，应用木槌或铜棒轻轻敲平毛坯，直到用手不能轻易推动平行垫块，夹紧(图 2-54(c)和图 2-54(d))。

(a) 百分表校正平口钳钳口

(b) 毛坯放入钳口

(c) 木槌敲平毛坯

(d) 用手推动平行垫块

图 2-54　毛坯装夹

2. 刀具装卸

选用一把 ϕ12mm 平面立铣刀，一个 12mm 的弹簧夹套，把弹簧夹套装入刀柄的夹紧螺母(图 2-55(a)和图 2-55(b))，把 ϕ12mm 平面立铣刀放入弹簧夹套里(图 2-55(c))，再把夹紧螺母旋入刀柄外螺纹上，不旋紧的情况下，放到卸刀座上(图 2-55(d))，用刀柄扳手上紧(图 2-55(e))，擦干净刀柄及主轴连接部位(图 2-55(f)和图 2-55(g))，最后将刀柄安装到机床的主轴上(图 2-55(h))。加工完毕后，把刀柄从主轴上卸下来，放到卸刀座上，拆下铣刀及弹簧夹头。

(a) 将弹簧夹套装入夹紧螺母

(b) 压紧

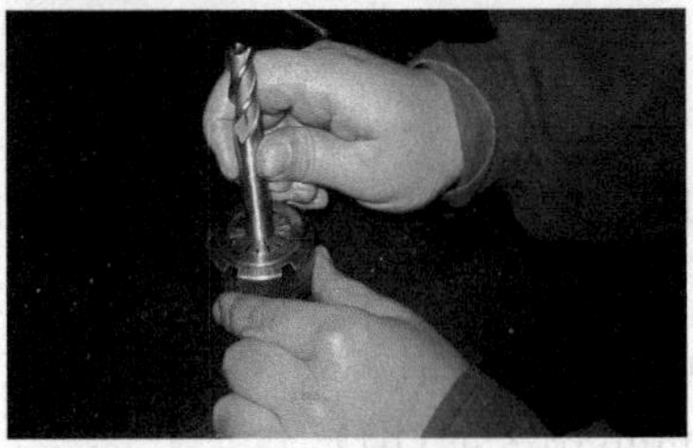
(c) 放入铣刀

(d) 将刀柄插入卸刀座上

图 2-55　刀具安装

(e) 上紧

(f) 擦干净刀柄

(g) 擦干净主轴

(h) 将刀柄装到主轴上

图 2-55(续)

铣刀装夹.mp4(67.6MB)

3. 工件原点设定

加工零件坐标原点设置在图 2-56(a)所示 X、Y 中心 O 点,Z 设置在图 2-56(b)所示上表面 O 点。

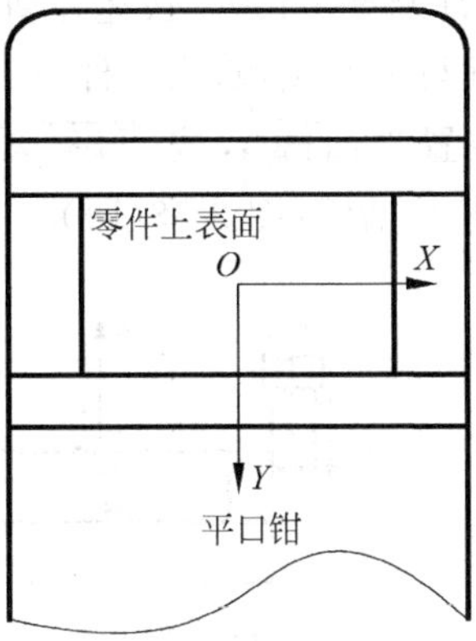

(a) X、Y坐标原点

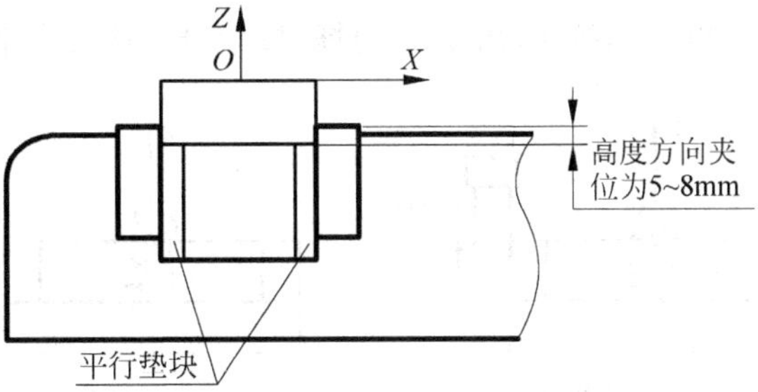

(b) Z坐标原点

图 2-56 原点设定

4. 切削用量选择

对刀试切时,因零件材料为铝块,硬度较低,切削力较小,切削速度、进给速度可选大些,具体如表 2-1 所示。

表 2-1 零件切削用量选择明细表

加工性质	刀 具	主轴转速/(r/min)	进给速度/(mm/min)	切削深度/mm
铣上表面	高速钢平面立铣刀	1000	500	1
铣上表面外轮廓	高速钢平面立铣刀	1500	500	5

5. 工、夹、刀、量具准备

工、夹、刀、量具清单如表 2-2 所示。

表 2-2 工、夹、刀、量具清单

类 型	型 号	规 格	数 量
机床	数控铣床	FANUC 0i-MD	10 台
刀具	高速钢平面立铣刀	ϕ12mm	每台 1 把
量具	钢直尺	0～300mm	每台 1 把
	两用游标卡尺	0～150mm	每台 1 把
	磁力表座及表	0～5	每台 1 套
加工材料	铝块	120mm×80mm×30mm	每台 1 块
工具、夹具	扳手、木槌	—	每台 1 把
	平行垫块、薄铜皮等	—	每台若干

6. 对刀操作

1) *X*、*Y* 对刀过程(采用试切方式)

(1) 首先对 *Y* 轴。用手轮方式,主轴正转,把手轮倍率键调至×100。快速移动各轴,使刀具靠近工件 *Y* 方向的外侧,逐渐缩小进给倍率,使刀具与工件接触,当工件与刀具位置关系合适时(如图 2-57(a)所示),切换机床面板处于位置界面 [POS],按 [相对] 软键(图 2-58(a)),按 *Y*,出现 *Y* 闪烁,按软键 [归零] 清零,可把 *Y* 清零(图 2-58(b))。

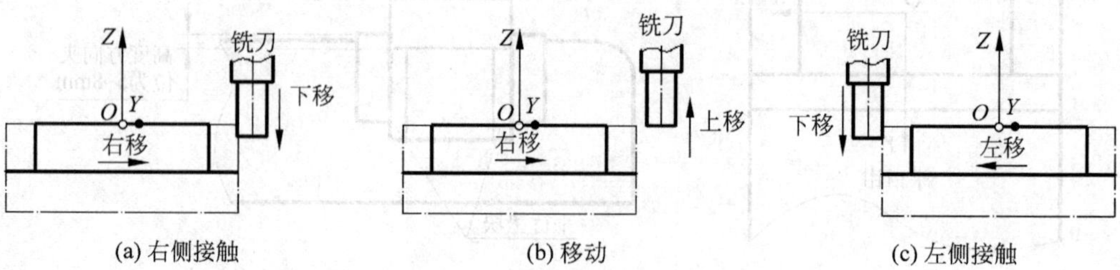

图 2-57 *Y* 方向对刀

(2) 抬升刀具,快速移动 *Y* 轴(图 2-57(b)),使刀具到达工件的里侧,逐渐缩小进给倍率,使刀具与工件接触,当工件与刀具位置关系合适时(图 2-57(c)),记录当前 *Y* 点的机床坐标值(图 2-59(a)),抬升刀具,快速移动 *Y* 轴至毛坯 *Y* 的中心(将 *Y* 值除以 2 的结果为 Y72.11),即机床面板相对坐标位置界面显示 Y72.11(图 2-59(b)),选择 刀补页面(图 2-60(a)),选择 G54 位置,光标移到 *Y* 位置,输入 Y0.,按 测量 软键,这时 *Y* 轴对刀完成,结果如图 2-60(b)所示。

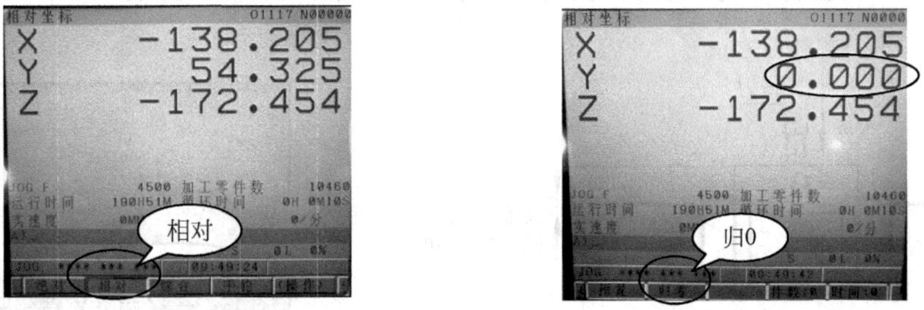

(a) 一边坐标值　　(b) 按Y键归0

图 2-58　相对方式 *Y* 向清零

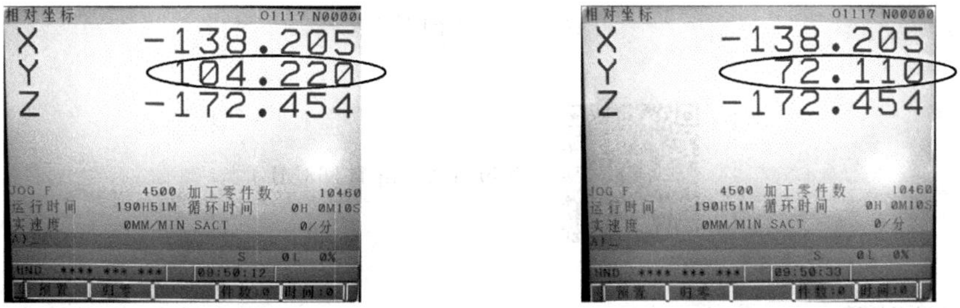

(a) 另一边坐标　　(b) 毛坯中心坐标值

图 2-59　毛坯中心坐标设置

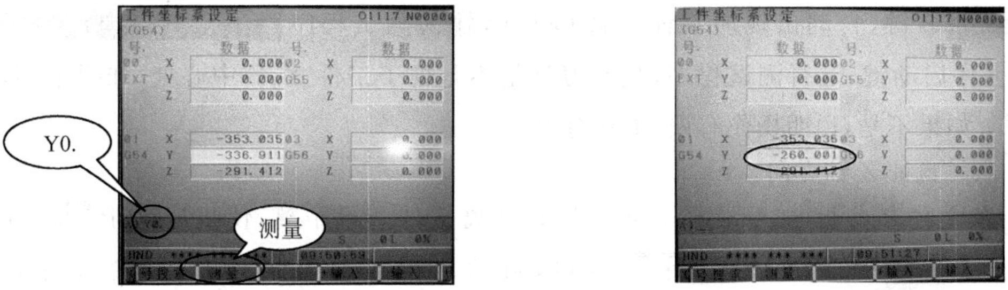

(a) 输入“Y0.”　　(b) 结果页面

图 2-60　*Y* 轴输入

(3) 同理,然后再对 *X* 轴。用手轮方式,把手轮倍率键调至×100,快速移动各轴,使刀具靠近工件的 *X* 向右侧,逐渐缩小进给倍率,使刀具与工件接触,当工件与刀具位置关系合适时,在相对方式下将当前机床坐标值 *X* 清零。这时抬升 *Z* 轴,*Y* 轴保持不动,快速移动 *X* 轴,使刀具到达工件的 *X* 左侧,逐渐缩小进给倍率,使刀具与工件接触。当工件与刀具位置关系合适时,记录当前 *X* 点的机床坐标值。这时将 *X* 值除以 2 把结果输入

G54 坐标系的 X 位置,这时 X 轴对刀完成。

2) Z 向对刀过程

进行 Z 方向的操作。Z 向对刀点通常都是以工件的上、下表面为基准的(这里以上表面为基准)。把刀具向 Z 负方向移动,直至接触到工件上表面(图 2-61 所示 O 点),将“Z0.”输入 G54 坐标系的 Z 位置,按“测量”软键,这时 Z 轴对刀完成。

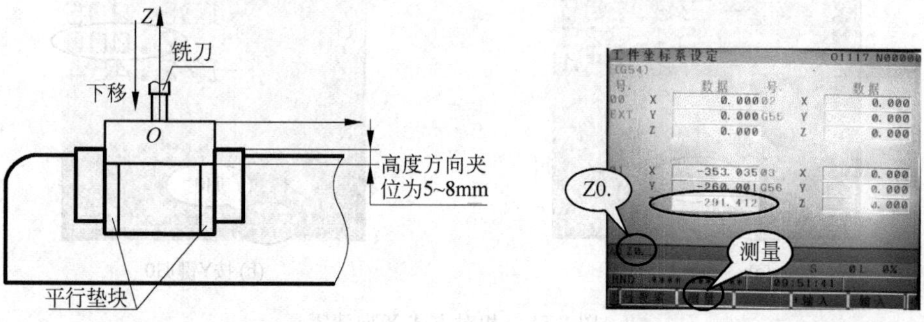

(a) Z 向对刀　　(b) Z 输入

图 2-61　Z 向对刀

现场对刀.mp4(163MB)

3) 验证对刀

(1) 验证 X、Y 轴方向。

把刀移离 Z 正方向一段距离,使机床处于 MDI 模式,按下 PROG 程序键,按 MDI 软键,自动出现加工程序名 O0000,输入测试程序 G90G54G0X0. Y0. ;,按循环启动键,运行测试程序,观察刀具是不是处于工件 X、Y 中心处,如果是,就是正确的;如果不是,说明操作有误,重新对刀。

(2) 验证 Z 轴方向。

在手轮方式下,把刀沿水平方向移到远离工件一段距离,使机床处于 MDI 模式,按下 PROG 程序键,按 MDI 软键,自动出现加工程序 O0000;输入测试程序 G90G54G0Z0. ;,按循环启动键,运行测试程序。观察刀具的刀位点是否与毛坯上表面处于同一水平线上,如果是,Z 对刀是正确的;如果不是,操作有误,需要重新对刀。

7. 程序输入操作

(1) 选择 EDIT 程序编辑模式,机床进入编辑状态,按下 PROG 程序键。如输入要登记程序号 O3000,按 INSERT 插入键,O3000 程序号被登记,按 EOB 结束符,按 INSERT 插入键后就可以进行程序内容的编写了。

(2) 将表 2-3 所示的参考程序输入,按顺序进行加工。

表 2-3　图 2-1 零件参考程序

<table>
<tr><td colspan="2">加工内容：铣上表面(铣深 1mm)　主程序号：O2010　子程序号：O0102</td></tr>
<tr><td>程 序 内 容</td><td>动 作 说 明</td></tr>
<tr><td>O2010(铣上表面主程序)
G54 G90 G40;
S1000 M3;
G0 Z50;
G00 X70 Y40;
Z10;
G01 Z0 F200;
M98 P40102;
G90;
G00 Z100;
M5;
M30;</td><td rowspan="2">1. X、Y、Z 走刀路线
从 A 点到 B 点，Z 方向一刀下，吃深 1mm
2. 各点坐标值
a(70,40)，b(－70,40)，c(－70,30)，d(70,30)，e(70,20)
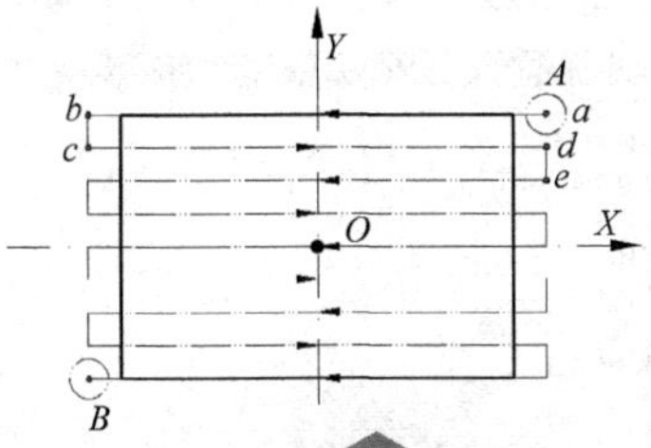

</td></tr>
<tr><td>O0102(铣上表面子程序)
G91 G01 X－140 F200;
Y－12;
X140;
Y－12;
M99;</td></tr>
<tr><td colspan="2">加工内容：铣正面曲线轮廓及所形成的台阶面，台阶高度为 5mm　主程序号：O2011　子程序号：O1102</td></tr>
<tr><td>O2011(铣曲线轮廓台阶主程序)
G54 G90 G40;
S1500 M3;
G0 Z50;
G00 X100 Y－100;
G00 Z10;
G01 Z0 F200;
M98 P1102;
G90;
G0 Z100;
M5;
M30;</td><td rowspan="2">1. X、Y、Z 走刀路线
从 a 点出发，经各点走至 k 点，Z 方向吃深 5mm
2. 各点坐标值
a(50,－52,－5)，b(50,10,－5)，c(30,30,－5)，d(－30,30,－5)，e(－50,10,－5)，f(－50,－17,－5)，g(－37,－30,－5)，h(－20,－30,－5)，i(20,－30,－5)，j(37,－30,－5)，k(75.49,0,－5)
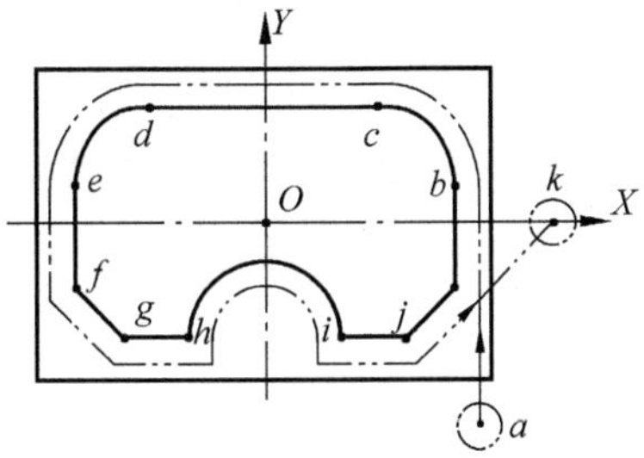
</td></tr>
<tr><td>O1102(铣曲线轮廓台阶子程序)
G42 G0 X50 Y－52 D01;
G1 Z－5 F200;
Y10;
G3 X30 Y30 R20;
G1X－30;
G3 X50Y10 R20;
G1 Y－17;
X－37 Y－30;
X－20;
G2 X20 Y－30 R20;
G1 X37;
X75.49 Y0;
G40 G0 X100 Y－100;
M99;</td></tr>
</table>

8. 自动运行操作

(1) 在编辑方式下调出要加工的程序，按复位键，让光标处在程序开始，如图 2-62 所示。

(2) 按自动键，指示灯亮，机床进入自动状态。

(3) 选择程序监视位置画面，如图 2-63 所示，按程序启动键，指示灯亮，程序自动运行。

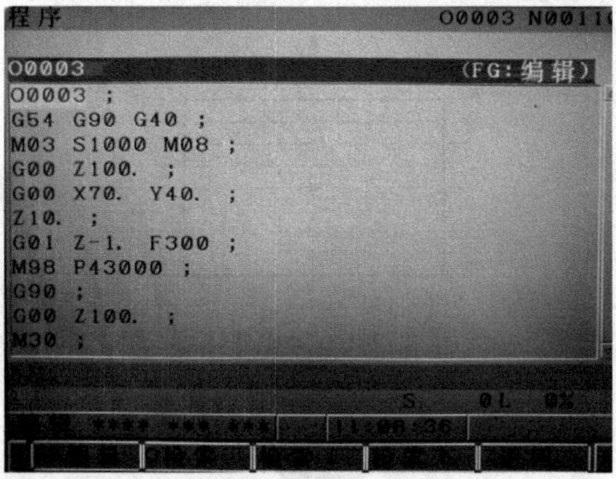

图 2-62 光标处在程序开始

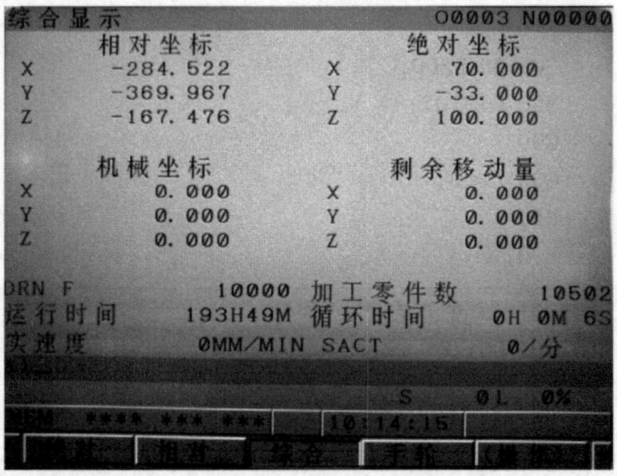

图 2-63 位置画面

9. 操作注意事项

(1) 要做到安全操作、文明生产，在操作中发现有错，应立即停机。

(2) 由于第一次对刀练习，对完刀后，须由教师检查后才能运行程序。

(3) 首件加工时，要随时查看程序中实际的剩余距离和剩余坐标值是否相符。

(4) 机床启动后，应先回到参考点，回参考点时，应先回 Z 方向，再回 X、Y 方向。

(5) 在对刀的过程中，可通过改变微调进给试切提交对刀数据。

(6) 在手动(JOG)或手轮模式中，移动方向不能错，否则会损坏刀具和机床。

(7) X、Y 与 Z 方向的对刀验证步骤分开进行，以防验证时因对刀失误造成撞刀。

任务 3

数控铣床基础指令

3.1 任务描述

本节任务是学习数控铣床基础指令并加工。试编写图 3-1 所示零件加工程序，毛坯尺寸 120mm×80mm×30mm，硬铝。要求熟练掌握数控铣床基础指令的应用，从而完成程序的编辑、输入、校验、装刀、装毛坯、对刀、加工的任务。

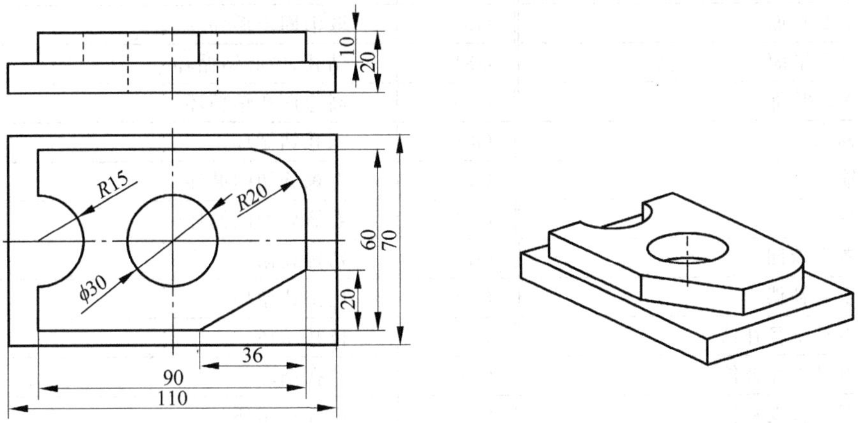

图 3-1　零件图

3.2 知识学习

3.2.1 FANUC 数控系统功能指令

FANUC 数控系统在编程时对数控机床自动运行的各个动作，如主轴的转、停，切削的进给速度，切削液的开、关等，都要以代码的形式予以给定。FANUC 数控系统包括准备功能 G 代码（指令）、辅助功能 M 代码（指令）以及 F、S、T 代码（指令）等几种。

1. 准备功能G代码(指令)

准备功能也称G功能或G代码,由地址符G加两位数值构成该功能的指令。G功能指令用来规定坐标平面、坐标系、刀具和工件的相对运动轨迹、刀具补偿、单位选择、坐标偏置等多种操作。G功能指令分若干组(指令群)。准备功能G代码(指令)分为模态和非模态两种代码,模态G代码(指令)一直有效,直到被同一组的其他G代码(指令)所代替。非模态G代码(指令)只在指令它的程序段中有效。

目前,数控系统G代码的含义并未真正统一。G代码由地址符G和其后面的两位数字组成,从G00~G99共100种,格式为G00××。表3-1是FANUC 0i系统数控铣床常用G(准备)功能指令代码。由于G代码有模态代码与非模态代码,表3-1序号中带*号的是非模态指令,其余全是模态指令。

表3-1 FANUC 0i系统数控铣床常用G(准备)功能指令代码

指令	功能	指令	功能
G00	快速定位	G57	第四可设定零点偏置
G01	直线插补	G58	第五可设定零点偏置
G02	顺圆插补或顺时针螺旋线插补	G59	第六可设定零点偏置
G03	逆圆插补或逆时针螺旋线插补	G68	坐标轴偏转旋转
*G04	暂停	G69	取消坐标轴偏转
G17	选择 *XY* 平面	G80	取消固定循环
G18	选择 *XZ* 平面	G81	钻孔、中心钻循环
G19	选择 *YZ* 平面	G73	高速深孔钻循环
G20	英寸输入	G83	深孔钻循环
G21	毫米输入	G74	左螺旋切削循环
*G28	返回参考点	G84	右螺旋切削循环
*G29	从参考点返回	G76	精镗孔循环
G40	取消半径补偿	G82	反镗孔循环
G41	左边刀具半径补偿	G85	镗孔循环
G42	右边刀具半径补偿	G86	镗孔循环
G43	正向刀具长度补偿	G87	反镗孔循环
G44	负向刀具长度补偿	G88	镗孔循环
G49	取消刀具长度补偿	G89	镗孔循环
G50.1	取消可编程镜像	G90	绝对值编程
G51.1	可编程镜像有效	G91	增量值编程
G52	可编程的坐标系偏移	*G92	设置工件坐标系(浮动坐标系)
*G53	取消可设定的零点偏置(或选择机床坐标系)	G94	每分钟进给
G54	第一可设定零点偏置(工件坐标系)	G95	每转进给
G55	第二可设定零点偏置(工件坐标系)	G98	固定循环返回起始点
G56	第三可设定零点偏置(工件坐标系)	G99	返回固定循环 *R* 点

2. 辅助功能 M 代码(指令)

辅助功能也叫 M 功能或 M 代码,主要是用来控制零件程序的走向,以及机床各种辅助功能动作(如冷却液的开关、主轴正反转等)的指令。由地址字 M 和其后的一位或两位数字组成,从 M00～M99 共 100 种。辅助功能分为模态 M 功能和非模态 M 功能两种形式。FANUC 0i 系统数控机床常用 M(辅助)功能指令代码见表 3-2。

表 3-2 FANUC 0i 系统数控铣床常用 M(辅助)功能指令代码

指令	功能	指令	功能
M00	程序停止暂停	M07	切削液开(雾状)
M01	程序选择停止暂停	M08	切削液开
M02	程序结束	M09	切削液关
M03	主轴顺时针方向旋转	M19	主轴准停
M04	主轴逆时针方向旋转	M30	程序结束,返回开头
M05	主轴停止	M98	调用子程序
M06	自动换刀(加工中心)	M99	子程序结束,返回主程序

3. 进给功能指令(F)

进给功能也称 F 功能。F 功能以每分钟进给距离的方式指定进给速度。它由地址码 F 及后面的数字组成。单位可以是 mm/min,也可以是 mm/r;数控铣床一般用 mm/min,数控车床一般用 mm/r。F 值的指定方法很多,目前普遍应用的方法是直接代码法。例如,F180 表示刀具进给速度为 180mm/min,一旦用 F 指令了进给速度,就一直有效,直到输入新的 F 指令。

4. 主轴功能指令(S)

主轴功能也称主轴转速功能或 S 功能,也就是指定主轴转速的功能。它由地址码 S 和其后的整数数字组成。整数最多可为 4 位数,单位为 r/min。目前常用的是直接代码法,如 S1500 表示主轴转速为 1500r/min。在编程时除用 S 功能指定主轴转速外,还要用 M 功能指定主轴的转向,顺时针或逆时针。S 功能一定要根据机床说明书中规定的转速范围使用。

5. 刀具功能指令(T)

刀具功能也称为 T 功能,是用来选择刀具的功能。它由地址码 T 及其后的两位整数数字组成,数字代表刀具的编号,例如,T6 表示 6 号刀。

3.2.2 数控铣床坐标系

在机床上,始终认为工件静止,而刀具是运动的。这样编程人员在不考虑机床上工件与刀具具体运动的情况下,就可以依据零件图样,确定机床的加工过程。

1. 机床坐标系的规定

标准机床坐标系中 X、Y、Z 坐标轴的相互关系用右手笛卡儿直角坐标系决定,如

图 3-2 所示。

在数控机床上，机床的动作是由数控装置来控制的，为了确定数控机床上的成形运动和辅助运动，必须先确定机床上运动的位移和运动的方向，这就需要通过坐标系来实现，这个坐标系被称为机床坐标系，如图 3-3 所示。

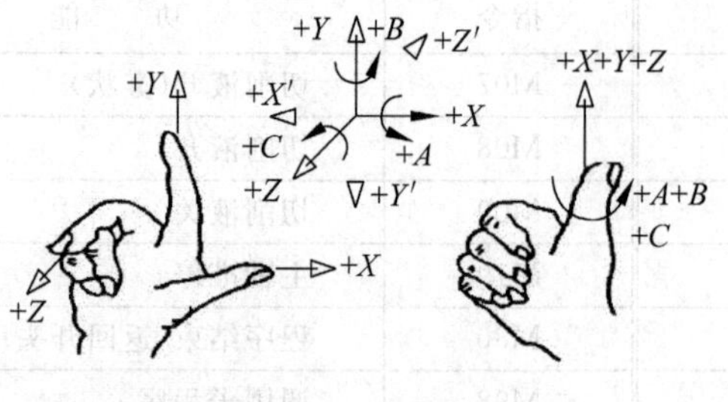

图 3-2　右手笛卡儿直角坐标系

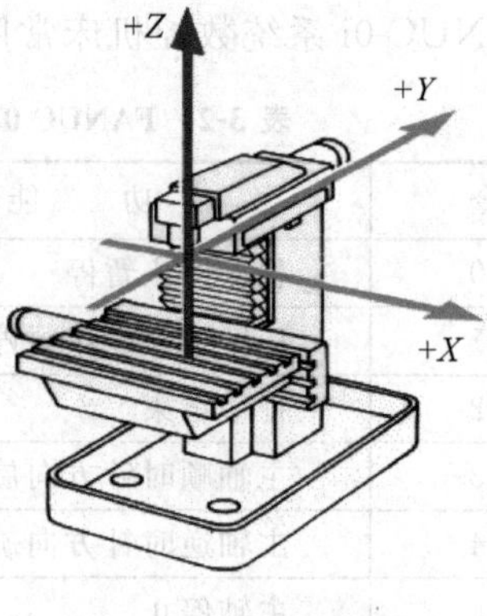

图 3-3　机床坐标系

用右手笛卡儿直角坐标系决定机床坐标系中 X、Y、Z 坐标轴的方法如下。

(1) 伸出右手的大拇指、食指和中指，并互为 90°。则大拇指代表 X 坐标，食指代表 Y 坐标，中指代表 Z 坐标。

(2) 大拇指的指向为 X 坐标的正方向，食指的指向为 Y 坐标的正方向，中指的指向为 Z 坐标的正方向。

(3) 围绕 X、Y、Z 坐标旋转的旋转坐标分别用 A、B、C 表示，根据右手螺旋定则，大拇指的指向为 X、Y、Z 坐标中任意一轴的正向，则其余四指的旋转方向即为旋转坐标 A、B、C 的正向。

2. 运动方向的规定

增大刀具与工件距离的方向即为各坐标轴的正方向。

3. 数控铣床各坐标轴方向的确定

(1) Z 坐标。Z 坐标的运动方向是由传递切削动力的主轴所决定的，即平行于主轴轴线的坐标轴即为 Z 坐标，Z 坐标的正向为刀具离开工件的方向。如果机床上有几个主轴，则选一个垂直于工件装夹平面的主轴方向为 Z 坐标方向；如果主轴能够摆动，则选垂直于工件装夹平面的方向为 Z 坐标方向。

(2) X 坐标。X 坐标平行于工件的装夹平面，一般在水平面内。对于立式数控铣床，观察者面对刀具主轴向立柱看，$+X$ 运动方向指向右方。

(3) Y 坐标。在确定 X、Z 坐标的正方向后，可以根据 X 和 Z 坐标的方向，按照右手直角坐标系来确定 Y 坐标的方向。

3.2.3　数控铣床的有关点

1. 数控铣床原点、参考点

机床原点是指在机床上设置的一个固定点，即机床坐标系的原点。它在机床装配、调试时就已确定下来，是数控机床进行加工运动的基准参考点。

在数控铣床上，机床原点一般取在 X、Y、Z 坐标的正方向极限位置上，如图 3-4 所示的 M 点。

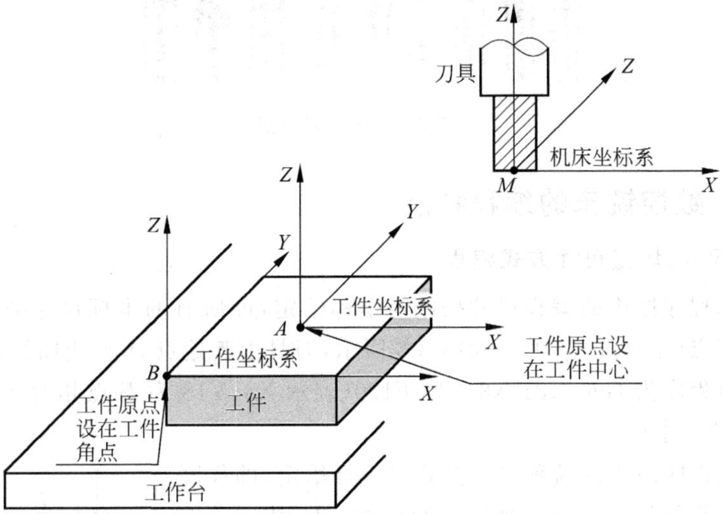

图 3-4 原点、参考点

机床参考点是用于对机床运动进行检测和控制的固定位置点。机床参考点的位置是由机床制造厂家在每个进给轴上用限位开关精确调整好的，坐标值已输入数控系统中。因此参考点对机床原点的坐标是一个已知数。

通常在数控铣床上，机床原点和机床参考点是重合的；而在数控车床上，机床参考点是离机床原点最远的极限点。

数控机床开机时，必须先确定机床原点，即做返回参考点的操作。只有机床参考点被确认后，刀具(或工作台)移动才有基准。

2. 工件坐标系、工件原点

工件坐标系是编程人员在编程时使用的，编程人员选择工件上的某一已知点，如以图 3-4 的A、B 点为原点(也称工件原点、程序原点)，建立一个新的坐标系，称为工件坐标系。工件坐标系一旦建立便一直有效，直到被新的工件坐标系所取代。

工件坐标系的原点是人为设定的，设定的依据是要尽量满足编程简单、尺寸换算少、引起的加工误差小等条件。一般情况下，数控铣床工件原点一般选择在工件的中心或工件的角点，如图 3-4 中的 A、B 点。

3. 刀位点

刀具刀位点是指刀具的定位基准点，它是刀具上用于表现刀具位置的参照点，称为刀位点。一般来说，圆柱铣刀和端面铣刀的刀位点是刀具轴线与刀具底面的交点，球头铣刀刀位点也可以在球心(图 3-5)。另外，有的数控铣床或大多数的加工中心上，刀位点在刀柄上。

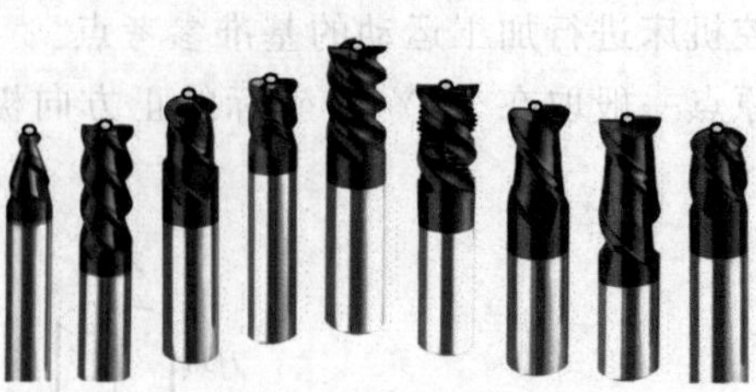

图 3-5 铣刀刀位点

3.2.4 数控铣床的编程特点

1. 绝对尺寸、增量尺寸方式编程

G90 表示程序段中的编程尺寸按绝对坐标给定，即所有的坐标尺寸数字都是相对于固定的编程原点(工件原点)的。如图 3-6 所示，刀具由起始点 *A* 直线插补到目标点 *B*，用绝对值编程时程序为 G90 G01 X8 Y18 F120(表示 X8、Y18 为 *B* 点相对于编程坐标系原点 *O* 点的绝对尺寸)。

G91 表示程序段中的编程尺寸按相对坐标给定，即程序段的终点坐标都是相对于前一坐标点给出的。使用 G91 编写程序时，以后所有编写的坐标值均为增量值。仍以图 3-6 为例，当用增量值编程时程序为 G91 G01 X－10 Y10 F120(表示 X－10、Y10 为 *B* 点相对于起始点 *A* 的增量尺寸)。

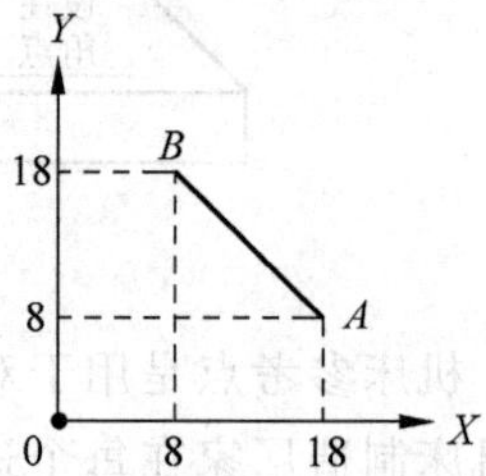

图 3-6 G90、G91 编程实例

绝对方式编程：

```
G90 G01 X8 Y18 F120;
```

增量方式编程：

```
G91 G01 X - 10 Y10 F120;
```

2. 插补功能

数控铣床一般仅具有直线插补和圆弧插补功能，因此非圆曲线的加工是按编程允差将曲线分割成若干小段再用直线或圆弧逼近得到的(图 3-7)。不过编程时需计算各节点坐标，如图 3-7 中的 *A*、*B* 点坐标。

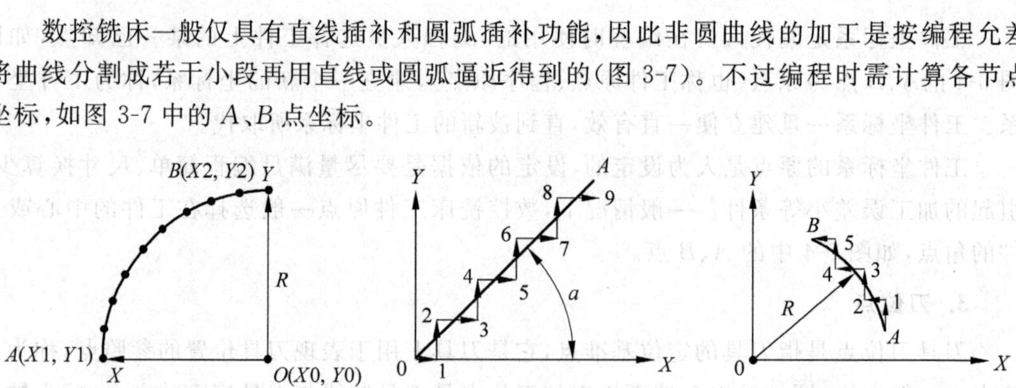

图 3-7 插补

3. 镜像功能

数控铣床具备镜像加工功能，加工一个轴对称零件只需编出一半加工程序即可。镜像功能是数控铣床用作简化程序的一种功能，即零件的被加工表面对于 X 轴或 Y 轴对称，就可将程序简化为 1/2 或 1/4。然后，另 1/2 或 3/4 用镜像功能加工(图 3-8 和图 3-9)。

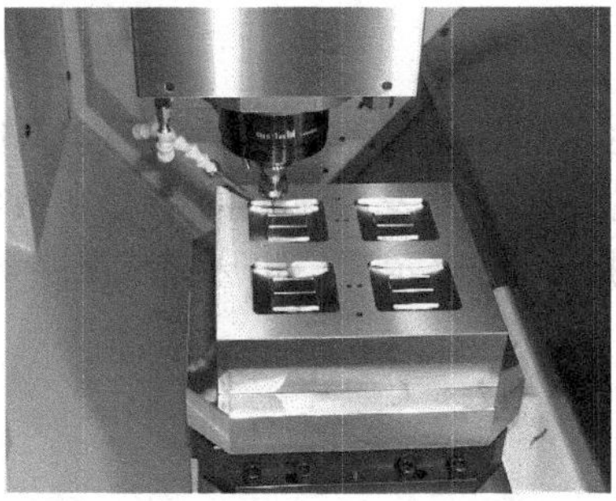

图 3-8 镜像加工

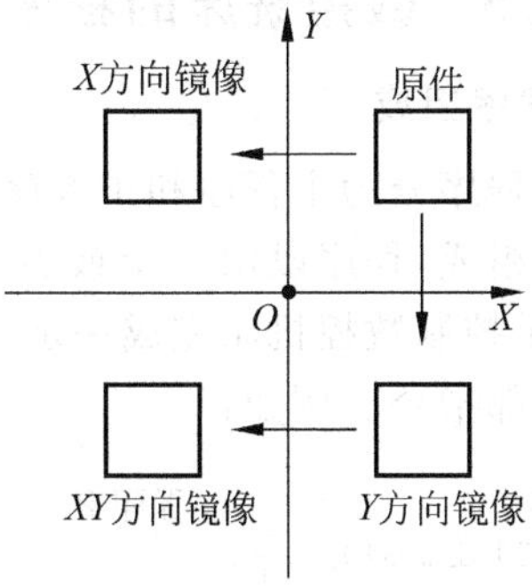

图 3-9 镜像加工实例

4. 子程序功能

子程序是数控铣床中简化程序编制的一个重要功能，它可将多次重复加工的内容，或者是递增(减)尺寸的内容，用一个程序编制好，在重复动作时，多次调用这个程序。例如，多次分层加工的路线，多个排列成行孔加工，粗、精加工等。此外，子程序还可多重嵌套。

5. 刀具补偿功能

数控铣床具备刀具补偿功能，在编程时可以直接按工件尺寸编程而无须计算刀具中心的轨迹坐标，同时，利用改变刀具半径补偿值的方法，可以用同一个加工程序进行粗、精加工及加工同一个公称尺寸的内、外两个型面。当一个工件上有相同加工部位时，运用子程序调用可以简化程序的编制(图 3-10)。

通常在数控铣床(加工中心)上加工一个工件要用多把刀具，由于每把刀具的长度不一样，所以每次换刀后，刀具 Z 方向移动时，需要对刀具进行长度补偿，让不同长度的刀具在编程时与 Z 方向坐标统一(图 3-11)。

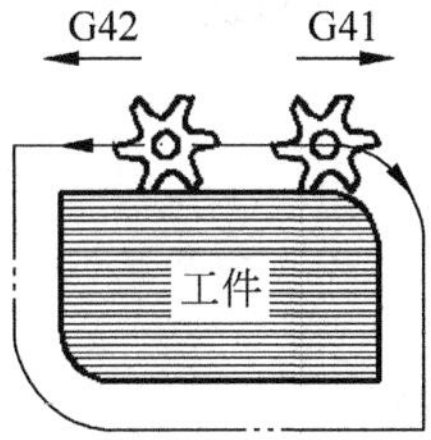

图 3-10 半径补偿

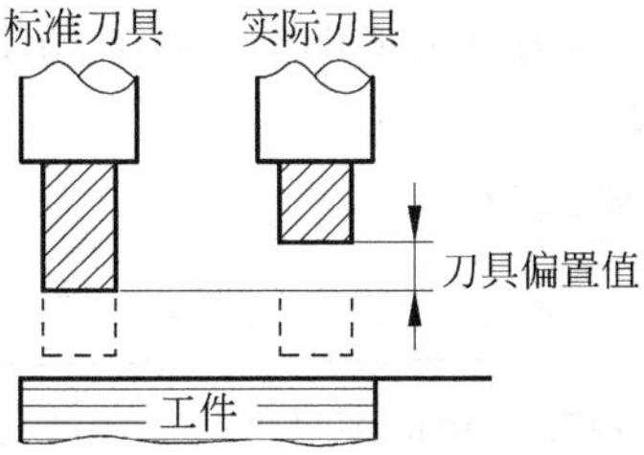

图 3-11 刀具长度补偿

6. 循环功能

在数控铣床加工中，一些典型加工工序，如钻孔、攻丝、深孔钻削、切螺纹等，所完成的动作循环十分典型，将这些动作预先编好程序并存储在存储器中，并用相应的G代码来指令。固定循环中的G代码所指令的动作程序，要比一般G代码所指令的动作快得多，因此使用固定循环功能，可以大大简化程序编制。常见的指令有G80(取消固定循环)、G81(钻孔、中心孔)、G82(扩孔)、G83(深孔)、G84(攻丝)等。

3.2.5 数控铣床的程序结构

1. 程序组成

加工程序分为主程序和子程序。不论是主程序还是子程序，每一个程序都是由若干个程序段组成，程序段由一个或若干个字组成。字是由表示地址的字母和数字、符号组成，它表示控制数控机床完成一定功能的具体指令，它表示数控机床完成某一特定动作而需要的全部指令。例如：

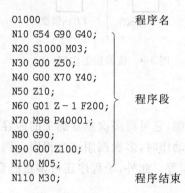

```
O1000                  程序名
N10 G54 G90 G40;  ┐
N20 S1000 M03;    │
N30 G00 Z50;      │
N40 G00 X70 Y40;  │
N50 Z10;          │
N60 G01 Z-1 F200; ├    程序段
N70 M98 P40001;   │
N80 G90;          │
N90 G00 Z100;     │
N100 M05;         ┘
N110 M30;              程序结束
```

上面每一行称为一个程序段，N10、G54、M03、G00、…都是一个字。

2. 程序格式

每个加工程序都由程序名、程序段、程序结束等组成。

1) 程序名

程序名的格式为

O××××；

其中，××××为程序号，可以从0000～9999中选取。存入数控系统中的各程序名不能相同，在书写时其前面的0可以省略不写，如O0001可以写成O1。

2) 程序段

程序段的格式为

```
N__   G__   X__  Y__  Z__   M__  T__  F__  S__    ;
                 └────┬────┘      └──────┬──────┘
程序号 准备功能   坐标运动尺寸          工艺性尺寸       结束符
```

程序号仅作为“跳转”或“程序检索”的目标位置批示，因此，它的大小及次序可以颠倒，也可以省略。程序段在存储器内以输入的先后顺序排列，而程序的执行严格按信息在存储器内的先后顺序一段一段地执行，也就是说，执行的先后次序与程序段无关。为了方便修改程序后插入程序段，程序号一般以10为增量值。

3）程序结束

FANUC 数控系统的程序结束通过符号为“%”。

3.2.6 坐标系统的设定

在切削加工过程中，数控系统将刀具移动到指令位置，而刀具位置由刀具在坐标系中的坐标值表示。在系统中可应用三种坐标：①机床坐标系；②工件坐标系；③局部坐标系。

1. 机床坐标系指令

编程格式：

```
G53 X__ Y__ Z__ ;
```

G53 指令是机床坐标编程，使用该指令可让刀具快速定位到机床坐标系的指定位置，在含有 G53 的程序段中，应采用绝对坐标编程，且 X、Y、Z 均为负值。

2. 工件坐标系指令 G54

工件坐标系通过“对刀”预先设置，如图 3-12 所示，假如工件编程原点选在工件上表面的 O 点处，那么通过“对刀”使刀具刀位点与此位置重合，然后把此位置对应的机床坐标值输入数控系统中，如图 3-13 所示。

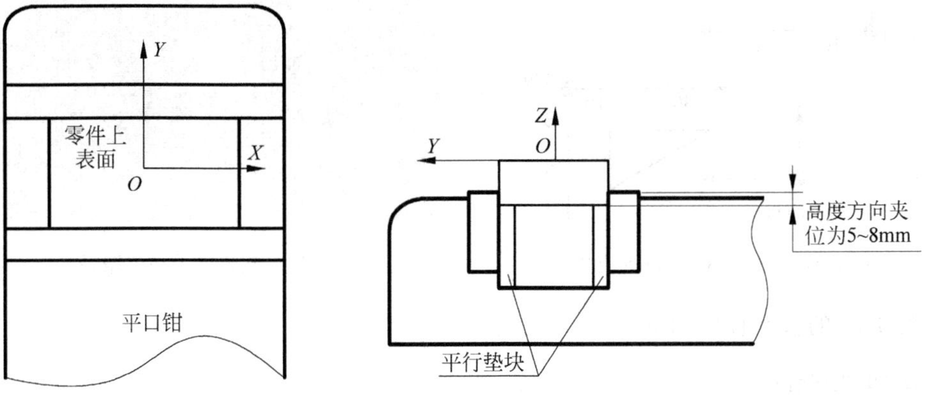

图 3-12 设定工件坐标系

用 G54～G59 指令选择工件坐标系。G54～G59 指令可以分别用来选择相应的工件坐标系。在电源接通并返回参考点后，即建立了工件坐标系 1～6(G54～G59)，如图 3-14 所示，但系统自动选择 G54 坐标系，如图 3-13 所示。

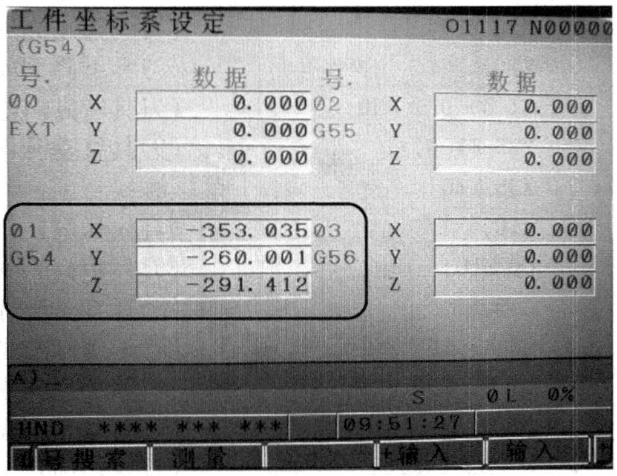

图 3-13 G54 设置页面

编程实例 3-1：如图 3-15 所示，采用工件坐标系编程，要求刀具从当前点移动到 G54 工件坐标系铣削轮廓，再从 G54 工件坐标系移动到 G59 工件坐标系铣削轮廓，加工深度

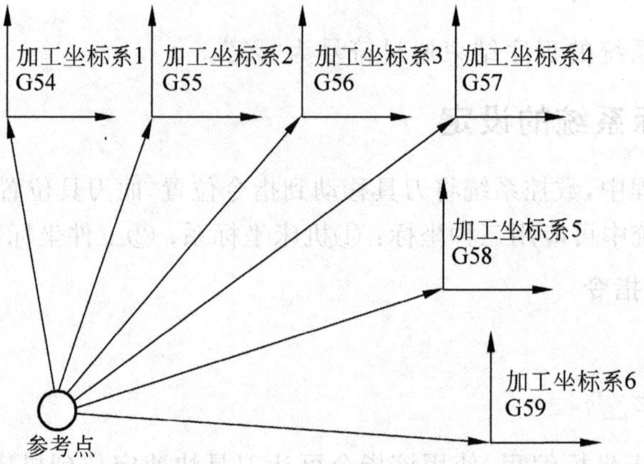

图 3-14 G54～G59 工件设置坐标系

为 0.2mm，刀具选择 *R*1mm 的球铣刀，工件材料为硬铝，加工路径如图 3-16 所示。

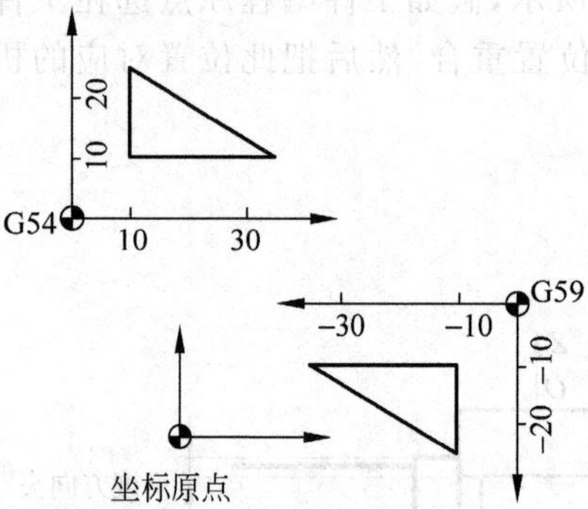

图 3-15 G54～G59 指令应用

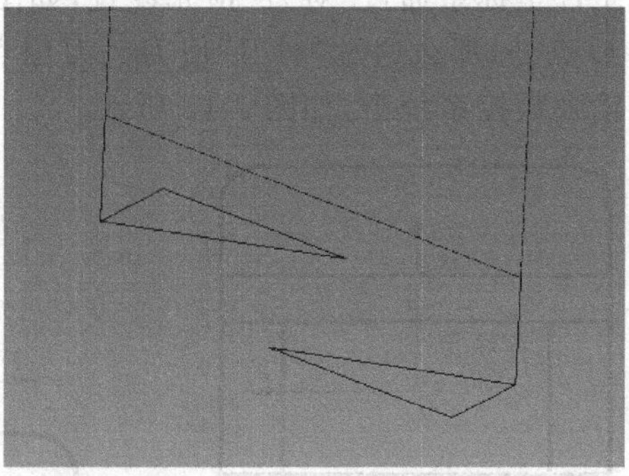

图 3-16 实例 3-1 加工路径

图 3-15 的参考程序如下。

```
O3010(程序名)
G54 G90 G40;            (选择 G54 坐标系,绝对方式编程,取消刀具半径补偿)
S1500 M3;               (主轴顺时针旋转,转速 1500r/min)
G0 Z50;                 (刀具 Z 方向提高 50mm,保证 X、Y 方向移动安全)
X10 Y10;                (刀具移动到 G54 坐标系图形起点)
Z10;                    (刀具下降到安全高度 10mm 处)
G1 Z-0.2 F50;           (刀具 Z 方向吃深 0.2mm,进给量 50mm/min)
Y25 F100;               (刀具移动到图形起点)
X35 Y10;                (直线切削)
X10;                    (直线切削)
G0 Z10;                 (刀具抬高到安全高度 10mm 处)
G59;                    (选择 G59 坐标系)
G0 X-10 Y-10;           (移动到 G59 坐标系图形起点)
G1 Z-0.2 F50;           (刀具 Z 方向吃深 0.2mm)
Y-25;                   (刀具移动到图形起点)
X-35 Y-10;              (直线切削)
X-10;                   (直线切削)
```

```
G0 Z100;                    (抬刀)
M5;                         (主轴停转)
M30;                        (程序结束)
```

G54～G59 指令应用.mp4(50.2MB)

3. 局部坐标系指令 G52

当在工件坐标系中编程时，为了编程方便，可以设定工件坐标系的子坐标系，子坐标系称为局部坐标系。两者关系如图 3-17 所示。

编程格式：

```
G52 X__ Y__ Z__;            (建立局部坐标系)
⋮                           (编写的程序段)
G52 X0  Y0  Z0;             (撤销局部坐标系)
```

X、*Y*、*Z* 为局部坐标系原点在原工件中的坐标值。如图 3-17 所示，在当前坐标系 G54 中建立一个局部坐标系，原点位置是 G54 中的(60,60,0)为参考点。之后的数控程序坐标值都是以 G54 的(60,60,0)点为参考点的。G52 指令为非模态指令，仅在被指定程序段中有效。

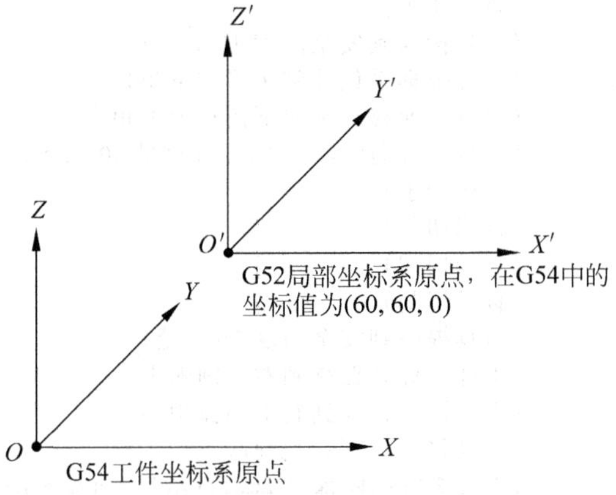

图 3-17　工件坐标系与局部坐标系关系

局部坐标系适用于所有的工件坐标系(G54～G59)，各工件坐标系可以各自独立的设定局部坐标系；在工件坐标系中用 G52 指定局部坐标系的新的零点，可以改变局部坐标系；为了取消局部坐标系并在工件坐标系中指定坐标值，应使局部坐标系零点与工件坐标系零点一致。

编程实例 3-2：采用局部坐标系编写加工如图 3-18 所示的图形，选择 *R*1mm 的球刀，铣深 0.2mm(只需编写加工 40mm×20mm、30mm×10mm 两个矩形，*R*20mm 的圆弧轮廓)，加工路径如图 3-19 所示。

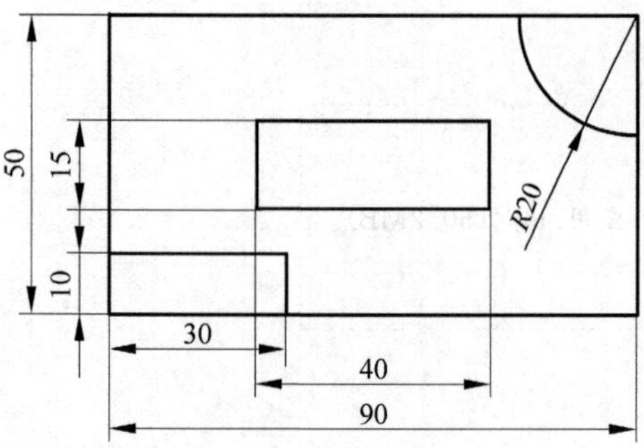

图 3-18　G52 指令应用

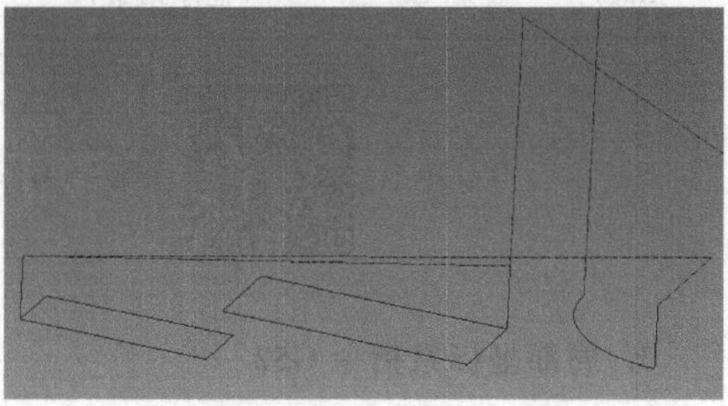

图 3-19　实例 3-2 加工路径

图 3-18 的参考程序如下。

```
O3011(程序名)
G54 G90 G40;              (选择 G54 坐标系,绝对方式编程,取消刀具半径补偿)
S1500 M3;                 (主轴顺时针旋转,转速 1500r/min)
G0 Z50;                   (刀具 Z 方向抬高 50mm,保证 X、Y 方向移动安全)
X20 Y7.5;                 (刀具移动到中心矩形编程起点)
Z10;                      (刀具下降到安全高度 10mm 处)
G1 Z-0.2 F50;             (刀具 Z 方向吃深 0.2mm,进给量 50mm/min)
Y-7.5 F100;               (直线切削)
X-20;                     (直线切削)
Y7.5;                     (直线切削)
X20;                      (直线切削)
G0 Z10;                   (刀具抬高到安全高度 10mm 处)
G52 X-45 Y-25 Z0;         (工件坐标系偏移到矩形左下角)
G0 X0 Y0;                 (刀具快速移动到左下角矩形下角点)
G1 Z-0.2 F50;             (刀具 Z 方向吃深 0.2mm,进给量 50mm/min)
Y10;                      (直线切削)
X30;                      (直线切削)
Y0;                       (直线切削)
X0;                       (直线切削)
G0 Z10;                   (刀具提高到安全高度 10mm 处)
G52 X45 Y25 Z0;           (工件坐标系偏移到右上圆弧中心)
G0 X0 Y0;                 (刀具快速移动到右上圆弧中心)
Y-20 F100;                (刀具移动到圆弧编程起点)
G1 Z-0.2 F50;             (刀具 Z 方向吃深 0.2mm,进给量 50mm/min)
G2 X-20 Y0 R20;           (圆弧切削)
G52 X0 Y0 Z0;             (取消坐标轴偏移)
G0 Z100;                  (抬刀)
M5;                       (主轴停转)
M30;                      (程序结束)
```

G52 指令应用.mp4(7.54MB)

3.2.7 输入单位设定指令(G21、G20)

G21 指令坐标尺寸以米制输入,G20 指令坐标尺寸以英制输入。G21、G20 是两个相互取代的 G 指令。G21 为参数默认状态,用米制输入程序时可不再指定 G21,但用英制输入程序时,在程序开始设定工件坐标系之前,必须指定 G20。在同一个程序中,米制、英制可混合使用。另外,G21、G20 指令在机床断电再接通后,仍保持其原有状态。

3.2.8 快速定位指令(G00)

G00 指令可使刀具快速移动到指定的位置,它只是快速定位,无运动轨迹要求。快速移动的速度由系统内部参数确定,进给速度指令 F 对 G00 指令无效,可用机床操作面板上的快速进给倍率开关调节。

编程格式:

```
G00  X__Y__Z__;
```

其中,X、Y、Z 为快速定位目标点坐标,其值可以由 G90 或 G91 指定为绝对坐标值或增量坐标值。

说明:

① X、Y、Z 为快速定位目标点坐标,在 G90 时,为终点在工件坐标系中的坐标,在 G91 时,为终点相对于起点的位移量,不运动的轴可以不写。

② G00 编程时也可以写成 G0。

③ 采用 G00 指令时,刀具以铣床预先设置的移动速度快速移动到目标点。

④ G00 为模态指令,一经使用一直有效,直到被同组 G 代码(G01、G02、G03)取代为止。

⑤ G00 指令主要用于快速逼近或离开工件,不能用于切削加工。

⑥ G00 指令在逼近工件时,不能与工件、刀具、夹具等发生干涉,特别是在向下移动时,不能以 G00 速度运动切入工件,一般应离工件 5～10mm 的安全距离(图 3-20)。

⑦ 在执行 G00 时,由于各轴以各自速度移动,不能保证各轴同时到达终点,因而联动直线轴的合成轨迹不一定是直线。操作时必须格外小心,以免刀具与工件发生碰撞,常见的做法是先将 Z 轴坐标值移动到安全高度,再执行 G00 命令(图 3-21)。

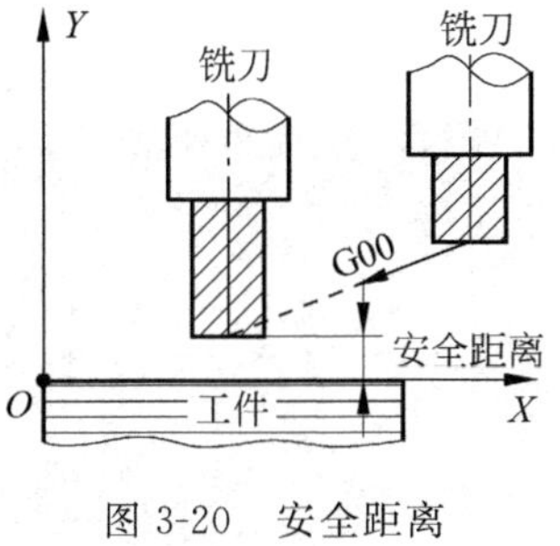

图 3-20 安全距离

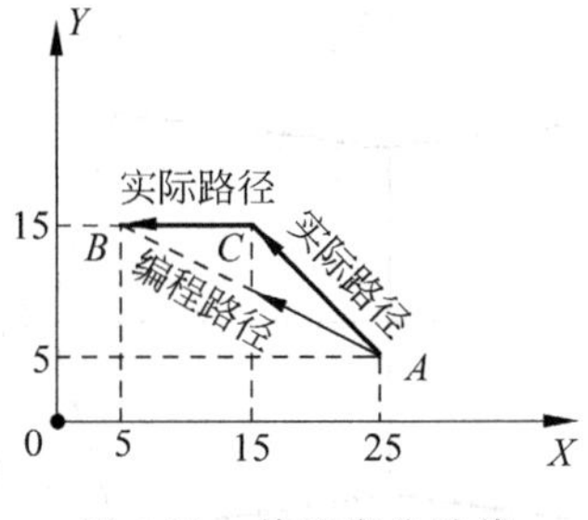

图 3-21 快速定位路线

编程实例 3-3:如图 3-21 所示,使用 G00 编程,要求刀具从 A 点快速定位到 B 点。

绝对方式编程:

```
G90 G00 X5 Y15;
```

增量方式编程：

```
G91 G00 X－20 Y10;
```

3.2.9 直线插补指令(G01)

编程格式：

```
G01  X__Y__Z__F__;
```

其中，X、Y、Z 为直线插补目标点坐标；F 为切削进给速度，mm/min。

说明：

① X、Y、Z 为直线插补目标点坐标，在 G90 时为目标点在工件坐标系中的坐标，在 G91 时为目标点相对于起点的位移量，不运动的轴可以不写。

② 不运动的坐标可以默认。

③ G01 指令主要用于切削加工。

④ G01 编程时也可以写成 G1。

⑤ G01、F 为模态指令，在没有新的 G、F 指令前一直有效，不需要每段都写上。

⑥ G01 指令切削时是以联动的方式，按 F 规定的合成进给速度，从当前位置按线性路线(联动直线轴的合成轨迹是直线)移动到程序段指令的目标点(图 3-21)。

编程实例 3-4：如图 3-22 所示，使用 G01 编程，要求从 A 点直线插补到 B 点。

绝对方式编程：

```
G90 G01 X5 Y15 F100;
```

增量方式编程：

```
G91 G01 X－20 Y10 F100;
```

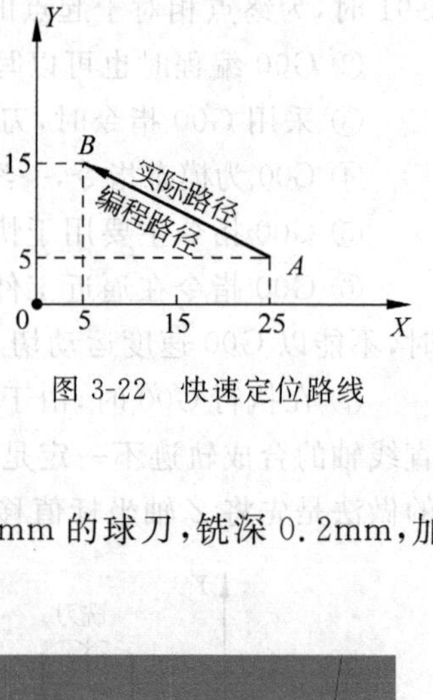

图 3-22 快速定位路线

编程实例 3-5：编写加工如图 3-23 所示的图形，选择 R1mm 的球刀，铣深 0.2mm，加工路径如图 3-24 所示。

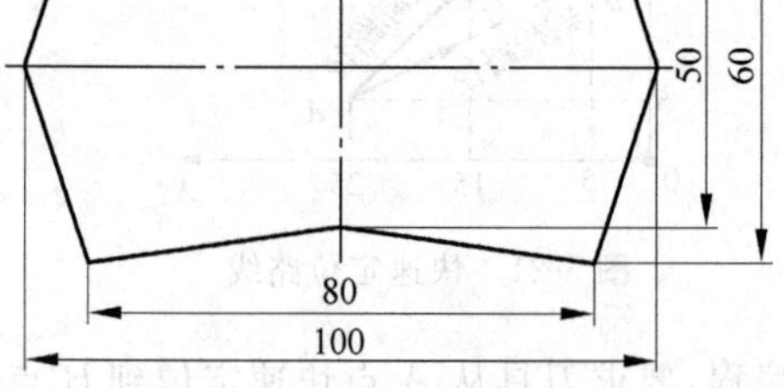

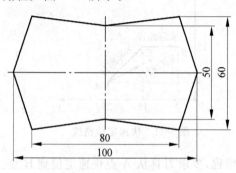

图 3-23 G01 指令应用

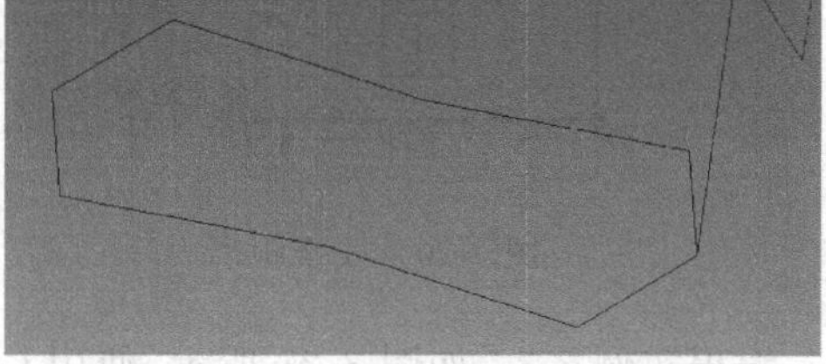

图 3-24 实例 3-5 加工路径

图 3-23 的参考程序如下。

```
O3012(程序名)
G54 G90 G40;          (选择 G54 坐标系,绝对方式编程,取消刀具半径补偿)
S1500 M3;             (主轴顺时针旋转,转速 1500r/min)
G0 Z50;               (刀具 Z 方向抬刀 50mm,X、Y 方向移动安全)
X50 Y0;               (刀具移动到编程起点)
Z10;                  (刀具下降到安全高度 10mm 处)
G1 Z-0.2 F50;         (刀具 Z 方向吃深 0.2mm,进给量 50mm/min)
X40 Y-30 F100;        (直线切削,进给量 100mm/min)
X0 Y-25;              (直线切削)
X-40 Y-30;            (直线切削)
X-50 Y0;              (直线切削)
X-40 Y30;             (直线切削)
X0 Y25;               (直线切削)
X40 Y30;              (直线切削)
X50 Y0;               (直线切削)
G0 Z100;              (抬刀)
M5;                   (主轴停转)
M30;                  (程序结束)
```

G01 指令应用.mp4(4.42MB)

3.2.10 暂停指令(G04)

G04 指令使刀具做短时间的停顿,以获得圆整光滑的表面,暂停指令指定的时间后再继续执行下一程序段。

编程格式:

```
G01  X(P)__;
```

说明:地址码 *X* 或 *P* 为暂停时间。其中,*X* 后面可用带小数点的数,单位为 s,如“G04 X5.0”表示前面的程序执行完后,要经过 5s 的暂停,然后再执行下一程序段,地址 *P* 后面不允许用小数点,单位为 ms,如“G04 P5000”表示暂停 5s。

3.2.11 平面选择指令(G17、G18、G19)

数控铣床加工时,如果采用圆弧插补、刀具半径补偿及刀具长度补偿时必须首先确定一个平面,即确定一个由两个坐标轴构成的坐标平面,在此平面内可以进行圆弧插补、刀具补偿及在此平面垂直坐标轴方向进行长度补偿。铣床三个坐标轴构成三个平面(图 3-25)。

编程格式:

```
G17/G18/G19;
```

说明：

① G17 选择 XY 平面。

② G18 选择 XZ 平面。

③ G19 选择 YZ 平面。

④ 移动指令与平面选择无关。

⑤ 执行圆弧插补及建立刀具补偿时，必须用该组指令选择所在平面(图 3-26)。

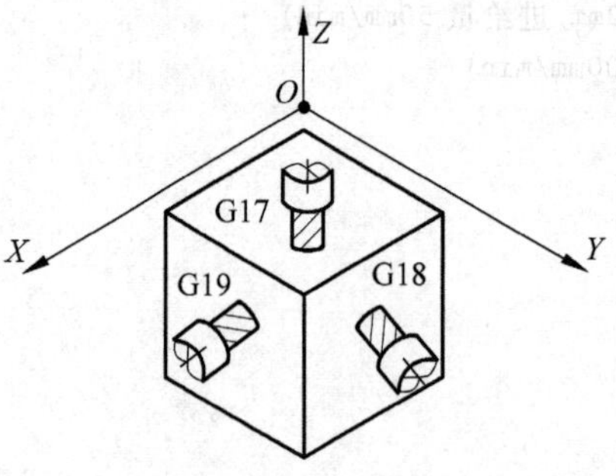

图 3-25 坐标平面选择

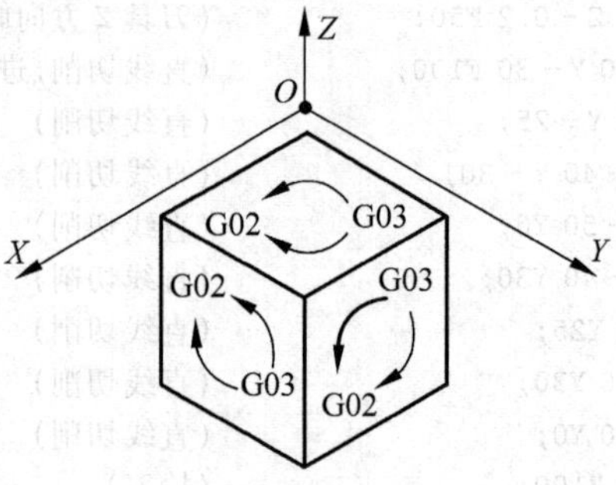

图 3-26 圆弧在不同坐标平面顺、逆选择

编程实例 3-6：如图 3-22 所示，使用 G01 编程，要求从 A 点直线插补到 B 点，选择 XY 平面。

绝对方式编程：

```
G54 G17;                (选择工件坐标系和坐标平面 XY)
G00 X25 Y5;             (A 点)
Z5;
G01 Z-1 F100;           (A 点)
X5 Y15;                 (B 点)
…
```

3.2.12 顺、逆时针圆弧插补指令(G02、G03)

用于刀具按规定进给速度沿圆弧方向进行切削加工，采用圆弧指令时，首先要确定一个坐标平面(图 3-26)，下面圆弧加工实例只介绍 G17 坐标平面的圆弧插补。

编程格式：

```
G17  G02(G03)X__Y__R__F__;
G17  G02(G03)X__Y__I__J__F__;
G18  G02(G03)X__Z__R__F__;
G18  G02(G03)X__Z__I__K__F__;
G19  G02(G03)X__Z__R__F__;
G19  G02(G03)X__Z__J__K__F__;
```

其中，X、Y、Z 为圆弧目标点坐标；R 为圆弧半径；I、J、K 为圆心相对于圆弧起点的偏移值，即增量坐标；F 为切削进给速度，mm/min。

说明：

① X、Y、Z 为圆弧插补目标坐标，在 G90 时为圆弧终点在工件坐标系中的坐标，在 G91 时为圆弧目标点相对于圆弧起点的位移量。

② I、J、K 为圆心相对于圆弧起点的偏移值(等于圆心的坐标减去圆弧起点的坐标，在 G90、G91 时都是以增量方式指定，如图 3-27 所示)。

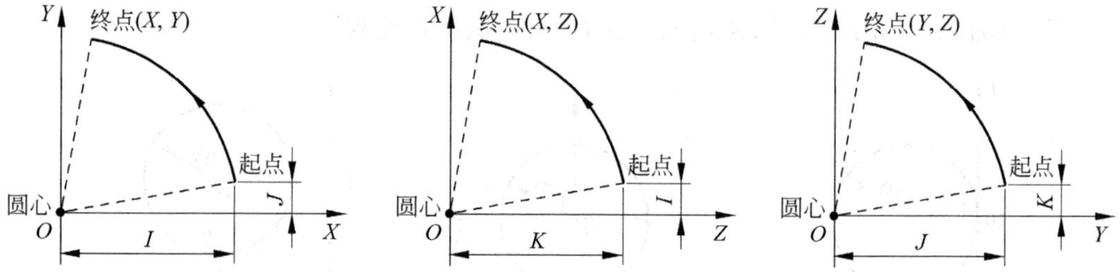

图 3-27 各平面 I、J、K 选择

③ R 为圆弧半径，当圆弧圆心角小于 180°时，R 值为正值；等于 180°或大于 180°时，R 值为负值。

④ G02、G03 编程时也可以写成 G2、G3。

⑤ G02、G03、F 为模态指令，在没有新的 G、F 指令前一直有效，不需要每段都写上。

⑥ 整圆编程时不可以用 R 格式，只能用 I、J、K 格式。

⑦ 同时编入 R 与 I、J、K 时，R 有效。

编程实例 3-7：

① 非整圆，如图 3-28 所示，使用 G02 指令进行编程，从 A 点走到 B 点。

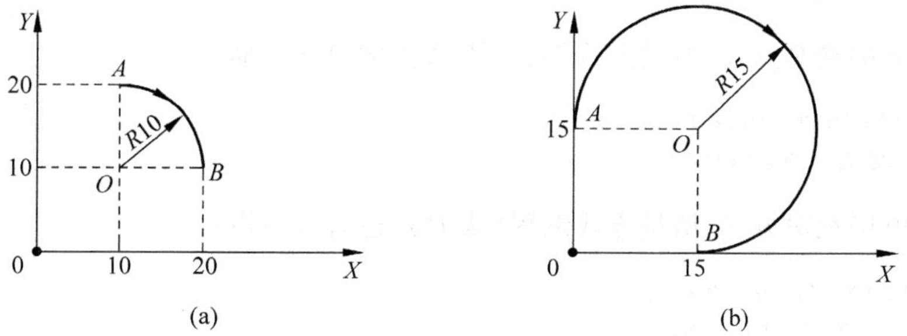

图 3-28 非整圆实例

图 3-28(a)绝对方式编程：

```
G90 G02 X20 Y10 R10 F100;
G90 G02 X20 Y10 I0 J-10 F100;
```

图 3-28(a)增量方式编程：

```
G91 G02 X10 Y-10 R10 F100;
G91 G02 X10 Y-10 I0 J-10 F100;
```

图 3-28(b)绝对方式编程：

```
G90 G02 X15 Y0 R-15 F100;
G90 G02 X15 Y0 I15 J0 F100;
```

图 3-28(b)增量方式编程：

```
G91 G02 X15 Y-15 R-15 F100;
G91 G02 X15 Y-15 I15 J0 F100;
```

② 整圆，如图 3-29 所示，使用 G02、G03 对整圆进行编程。

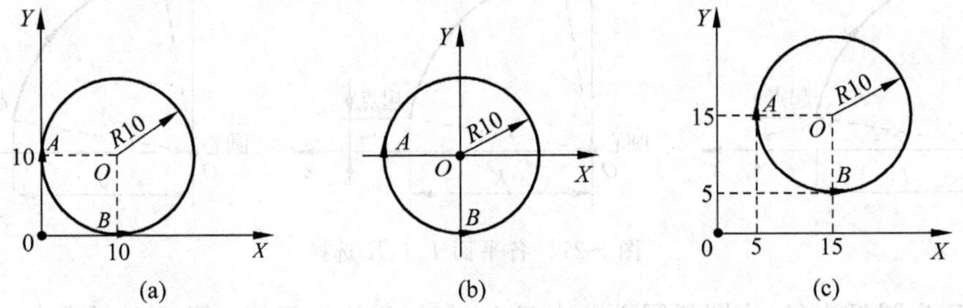

图 3-29 整圆实例

图 3-29(a)绝对方式、增量方式编程(从 *A* 点顺时针一周)：

```
G90 G02 X0 Y10 I10 J0 F100;
G91 G02 X0 Y0 I10 J0 F100;
```

图 3-29(a)绝对方式、增量方式编程(从 *B* 点逆时针一周)：

```
G90 G03 X10 Y0 I0 J10 F100;
G91 G03 X0 Y0 I0 J10 F100;
```

图 3-29(b)绝对方式、增量方式编程(从 *A* 点顺时针一周)：

```
G90 G02 X-10 Y0 I10 J0 F100;
G91 G02 X0 Y0 I10 J0 F100;
```

图 3-29(b)绝对方式、增量方式编程(从 *B* 点逆时针一周)：

```
G90 G03 X0 Y-10 I0 J10 F100;
G91 G03 X0 Y0 I0 J10 F100;
```

图 3-29(c)绝对方式、增量方式编程(从 *A* 点顺时针一周)：

```
G90 G02 X5 Y15 I10 J0 F100;
G91 G02 X0 Y0  I10 J0 F100;
```

图 3-29(c)绝对方式、增量方式编程(从 *B* 点逆时针一周)：

```
G90 G03 X15 Y5 I0 J10 F100;
G91 G03 X0  Y0 I0 J10 F100;
```

编程实例 3-8：编写如图 3-30 所示的图形的加工程序，选择 *R*1mm 的球刀，铣深 0.2mm，加工路径如图 3-31 所示。

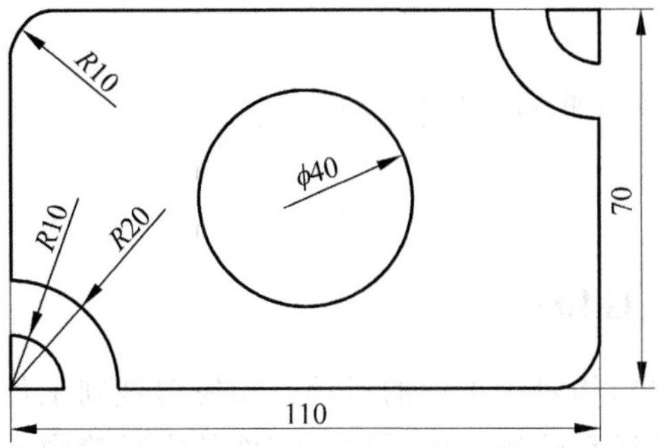

图 3-30 G02、G03 指令应用

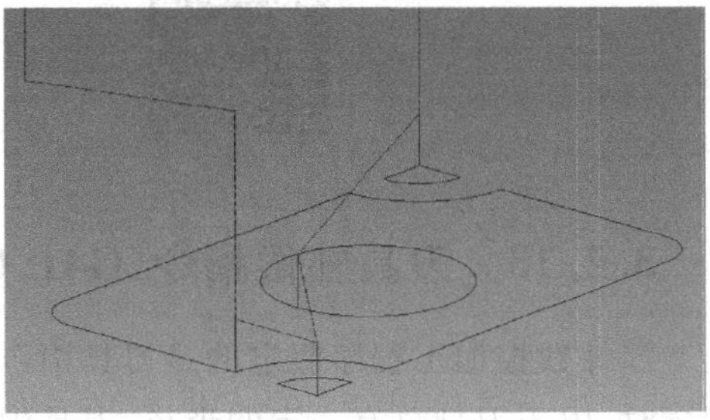

图 3-31 实例 3-8 加工路径

图 3-30 的参考程序如下。

```
O3013(程序号)
G54 G90 G40;            (选择 G54 坐标系,绝对方式编程,取消刀具半径补偿)
S1500 M3;               (主轴顺时针旋转,转速 1500r/min)
G0 Z50;                 (刀具 Z 方向抬刀 50mm,保证 X、Y 方向移动安全)
X55 Y15;                (刀具移动到图形起点)
Z10;                    (刀具下降到安全高度 10mm 处)
G1 Z-0.2 F50;           (刀具 Z 方向吃深 0.2mm,进给量 50mm/min)
Y-25 F100;              (直线切削,进给量 100mm/min)
G2 X45 Y-35 R10;        (圆弧切削)
G1 X-35;                (直线切削)
G3 X-55 Y-15 R20;       (圆弧切削)
G1 Y25;                 (直线切削)
G2 X-45 Y35 R10;        (圆弧切削)
G1 X35;                 (直线切削)
G3 X55 Y15 R20;         (圆弧切削)
G0 Z10;                 (刀具抬刀到安全高度 10mm 处)
X55 Y35;                (刀具移动到图形起点)
G1 Z-0.2 F50;           (刀具 Z 方向吃深 0.2mm,进给量 50mm/min)
G1 Y25;                 (直线切削)
G2 X45 Y35 R10;         (铣右上角 R10mm 圆弧)
G1 X55;                 (直线切削)
G0 Z10;                 (刀具下降到安全高度 10mm 处)
X20 Y0;                 (刀具移动到图形起点)
G1 Z-0.2 F50;           (刀具 Z 方向吃深 0.2mm,进给量 50mm/min)
G2 X20 Y0 I-20;         (铣 φ40mm 整圆)
G0 Z10;                 (刀具下降到安全高度 10mm 处)
X-55 Y-35;              (刀具移动到图形起点)
G1 Z-0.2 F50;           (刀具 Z 方向吃深 0.2mm,进给量 50mm/min)
G1 Y-25;                (直线切削)
G2 X-45 Y-35 R10;       (铣左上角 R10mm 圆弧)
G1 X-55;                (直线切削)
G0 Z100;                (抬刀)
M5;                     (主轴停转)
M30;                    (程序结束)
```

G02、G03指令应用.mp4(8.41MB)

3.2.13 刀具补偿指令(G41、G42、G40)

零件数控加工程序假定的是刀具中(或刀尖)相对于工件的运动。用铣刀铣削工件的轮廓时,由于刀具总有一定的半径,刀具中心的运动轨迹与所需加工零件的实际轮廓并不重合。如图3-32所示,粗实线为所需加工的工件轮廓,双点画线为刀具中心轨迹。如果直接采用刀具中心轨迹编程,则需要根据工件的轮廓尺寸及刀具半径计算出刀具中心轨迹。计算相当复杂,且刀具尺寸变化时必须重新计算,修改程序,使用很不方便。

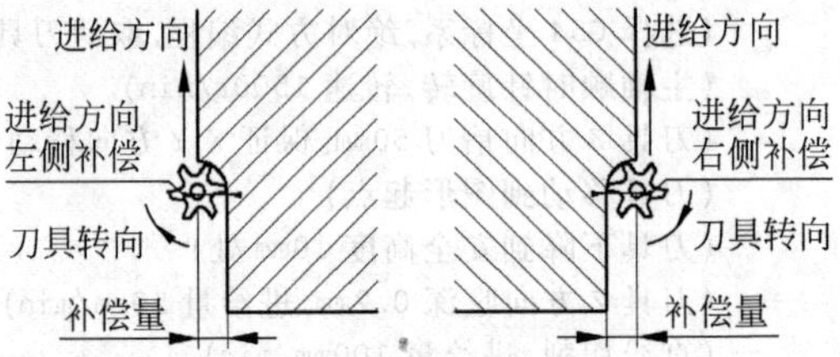

图3-32 刀具半径左补偿方向

为了简化零件的数控加工编程,使数控程序尽量与刀具的形状和尺寸无关,数控系统一般都具有刀具补偿功能,刀具的补偿通常有三种,刀具半径补偿、刀具长度补偿和刀具磨损补偿。

编程格式:

```
G0/G1 G41 X __ Y __ D __;   (建立刀具半径左补偿)
G0/G1 G42 X __ Y __ D __;   (建立刀具半径右补偿)
G0/G1 G40 X __ Y __;        (取消刀具半径补偿)
G40;                        (仅取消刀具偏置方式)
```

其中,X、Y为建立刀具半径补偿(或取消刀具半径补偿)时目标点坐标;D为刀具半径补偿号。

说明:

① 在进行刀具半径补偿前,必须用G17/G18/G19指定刀具半径补偿的工作面,平面选择指令的切换必须在补偿取消的方式下进行。

② G41、G42、G40只能与G01或G00组合完成刀具半径补偿的建立和取消,不能使用圆弧插补指令G02或G03。

③ 为了保证刀补建立与刀补取消时刀具与工件的安全,通常采用G01运动方式来建立或取消刀补。如果采用G00运动方式来建立或取消刀补,则要在切削毛坯外完成。

④ G41为刀具半径左补偿,沿着刀具前进方向看,刀具位于零件左侧进行补偿(左刀补),如图3-32所示;G42为刀具半径右补偿,沿着刀具前进方向看,刀具位于零件右侧

进行补偿（右补偿）；G40 为取消刀具半径补偿，用于取消 G41、G42 指令。G40、G41、G42 是模态指令，可相互注销。

⑤ D 为刀具半径补偿地址字，后面常用两位数表示，一般有 D00～D99。D00 意味着取消刀具补偿。D 代码中存放刀具半径值作为偏置量，用于数控系统计算刀具中心的运动轨迹。刀具补偿值在加工或试运行之前须设定在补偿存储器中，图 3-33 所示为当前使用的是 $\phi16$ 铣刀，因此补偿存储器中 1 号刀的位置输入了刀具半径值 8mm。

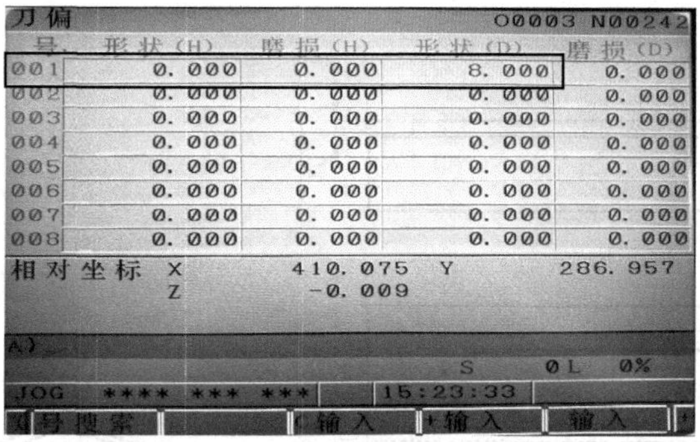
刀偏
O0003 N00242
号. 形状(H) 磨损(H) 形状(D) 磨损(D)
001 0.000 0.000 8.000 0.000
002 0.000 0.000 0.000 0.000
003 0.000 0.000 0.000 0.000
004 0.000 0.000 0.000 0.000
005 0.000 0.000 0.000 0.000
006 0.000 0.000 0.000 0.000
007 0.000 0.000 0.000 0.000
008 0.000 0.000 0.000 0.000
相对坐标 X 410.075 Y 286.957
Z -0.009
S 0L 0%
JOG **** *** *** 15:23:33
号搜索
输入
+输入
输入

图 3-33 刀具半径补偿存储器

⑥ 建立刀具半径补偿 G41/G42 程序段之后，应紧接着是工件轮廓的一个程序段（除 M 指令或在补偿的平面内没有位移的程序段）。

刀具半径的补偿过程分为刀补建立、刀补运行、刀补取消三个阶段，如图 3-34 所示。在建立刀具半径补偿之前，刀具应离开零件轮廓适当的距离（一般大于刀具的半径），且应与选定好的切入点和进刀方式协调，保证刀具半径补偿有效。刀具半径补偿取消的终点应放在刀具切出工件以后，否则会产生碰撞。图 3-34 中 *OA* 是建立刀补，*OB* 是取消刀补。

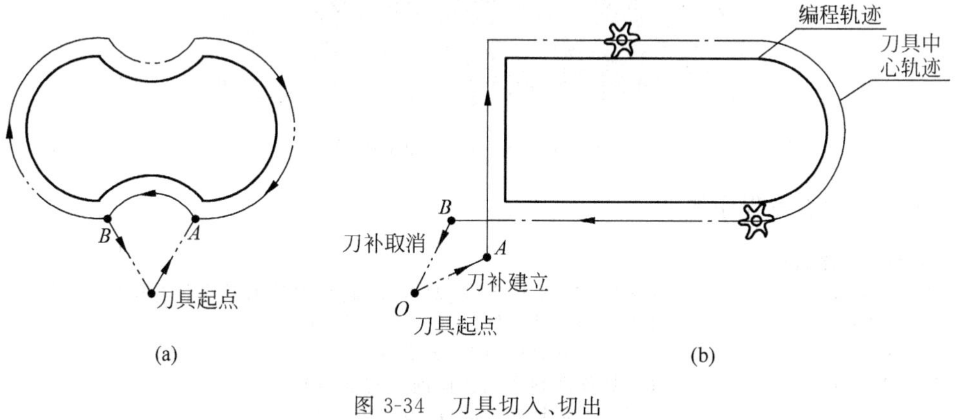

图 3-34 刀具切入、切出

为了保证切削轮廓的完整性、平滑性，应采用合理的切入和切出，特别在采用子程序分层切削时，注意不要制造“欠切”或“过切”的现象，如图 3-34(a)所示，对于圆弧轮廓采用圆弧切入、切出；图 3-34(b)所示对于直线轮廓采用直线切入、切出。

注意：

① 建立刀具半径补偿的程序段，应在切入工件之前完成；取消刀具半径补偿的程序段，应在切出工件之后完成，否则都会引起过切。

② 刀具半径补偿建立段和取消段直线长度应大于补偿值，否则系统会报警。

编程实例 3-9：如图 3-35 所示，110mm×60mm×20mm 外形台阶已经加工完整，只需加工 90mm×40mm 的凸台，刀具选择 ϕ16mm 的平面立铣刀，毛坯材料为硬铝，刀具路径如图 3-36 所示。

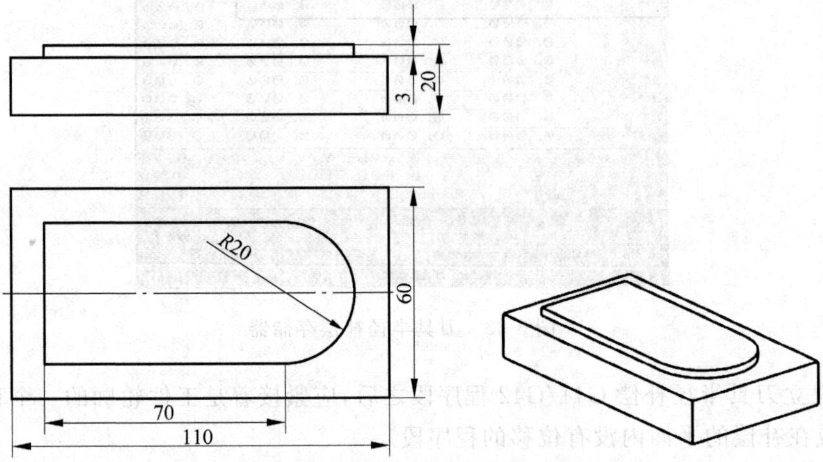

图 3-35　刀具半径补偿应用

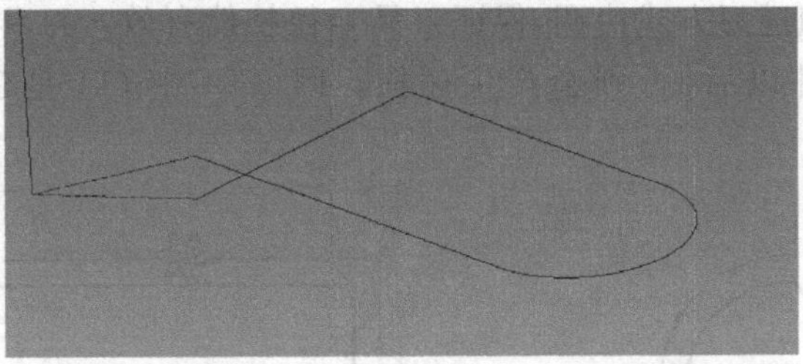

图 3-36　实例 3-9 加工路径

图 3-35 的参考程序如下。

```
O3014 (程序名)
G54 G90 G40;              (选择 G54 坐标系,绝对方式编程,取消刀具半径补偿)
S1000 M3;                 (主轴顺时针旋转,转速 1000r/min)
G0 Z50;                   (刀具 Z 方向抬刀 50mm,保证 X、Y 方向移动安全)
X-80 Y-60;                (刀具移动到半径补偿前位置起点)
Z10;                      (刀具下降到安全高度 10mm 处)
G1 Z-3 F200;              (刀具 Z 方向吃深 3mm,进给量 200mm/min)
G41 G0 X-45 Y-40 D01;     (刀具左补偿,补偿号 1 号刀,为避免发生碰撞,刀具定位点离毛坯距离
                          要大于一个刀具半径值)
G1 Y20;                   (直线切削)
X25;                      (直线切削)
```

```
G2 X25 Y-20 I0 J-20;      (圆弧切削)
G1 X-65;                  (直线切削)
G40 G0 X-80 Y-60;         (取消刀具半径补偿)
G0 Z100;                  (抬刀)
M5;                       (主轴停转)
M30;                      (程序结束)
```

刀具半径补偿应用.mp4(31.0MB)

3.2.14 子程序调用

数控加工程序可以分为主程序和子程序两种。主程序是一个完整的零件加工程序，或是零件加工程序的主体部分，它和被加工零件或加工要求一一对应，不同的零件或不同的加工要求，都有唯一的主程序。

在编制加工程序时，有时会遇到一组程序段在一个程序中多次出现，或者在几个程序中都要使用它。这个典型的加工程序可以做成固定程序，并单独加以命名，这组程序段就称为子程序。

子程序一般都不可以作为独立的加工程序使用，它只能通过调用，实现加工中的局部动作。子程序执行结束后，能自动返回到调用的程序中。

为了进一步简化程序，可以让子程序调用另一个子程序，这一功能称为子程序的嵌套。当主程序调用子程序时，该子程序被认为是一级子程序。在 FANUC 系统中，嵌套深度为四级，如图 3-37 所示，最多可重复调用下一级子程序 999 次。

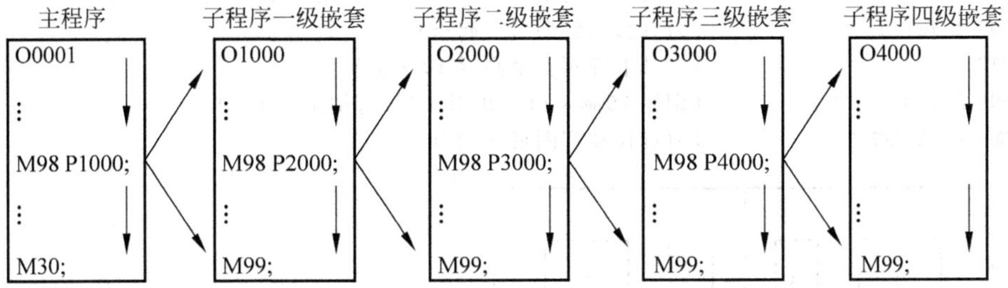

图 3-37 主程序嵌套

1. 子程序格式

子程序的编写与一般程序基本相同，只是程序结束指令有所不同，在 FANUC 系统中，采用 M99 表示子程序结束并返回。

编程格式：

```
O××××
…
M99;
```

2. 子程序调用格式

编程格式：

```
M98 P××××××××
```

其中，P后面的数字有最多有八位，前四位为调用次数，后四位为子程序号。如 M98 P40001 表示调用 O0001 的子程序四次。

3. 子程序使用注意事项

(1) 子程序最后的程序段只用 M99 时，子程序结束，返回到调用程序段后面的一个程序段。

(2) 注意主程序与子程序之间的模式变换，有时为了编程的需要，在子程序中采用了增量 G91 的编程形式，而在主程序是使用绝对 G90 的编程形式，因此需要注意及时进行 G90 与 G91 模式的变换。

(3) 半径补偿模式不要在主程序与子程序之间分解，有时为了粗、精加工调用子程序的需要，会在主程序中使用 G41 指令，在这种情况下，由于可能会有调用子程序段连续两段以上的非补偿平面内移动指令，刀具很容易出现过切的情况。所以在编程过程中应使刀具半径补偿的引入与取消全部在子程序中完成。

编程实例 3-10：采用子程序编写如图 3-38 所示的四个 20mm×20mm、四个 20mm×10mm 矩形加工程序，选择 *R*1mm 的球刀，铣深 0.2mm，加工路径如图 3-39 所示。

图 3-38 的参考程序如下。

```
O3015(主程序)
G54 G90 G40;        (选择 G54 坐标系,绝对方式编程,取消刀具半径补偿)
S1000 M3;           (主轴顺时针旋转,转速 1000r/min)
G0 Z50;             (刀具 Z 方向抬刀 50mm,保证 X、Y 方向移动安全)
X47.5 Y27.5;        (刀具移动到图形 1 起点)
Z10;                (刀具下降到安全高度 10mm 处)
M98 P5103;          (调用 20mm×20mm 矩形子程序,加工图形 1)
G0 X17.5 Y27.5;     (刀具移动到图形 2 起点)
```

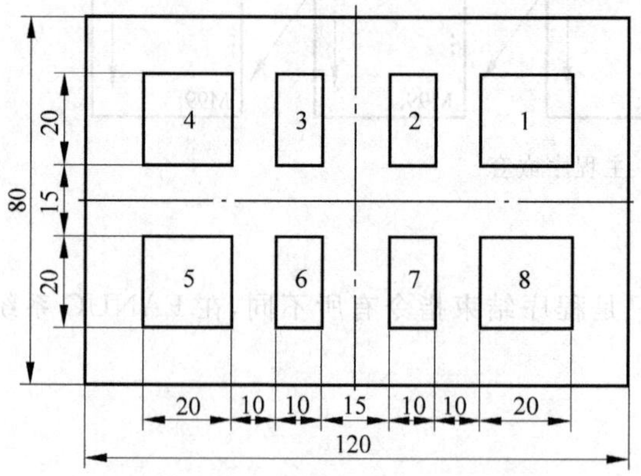

图 3-38 子程序应用

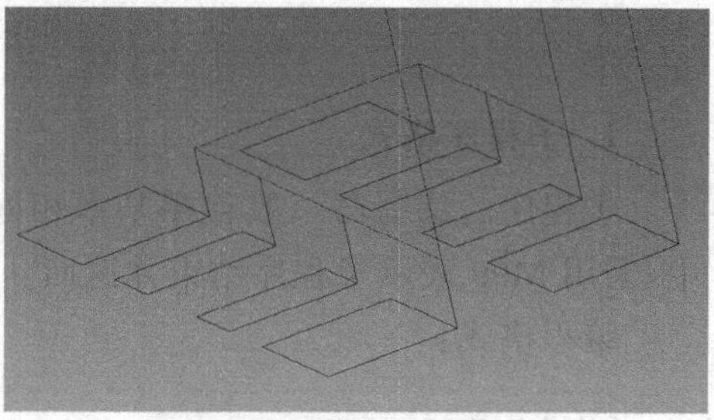

图 3-39 实例 3-10 加工路径

```
M98 P6103;          (调用 20mm×10mm 矩形子程序,加工图形 2)
G0 X-7.5 Y27.5;     (刀具移动到图形 3 起点)
M98 P6103;          (调用 20mm×10mm 矩形子程序,加工图形 3)
G0 X-27.5 Y27.5;    (刀具移动到图形 4 起点)
M98 P5103;          (调用 20mm×20mm 矩形子程序,加工图形 4)
G0 X-27.5 Y-7.5;    (刀具移动到图形 5 起点)
M98 P5103;          (调用 20mm×20mm 矩形子程序,加工图形 5)
G0 X-7.5 Y-7.5;     (刀具移动到图形 6 起点)
M98 P6103;          (调用 20mm×10mm 矩形子程序,加工图形 6)
G0 X17.5 Y-7.5;     (刀具移动到图形 7 起点)
M98 P6103;          (调用 20mm×10mm 矩形子程序,加工图形 7)
G0 X47.5 Y-7.5;     (刀具移动到图形 8 起点)
M98 P5103;          (调用 20mm×20mm 矩形子程序,加工图形 8)
G0 Z100;            (抬刀)
M5;                 (主轴停转)
M30;                (程序结束)

O5103(20mm×20mm 矩形子程序)
G90 G1 Z-0.2 F50;   (绝对方式编程,刀具 Z 方向吃深 0.2mm,进给量 50mm/min)
G91 X-20;           (增量方式编程,直线切削)
Y-20;               (直线切削)
X20;                (直线切削)
Y20;                (直线切削)
G90;                (切换为绝对方式编程)
G0 Z5;              (抬刀)
M99;                (子程序返回)

O6103(20mm×10mm 矩形子程序)
G90 G1 Z-0.2 F50;   (刀具 Z 方向吃深 0.2mm,进给量 50mm/min)
G91 X-10;           (增量方式编程,直线切削)
Y-20;               (直线切削)
X10;                (直线切削)
Y20;                (直线切削)
G90;                (切换为绝对方式编程)
G0 Z5;              (抬刀)
M99;                (子程序返回)
```

子程序调用.mp4(21.4MB)

3.2.15 螺旋插补指令(G02、G03)

螺旋插补是在圆弧插补程序段的基础上加上非圆弧插补轴,同时移动而形成螺旋移动轨迹的指令。螺旋插补指令与圆弧插补指令类似,也为 G02 和 G03,分别表示顺时针、逆时针螺旋插补。不同之处在于螺旋插补多了其他轴的移动。

编程格式：

```
G17  G02(G03)X__ Y__ R__ α(β)__ F__;
G17  G02(G03)X__ Y__ I__ J__ α(β)__ F__;
G18  G02(G03)X__ Y__ R__ α(β)__ F__;
G18  G02(G03)X__ Y__ I__ K__ α(β)__ F__;
G19  G02(G03)X__ Y__ R__ α(β)__ F__;
G19  G02(G03)X__ Y__ J__ K__ α(β)__ F__;
```

其中，X、Y 为圆弧目标点坐标；R 为圆弧半径；I、J、K 为圆心相对于圆弧起点的偏移值，即增量坐标；α、β 为圆弧插补轴之外的其他任意一个移动轴，最多能指定两个其他轴；F 为切削进给速度，mm/min。

说明：

① 该指令在使用时，刀具半径补偿只用于圆弧移动。

② 刀具偏置和刀具长度补偿不能用于指令螺旋插补的程序段中。

③ 如果是在 G17 平面进行螺旋插补，也就是在圆弧插补的同时加上了 Z 轴的移动，所以在 G17 的螺旋插补时只能使用 I、J。

编程实例 3-11：采用螺旋插补指令编写如图 3-40 所示的零件 $\phi20$ 盲孔程序，采用螺旋下刀铣削，螺旋插补圆弧半径 R 为 4mm，如图 3-41 所示（螺旋插补圆弧半径 R 必须小于刀具半径，以防中心留有凸头），Z 方向每刀下刀 1mm。刀具选择 $\phi10$mm 平面立铣刀，毛坯材料硬铝，加工路径如图 3-42 所示。

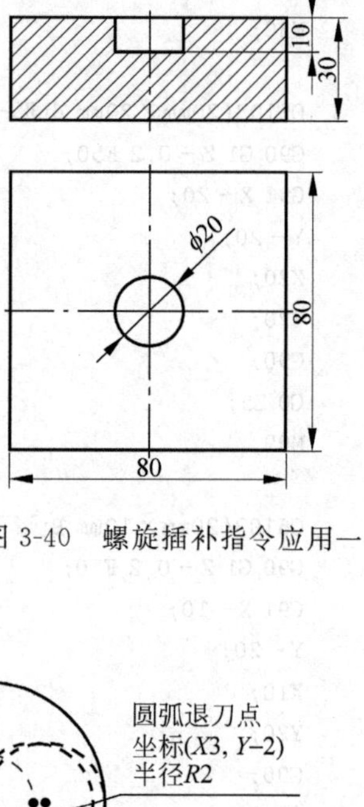

图 3-40 螺旋插补指令应用一

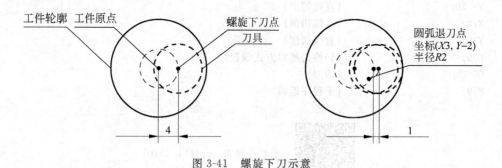

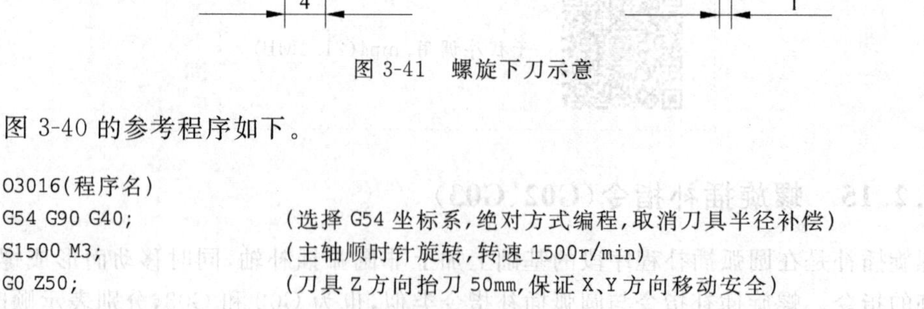

图 3-41 螺旋下刀示意

图 3-40 的参考程序如下。

```
O3016(程序名)
G54 G90 G40;          (选择 G54 坐标系，绝对方式编程，取消刀具半径补偿)
S1500 M3;             (主轴顺时针旋转，转速 1500r/min)
G0 Z50;               (刀具 Z 方向抬刀 50mm，保证 X、Y 方向移动安全)
```

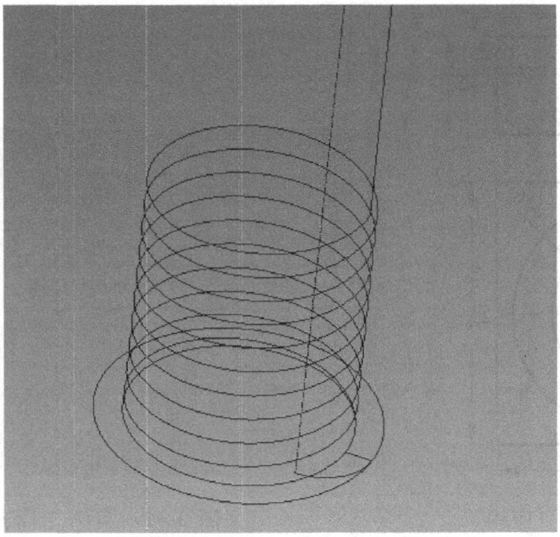

图 3-42 实例 3-11 加工路径

```
X4 Y0;                   (刀具快速移动到螺旋插补定位点)
Z10;                     (刀具下降到安全高度 10mm 处)
G1 Z0 F100;              (刀具下刀至螺旋插补起点,进给量 100mm/min)
G2 I-4 Z-1 F200;         (螺旋下刀至深度 1mm 位置)
I-4 Z-2;                 (螺旋下刀,每刀螺旋下刀 1mm)
I-4 Z-3;
I-4 Z-4;
I-4 Z-5;
I-4 Z-6;
I-4 Z-7;
I-4 Z-8;
I-4 Z-9;
I-4 Z-10;                (螺旋下刀,加工至总深 10mm 处)
I-4;                     (整圆铣削保证深度 10mm)
G1 X5;                   (刀具 X 方向移动 1mm)
G2 I-5;                  (顺时针整圆铣削)
G2 X3 Y-2 R2;            (顺时针圆弧退刀)
G0 Z100;                 (抬刀)
M5;                      (主轴停转)
M30;                     (程序结束)
```

螺旋插补指令应用.mp4(12.9MB)

编程实例 3-12：采用螺旋插补指令编写如图 3-43 所示的零件凹槽程序，刀具选择 ϕ12mm 的平面立铣刀，毛坯材料为硬铝，加工路径如图 3-44 所示。

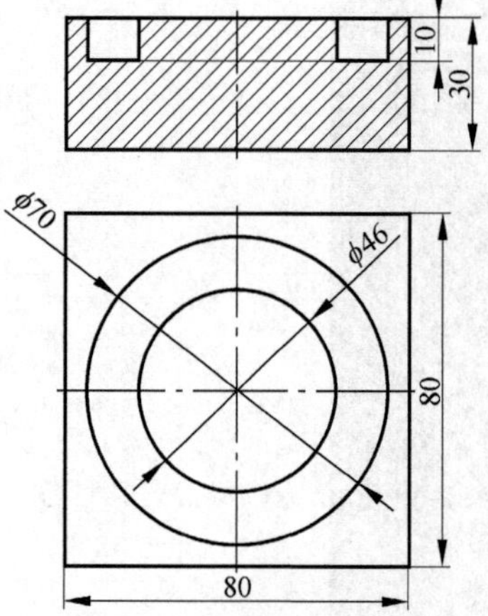

图 3-43 螺旋插补指令应用二

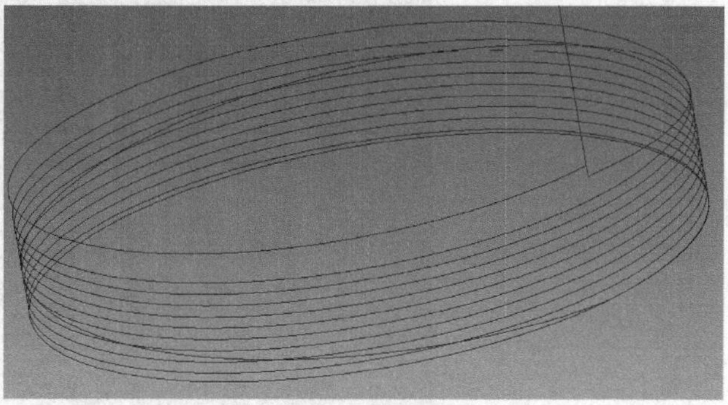

图 3-44 实例 3-12 加工路径

图 3-43 的参考程序如下。

```
O3017(程序名)
G54 G90 G40;            (选择 G54 坐标系,绝对方式编程,取消刀具半径补偿)
S1500 M3;               (主轴顺时针旋转,转速 1500r/min)
G0 Z50;                 (刀具 Z 方向抬刀 50mm,保证 X、Y 方向移动安全)
X29 Y0;                 (刀具快速移动到螺旋插补定位点)
Z10;                    (刀具下降到安全高度 10mm 处)
G1 Z2 F100;             (刀具下刀至螺旋插补起点,进给量 100mm/min)
G2 I-29 Z-1 F200;       (螺旋下刀至深度 1mm 位置)
I-29 Z-2;               (螺旋下刀,每刀螺旋下刀 1mm)
I-29 Z-3;
I-29 Z-4;
I-29 Z-5;
I-29 Z-6;
I-29 Z-7;
I-29 Z-8;
I-29 Z-9;
I-29 Z-10;              (螺旋下刀,加工至总深 10mm 处)
I-29;                   (整圆铣削保证深度 10mm)
I-29 Z1;                (螺旋退刀)
G0 Z100;                (抬刀)
M5;                     (主轴停转)
M30;                    (程序结束)
```

编程实例 3-13：采用螺旋插补指令编写如图 3-45 所示的零件，10mm 高的凸台程序，刀具选择 ϕ16mm 的平面立铣刀，毛坯材料为硬铝，加工路径如图 3-46 所示。

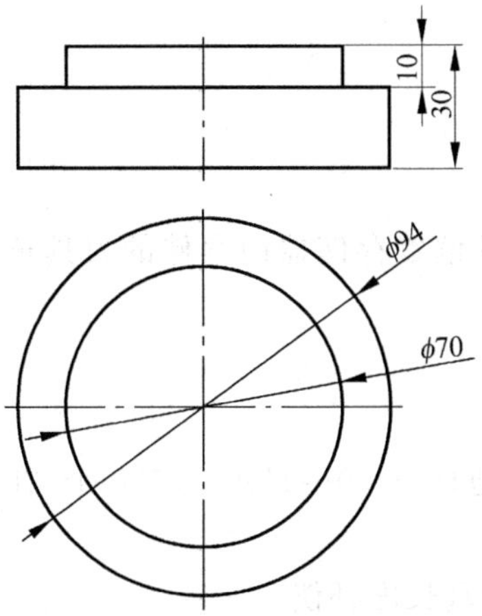

图 3-45 螺旋插补指令应用三

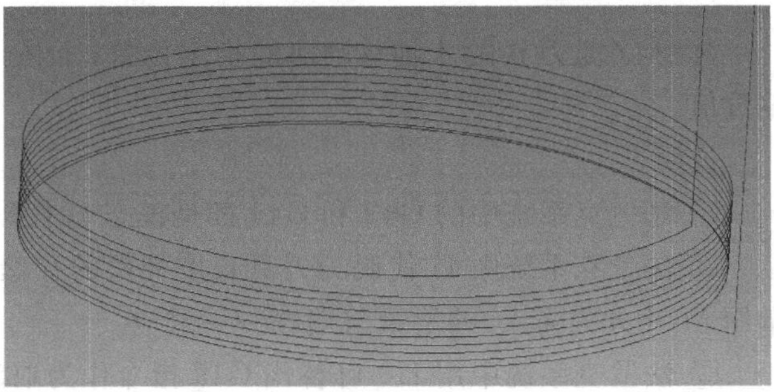

图 3-46 实例 3-13 加工路径

图 3-45 的参考程序如下。

```
O3018(程序名)
G54 G90 G40;            (选择 G54 坐标系,绝对方式编程,取消刀具半径补偿)
S1500 M3;               (主轴顺时针旋转,转速 1500r/min)
G0 Z50;                 (刀具 Z 方向抬刀 50mm,保证 X、Y 方向移动安全)
X43 Y0;                 (刀具快速移动到螺旋插补定位点)
Z10;                    (刀具下降到安全高度 10mm 处)
G1 Z2 F100;             (刀具下刀至螺旋插补起点,进给量 100mm/min)
G2 I-43 Z-1 F200;       (螺旋下刀至深度 1mm 位置)
I-43 Z-2;               (螺旋下刀,每刀螺旋下刀 1mm)
I-43 Z-3;
I-43 Z-4;
I-43 Z-5;
I-43 Z-6;
I-43 Z-7;
I-43 Z-8;
I-43 Z-9;
I-43 Z-10;              (螺旋下刀,加工至总深 10mm 处)
I-43;                   (整圆铣削保证深度 10mm)
G1 X50;                 (退刀)
G0 Z100;                (抬刀)
M5;                     (主轴停转)
M30;                    (程序结束)
```

3.2.16 刀具长度补偿指令(G43、G44、G49)

刀具长度补偿指令一般用于刀具轴向(Z 方向)的补偿,它使刀具在 Z 方向上的实际位移量比程序给定值增加或减少一个偏置量,这样当刀具在长度方向的尺寸发生变化时(如钻头刃磨后),可以在不改变程序的情况下,通过改变偏置量,加工出所要求的零件尺寸。

编程格式：

```
G43 Z__ H__;            (刀具长度沿正方向补偿)
G44 Z__ H__;            (刀具长度沿负方向补偿)
G49 或 H0               (取消刀具长度补偿)
```

其中，Z 是刀具做 Z 轴移动时的指定位置；D 是刀具偏置存储器内存储的刀具长度偏置值。

说明：

① 法兰克系统中的 G43 和 G44 都是模态 G 代码。

② 法兰克系统中 H 代码为刀具长度补偿的存储器地址，H00～H99 共 100 个，补偿量用 MDI 方式输入，补偿量与偏置一一对应。

③ 法兰克系统中用 H0 可替代 G49 指令作为取消刀具长度补偿。

编程实例 3-14：

```
O3019(程序名)
G54 G90 G40 G49;        (选择 G54 坐标系,绝对方式编程,取消刀具半径补偿、长度补偿)
S1000 M3;               (主轴顺时针旋转,转速 1000r/min)
G43 Z5 H1;              (调用长度正补偿,刀具移动到工件坐标系 Z5 位置)
G1 Z-2 F100;            (刀具 Z 方向吃深 0.2mm,进给量 100mm/min)
G49;                    (取消长度补偿)
G0 Z100;                (抬刀)
M5;                     (主轴停转)
M30;                    (程序结束)
```

3.2.17 综合编程实例

1. 编程实例 3-15

如图 3-47(a)所示，120mm×80mm×16mm 外形已加工完毕，现只需加工五个相同形状的菱形线框，加工深度为 0.2mm，刀具选择 ϕ2mm 的键槽刀或 R2mm 的球铣刀，工件材料为硬铝。图 3-47 (b)所示为加工顺序，加工路径如图 3-48 所示。

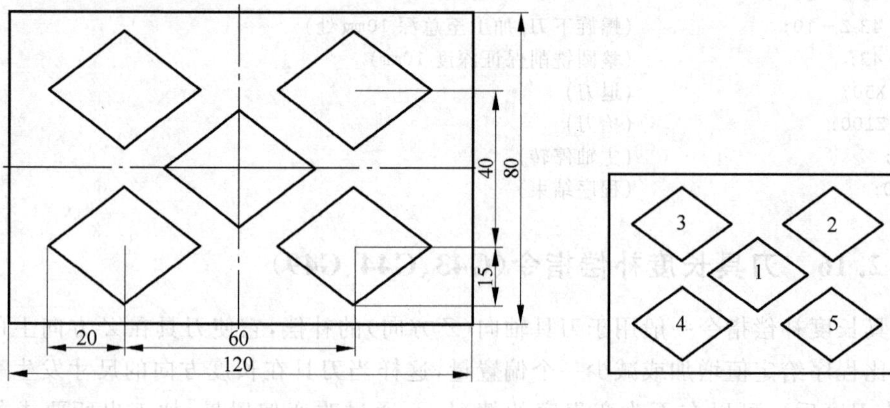

图 3-47 加工实例 3-15

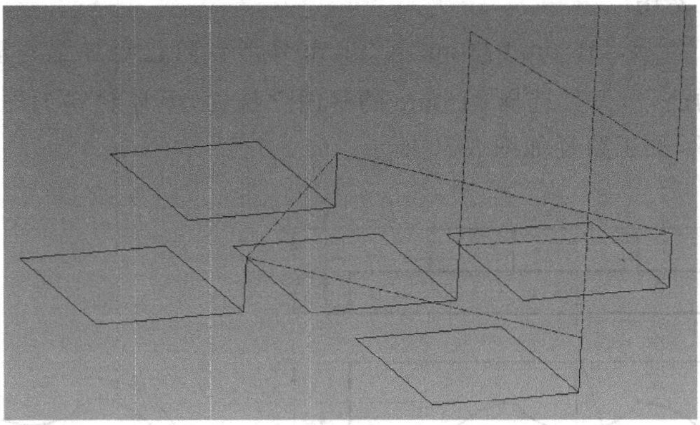

图 3-48 实例 3-15 加工路径

图 3-47 的参考程序如下。

```
O3020(主程序)
G54 G90 G40;          (选择 G54 坐标系,绝对方式编程,取消刀具半径补偿)
S1500 M3;             (主轴顺时针旋转,转速 1500r/min)
G0 Z50;               (刀具 Z 方向抬刀 50mm,保证 X、Y 方向移动安全)
M98 P0203;            (调用子程序,加工图形 1)
G52 X30 Y20;          (工件坐标系偏移到图形 2 建立局部坐标)
M98 P0203;            (调用子程序,加工图形 2)
G52 X0 Y0;            (取消坐标偏移)
G52 X-30 Y20;         (工件坐标系偏移到图形 3 建立局部坐标)
M98 P0203;            (调用子程序,加工图形 3)
G52 X0 Y0;            (取消坐标偏移)
G52 X-30 Y-20;        (工件坐标系偏移到图形 4 建立局部坐标)
M98 P0203;            (调用子程序,加工图形 4)
G52 X0 Y0;            (取消坐标偏移)
G52 X30 Y-20;         (工件坐标系偏移到图形 5 建立局部坐标)
M98 P0203;            (调用子程序,加工图形 5)
G52 X0 Y0;            (取消坐标偏移)
G0 Z100;              (抬刀)
M5;                   (主轴停转)
M30;                  (程序结束)

O0203(子程序)
G0 X20 Y0;            (刀具定位图形 1 程序起点)
Z10;                  (刀具下降到安全高度 10mm 处)
G1 Z-0.2 F100;        (刀具 Z 方向吃深 0.2mm,进给量 100mm/min)
X0 Y-15;              (直线切削)
X-20 Y0;              (直线切削)
X0 Y15;               (直线切削)
X20 Y0;               (直线切削)
G0 Z10;               (抬刀)
M99;                  (子程序返回)
```

2. 编程实例 3-16

如图 3-49(a)所示，110mm×60mm×20mm 外形台阶已经加工完整，只需粗、精加工 70mm×40mm 的凸台，刀具选择 ϕ16mm 的平面立铣刀，毛坯材料为硬铝，刀具进刀示意如图 3-49(b)所示，加工路径如图 3-50 所示。

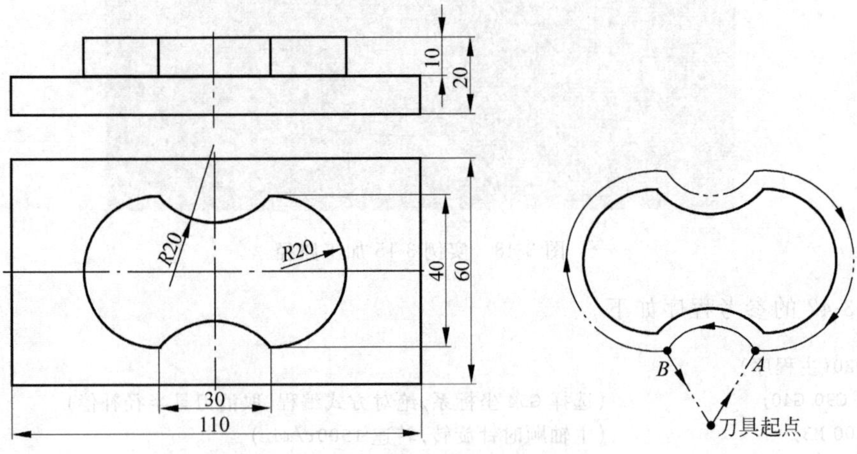

(a) (b)

图 3-49 加工实例 3-16

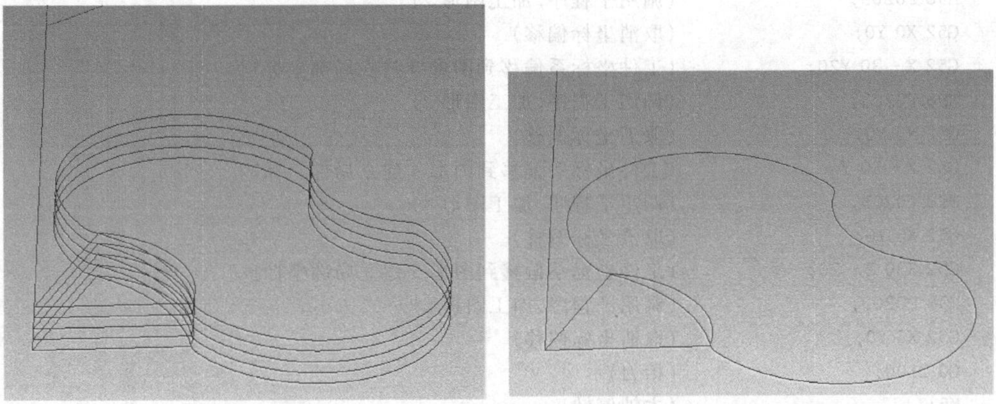

(a) 粗加工路径 (b) 精加工路径

图 3-50 实例 3-16 加工路径

图 3-49 的参考程序如下。

```
O3021(粗加工主程序)
G54 G90 G40;            (选择 G54 坐标系,绝对方式编程,取消刀具半径补偿)
S1000 M3;               (主轴顺时针旋转,转速 1000r/min)
G0 Z50;                 (刀具 Z 方向抬刀 50mm,保证 X、Y 方向移动安全)
X0 Y-45;                (刀具移动到半径补偿前位置起点)
Z10;                    (刀具下降到安全高度 10mm 处)
G1 Z0 F300;             (刀具 Z 方向下刀至 0,进给量 300mm/min)
```

```
M98 P51203;               (调用子程序,循环5次)
G0 Z100;                  (抬刀)
M5;                       (主轴停转)
M30;                      (程序结束)

O1203(粗加工子程序)
G91 G1 Z-2 F200;          (增量方式编程,Z方向每次下刀2mm)
G90 G41 G1 X15 Y-20 D01;  (切换为绝对方式编程,执行刀具半径左补偿,补偿号为1号刀)
G3 X-15 Y-20 R30;         (圆弧切削)
G2 X-15 Y20 R20;          (圆弧切削)
G3 X15 Y20 R20;           (圆弧切削)
G2 X15 Y-20 R20;          (圆弧切削)
G3 X-15 Y-20 R20;         (圆弧切削)
G40 G1 X0 Y-45;           (取消刀具半径补偿)
M99;                      (子程序返回)

O3022(精加工主程序)
G54 G90 G40;              (选择G54坐标系,绝对方式编程,取消刀具半径补偿)
S1500 M3;                 (主轴顺时针旋转,转速1500r/min)
G0 Z50;                   (刀具Z方向抬刀50mm,保证X、Y方向移动安全)
X0 Y-45;                  (刀具移动到半径补偿前位置起点)
Z10;                      (刀具下降到安全高度10mm处)
G1 Z0 F100;               (刀具Z方向下刀至0,进给量100mm/min)
M98 P2203;                (调用子程序)
G0 Z100;                  (抬刀)
M5;                       (主轴停转)
M30;                      (程序结束)

O2203(精加工子程序)
G1 Z-10 F200;             (Z方向下刀至总深,保证总高10mm)
G41 G1 X15 Y-20 D01;      (执行刀具半径左补偿,补偿号为1号刀)
G3 X-15 Y-20 R30;         (圆弧切削)
G2 X-15 Y20 R20;          (圆弧切削)
G3 X15 Y20 R20;           (圆弧切削)
G2 X15 Y-20 R20;          (圆弧切削)
G3 X-15 Y-20 R20;         (圆弧切削)
G40 G1 X0 Y-45;           (取消刀具半径补偿)
M99;                      (子程序返回)
```

3. 编程实例 3-17

如图 3-51 所示,120mm×80mm×16mm 外形台阶,包括 6mm 高台阶已铣好,只需加工 30mm×40mm×2mm 两个小凸台,刀具选择 ϕ16mm 的平面立铣刀,毛坯材料为硬铝,图 3-52 和图 3-53 所示是两个小凸台走刀路径(切出圆弧半径为 R10mm),加工路径如图 3-54 所示。

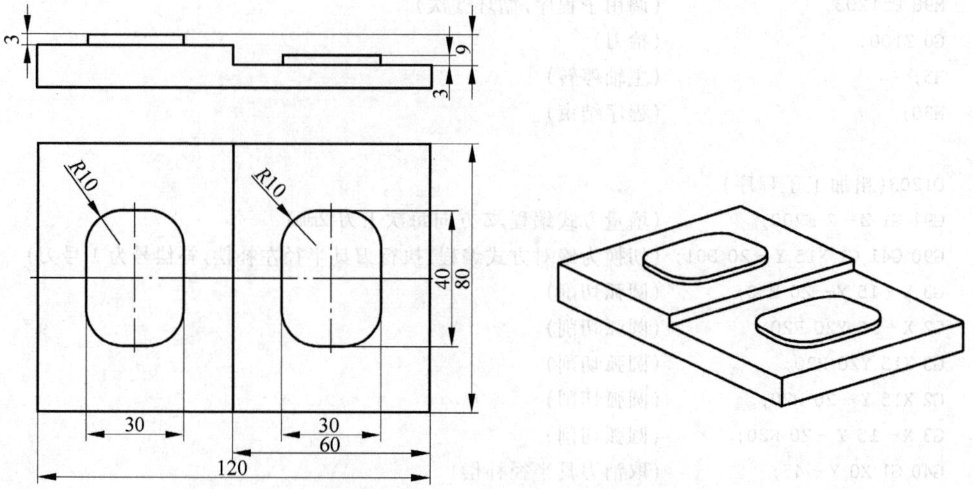

图 3-51　加工实例 3-17

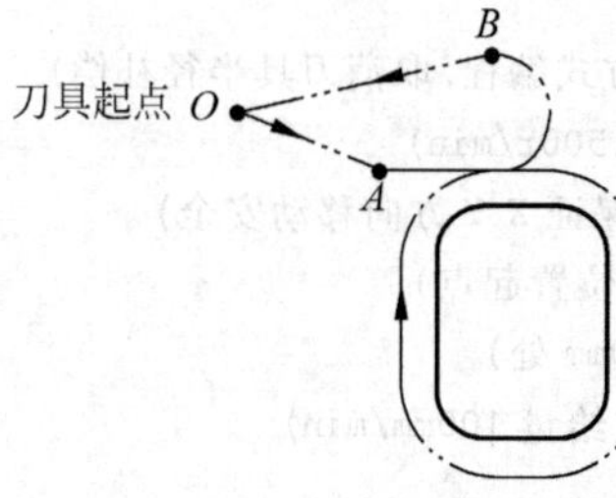

图 3-52　左小凸台走刀路径

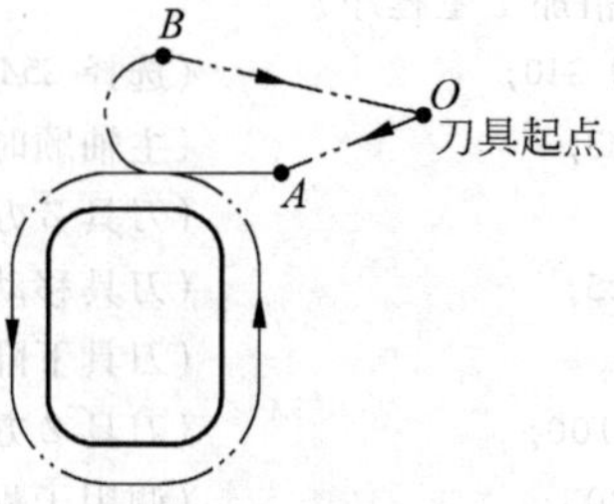

图 3-53　右小凸台走刀路径

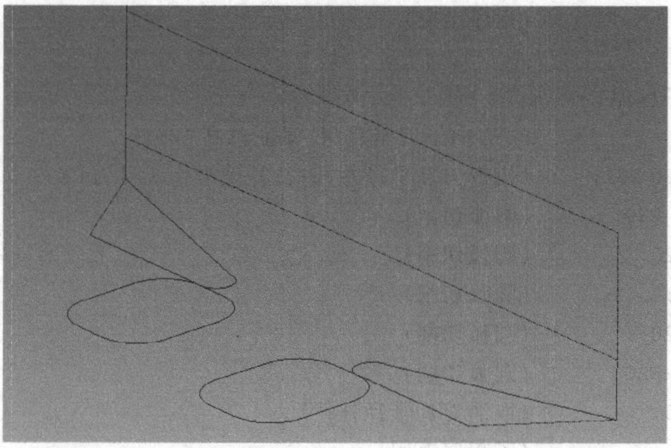

图 3-54　实例 3-17 加工路径

图 3-51 的参考程序如下。

```
O3023(主程序)
G54 G90 G40;              (选择 G54 坐标系,绝对方式编程,取消刀具半径补偿)
S1500 M3;                 (主轴顺时针旋转,转速 1500r/min)
```

```
G0 Z50;              (刀具 Z 方向抬刀 50mm,保证 X、Y 方向移动安全)
X0 Y0;               (刀具移动至工件原点)
G52 X30 Y0 Z-6;      (工件坐标系偏移到右小凸台中心)
X80 Y60;             (刀具移动到半径补偿前位置起点)
Z10;                 (刀具下降到安全高度 10mm 处)
M98 P3203;           (调用子程序)
G52 X0 Y0 Z0;        (取消坐标偏移)
G0 Z10;              (刀具下降到安全高度 10mm 处)
G52 X-30 Y0;         (工件坐标系偏移到左小凸台中心)
X-80 Y60;            (刀具移动到半径补偿前位置起点)
M98 P3024;           (调用子程序)
G52 X0 Y0;           (取消坐标偏移)
G0 Z100;             (抬刀)
M5;                  (主轴停转)
M30;                 (程序结束)

O3203(右小凸台子程序)
G1 Z-3 F300;         (刀具 Z 方向吃深 -3mm,进给量 300mm/min)
G42 G0 X55 Y20 D01;  (执行刀具半径右补偿,补偿号为 1 号刀)
G1 X-5;              (直线切削)
G3 X-15 Y10 R10;     (圆弧切削)
G1 Y-10;             (直线切削)
G3 X-5 Y-20 R10;     (圆弧切削)
G1 X5;               (直线切削)
G3 X15 Y-10 R10;     (圆弧切削)
G1 Y10;              (直线切削)
G3 X5 Y20 R10;       (圆弧切削)
G2 X5 Y40 R10;       (圆弧切出)
G40 G1 X80 Y60;      (取消刀具半径补偿)
G0 Z10;              (抬刀)
M99;                 (子程序返回)

O3024(左小凸台子程序)
G1 Z-3 F300;
G41 G0 X-55 Y20 D01;
G1 X5;
G2 X15 Y10 R10;
G1 Y-10;
G2 X5 Y-20 R10;
G1 X-5;
G2 X-15 Y-10 R10;
G1 Y10;
G2 X-5 Y20 R10;
G3 X-5 Y40 R10;
G40 G1 X-80 Y60;
M99;
```

4. 编程实例 3-18

如图 3-55 所示，120mm×80mm×22mm 外形台阶已铣好，只需粗、精加工 90mm×70mm×14mm 凸台及中间圆柱，刀具选择 ϕ16mm、ϕ12mm 的平面立铣刀，毛坯材料为硬铝，加工路径如图 3-56～图 3-59 所示，环形槽精铣进退刀示意如图 3-60 所示。

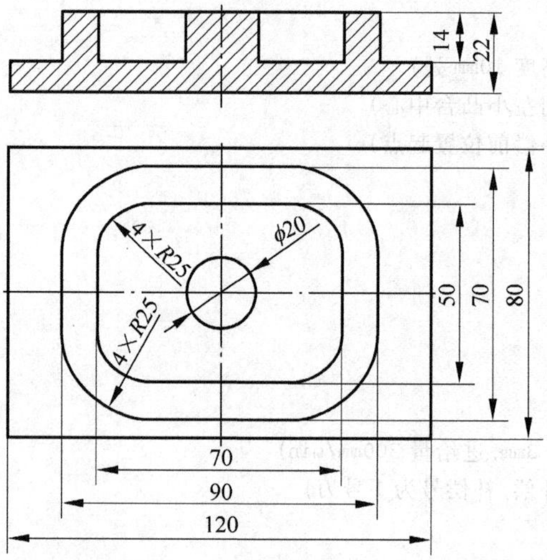

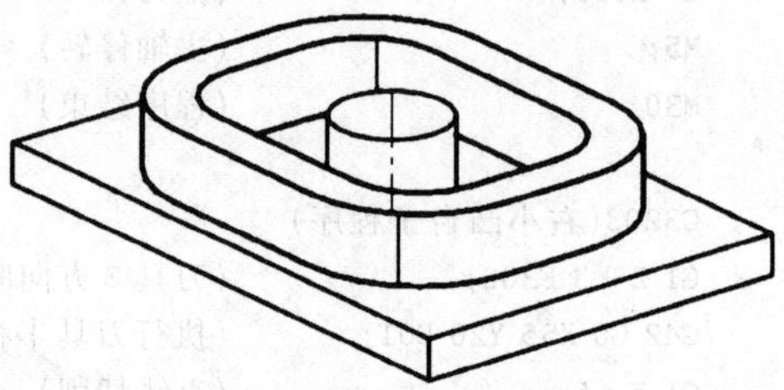

图 3-55　加工实例 3-18

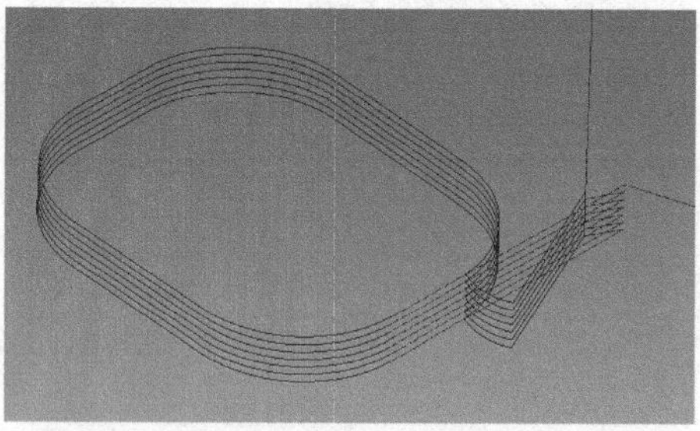

图 3-56　实例 3-18 粗加工路径

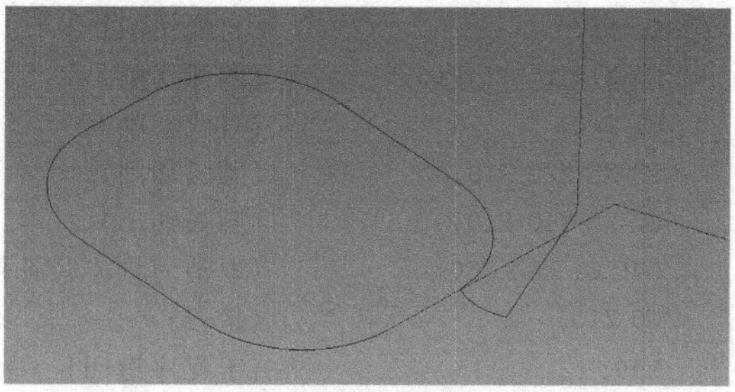

图 3-57　实例 3-18 精加工路径

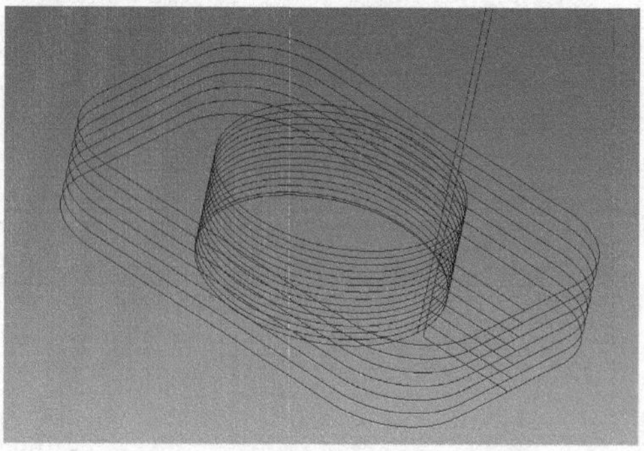

图 3-58　环形槽螺旋插补加工路径

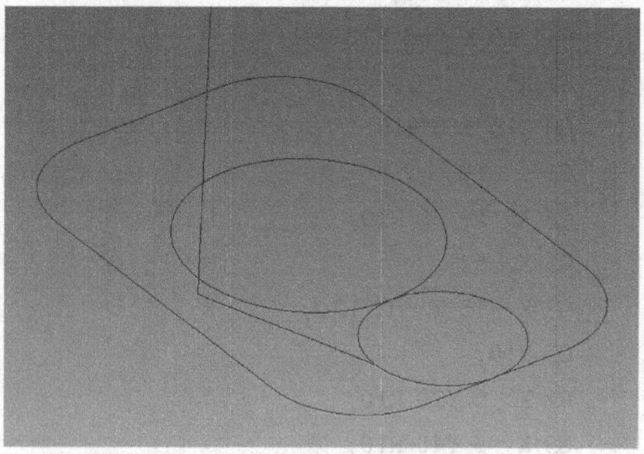

图 3-59　环形槽精铣加工路径

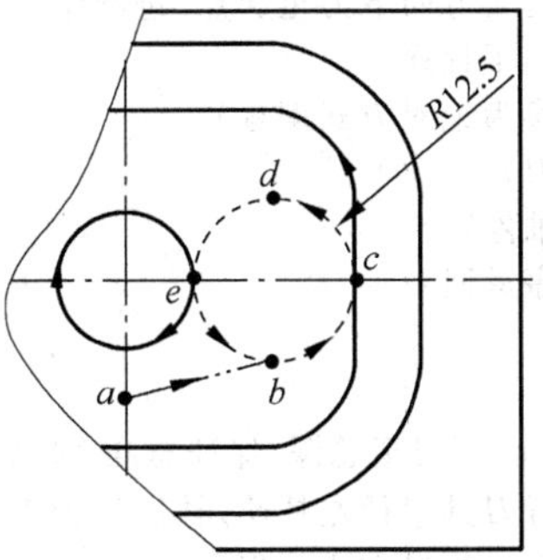

图 3-60 环形槽精铣进退刀示意

图 3-55 的参考程序如下。

```
O3025(凸台外侧粗铣主程序,φ16mm 平面立铣刀)
G54 G90 G40;            (选择 G54 坐标系,绝对方式编程,取消刀具半径补偿)
S1500 M3;               (主轴顺时针旋转,转速 1500r/min)
G0 Z50;                 (刀具 Z 方向抬刀 50mm,保证 X、Y 方向移动安全)
X100 Y80;               (刀具移动到半径补偿前位置起点)
Z10;                    (刀具下降到安全高度 10mm 处)
G1 Z0 F100;             (刀具 Z 方向下刀至 0,Z 方向循环起点,进给量 100mm/min)
M98 P75203;             (调用子程序,循环 7 次)
G90;                    (切换为绝对方式编程)
G0 Z100;                (抬刀)
M5;                     (主轴停转)
M30;                    (程序结束)

O5203(凸台外侧粗铣子程序)
G91 G1 Z-2 F500;        (增量方式编程,Z 方向每次下刀 2mm)
G90;                    (切换为绝对方式编程)
G41 G0 X45 Y52 D01;     (执行刀具半径左补偿,补偿号为 1 号刀)
G1 Y-10 F300;           (直线切削)
G2 X20 Y-35 R25;        (圆弧切削)
G1 X-20;                (直线切削)
G2 X-45 Y-10 R25;       (圆弧切削)
G1 Y10;                 (直线切削)
G2 X-20 Y35 R25;        (圆弧切削)
G1 X20;                 (直线切削)
G2 X45 Y10 R25;         (圆弧切削)
G3 X65 Y10 R20;         (圆弧切出)
G40 G1 X100 Y80;        (取消刀具半径补偿)
M99;                    (子程序返回)

O3026(凸台外侧精铣主程序)
G54 G90 G40;            (选择 G54 坐标系,绝对方式编程,取消刀具半径补偿)
S1500 M3;               (主轴顺时针旋转,转速 1500r/min)
G0 Z50;                 (刀具 Z 方向抬刀 50mm,保证 X、Y 方向移动安全)
X100 Y80;               (刀具移动到半径补偿前位置起点)
Z10;                    (刀具下降到安全高度 10mm 处)
```

```
G1 Z0 F200;              (刀具 Z 方向下刀至起点,进给量 200mm/min)
M98 P6203;               (调用子程序)
G90;                     (切换为绝对方式编程)
G0 Z100;                 (抬刀)
M5;                      (主轴停转)
M30;                     (程序返回)

O6203(凸台外侧精铣子程序)
G1 Z-14 F200;            (Z 方向下刀至总深,保证总高 14mm)
G41 G0 X45 Y55 D01;      (执行刀具半径左补偿,补偿号为 1 号刀)
G90;                     (切换为绝对方式编程)
G01 Y-10 F300;           (直线切削)
G2 X20 Y-40 R25;         (圆弧切削)
G1 X-20;                 (直线切削)
G2 X-45 Y-10 R25;        (圆弧切削)
G1 Y10;                  (直线切削)
G2 X-20 Y35 R25;         (圆弧切削)
G1 X20;                  (直线切削)
G2 X45 Y10 R25;          (圆弧切削)
G3 X64 Y10 R25;          (圆弧切出)
G40 G1 X100 Y80;         (取消刀具半径补偿)
M99;

O3027(环形槽粗铣主程序,φ12mm 平面立铣刀)
G54 G90 G40;             (选择 G54 坐标系,绝对方式编程,取消刀具半径补偿)
S1500 M3;                (主轴顺时针旋转,转速 1500r/min)
G0 Z50;                  (刀具 Z 方向抬刀 50mm,保证 X、Y 方向移动安全)
X16 Y0;                  (刀具快速移动到螺旋插补定位点)
Z10;                     (刀具下降到安全高度 10mm 处)
G1 Z0 F200;              (刀具 Z 方向下刀至起点,进给量 200mm/min)
G2 I-16 Z-1;             (螺旋下刀至深度 1mm 位置)
I-16 Z-2;                (螺旋下刀,每刀螺旋下刀 1mm)
I-16 Z-3;
I-16 Z-4;
I-16 Z-5;
I-16 Z-6;
I-16 Z-7;
I-16 Z-8;
I-16 Z-9;
I-16 Z-10;
I-16 Z-11;
I-16 Z-12;
I-16 Z-13;
I-16 Z-14;               (螺旋下刀至总深 10mm 处)
I-16;                    (整圆铣削保证深度 14mm)
G0 Z0;                   (抬刀)
M98 P77203;              (调用子程序,循环 7 次)
```

```
G0 Z100;                          (抬刀)
M5;                               (主轴停转)
M30;                              (程序结束)

O7203(环形槽粗铣子程序)
G91 G1 Z-2 F200;                  (增量方式编程,Z方向每次下刀2mm)
G90;                              (切换为绝对方式编程)
G41 G1 X35 Y0 D01;                (执行刀具半径左补偿,补偿号为1号刀)
G1 Y10 ;                          (直线切削)
G3 X20 Y25 R15;                   (圆弧切削)
G1 X-20;                          (直线切削)
G3 X-35 Y10 R15;                  (圆弧切削)
G1 Y-10;                          (直线切削)
G3 X-20 Y-25 R15;                 (圆弧切削)
G1 X20;                           (直线切削)
G3 X35 Y-10 R15;                  (圆弧切削)
G1 Y0;                            (直线切削)
G40 G1 X17 Y0;                    (取消刀具半径补偿)
M99;                              (子程序返回)

O3028(环形槽精铣程序,φ12mm平面立铣刀)
G54 G90 G40;                      (选择G54坐标系,绝对方式编程,取消刀具半径补偿)
S1500 M3;                         (主轴顺时针旋转,转速1500r/min)
G0 Z50;                           (刀具Z方向抬刀50mm,保证X、Y方向移动安全)
X0 Y-17.5;                        (刀具移动到半径补偿前位置起点a点)
Z10;                              (刀具下降到安全高度10mm处)
G1 Z-14 F200;                     (刀具Z方向下刀至总深14mm处)
G41 G1 X22.5 Y-12.5 D01 F200;     (执行刀具半径左补偿至b点,补偿号为1号刀)
G3 X35 Y0 R12.5;                  (圆弧线切入至c点)
G1 Y10 ;                          (圆弧切削)
G3 X20 Y25 R15;                   (直线切削)
G1 X-20;                          (圆弧切削)
G3 X-35 Y10 R15;                  (直线切削)
G1 Y-10;                          (直弧切削)
G3 X-20 Y-25 R15;                 (圆弧切削)
G1 X20;                           (直线切削)
G3 X35 Y-10 R15;                  (圆弧切削)
G1 Y0;                            (直线切削)
G3 X10 I-12.5 J0;                 (圆弧切入至e点)
G2 I-12.5;                        (整圆切削至c点)
G3 X22.5 Y-12.5 R12.5;            (圆弧切出至b点)
G40 G1 X0 Y-17.5;                 (取消刀具半径补偿回a点)
G0 Z100;                          (抬刀)
M5;                               (主轴停转)
M30;                              (程序结束)
```

3.3 任务实施

1. 毛坯装夹

(1) 将平口钳底面与铣床工作台面擦干净。

(2) 将平口钳放置在铣床工作台上,并用T形螺钉固定,用百分表校正平口钳,钳口与铣床工作台横向平行或纵向平行并用扳手上紧。

(3) 把图3-1所示零件毛坯120mm×80mm×30mm铝块放入钳口比较中间的位置,下面用平行垫块支承,夹位5~7mm。

(4) 为让毛坯贴紧平行垫块,应用木槌或铜棒轻轻敲平毛坯,直到用手不能轻易推动平行垫块,夹紧。

2. 刀具装卸

刀具装卸参考"任务2 数控铣床对刀操作"。

3. 工件原点设定

工件坐标系原点设置在工件 X、Y 中心,Z 设置在上表面 O 点。

4. 切削用量选择

因零件材料为铝块,硬度较低,切削力较小,切削速度、进给速度可选大些,具体如表3-3所示。

表3-3 零件切削用量选择明细表

加工性质	刀具	主轴转速/(r/min)	进给速度/(mm/min)	切削深度/mm
铣上表面	高速钢平面立铣刀 ϕ20mm	1500	500	1
粗铣上表面110mm×70mm×22mm侧面轮廓	高速钢平面立铣刀 ϕ20mm	1500	500	3/21
粗铣上表面带圆弧侧面轮廓	高速钢平面立铣刀 ϕ20mm	1500	500	2/10
精铣上表面110mm×70mm×20mm侧面轮廓	高速钢平面立铣刀 ϕ20mm	2000	300	21
精铣上表面带圆弧侧面轮廓	高速钢平面立铣刀 ϕ20mm	2000	300	10
粗精铣上表面直径 ϕ30mm 圆孔轮廓	高速钢平面立铣刀 ϕ12mm	1500	300	2/21
铣下表面至总高20mm	高速钢平面立铣刀 ϕ20mm	1500	500	2

5. 工、夹、刀、量具准备

工、夹、刀、量具清单如表3-4所示。

表3-4 工、夹、刀、量具清单

类型	型号	规格	数量
机床	数控铣床	FANUC 0i-MD	10台
刀具	高速钢平面立铣刀	ϕ20mm	每台1把
	高速钢平面立铣刀	ϕ12mm	每台1把

续表

类 型	型 号	规 格	数 量
量具	钢直尺	0～300mm	每台1把
	两用游标卡尺	0～150mm	每台1把
	磁力表座及表	0～5mm	每台1套
加工材料	铝块	120mm×80mm×30mm	每台1块
工具、夹具	扳手、木槌	—	每台1把
	平行垫块、薄铜皮等	—	每台若干

6. 对刀操作

对刀操作参考"任务2 数控铣床对刀操作"。

7. 程序输入操作

程序输入操作参考"任务2 数控铣床对刀操作"。

图3-1的参考程序如下。

1）工序一

工步1：铣上表面平面（ϕ20mm的平面立铣刀，Z方向吃刀深度1mm，加工路径如图3-61所示）。

```
O3029(主程序)
G54 G90 G40;          (选择G54坐标系,绝对方式编程,取消刀具半径补偿)
S1500 M3;             (主轴顺时针旋转,转速1500r/min)
G0 Z50;               (刀具Z方向抬刀50mm,X、Y方向移动安全)
X75 Y40;              (刀具移动到切削起点)
Z10;                  (刀具下降到安全高度10mm处)
G1 Z-1 F500;          (刀具Z方向吃深1mm,进给量500mm/min)
M98 P49203;           (调用子程序,循环4次)
G90;                  (切换为绝对方式编程)
G0 Z100;              (抬刀)
M5;                   (主轴停转)
M30;                  (程序结束)

O9203(子程序)
G91 G1 X-170 F500;    (增量方式编程,直线切削,进给量500mm/min)
Y-12;                 (直线切削)
X170;                 (直线切削)
Y-12;                 (直线切削)
M99;                  (子程序返回)
```

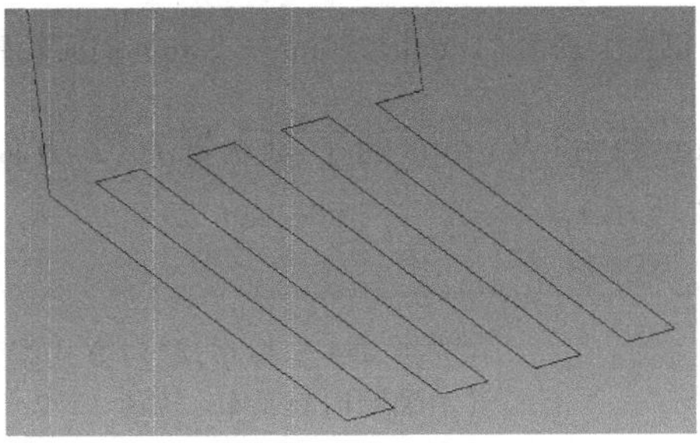

图3-61 铣上表面平面加工路径

工步 2：粗铣上表面 110mm×70mm×22mm 侧面轮廓（ϕ20mm 的平面立铣刀，Z 方向吃刀总深度 21mm，每刀 3mm，加工路径如图 3-62 所示）。

```
O3030(主程序)
G54 G90 G40;                (选择 G54 坐标系,绝对方式编程,取消刀具半径补偿)
S1500 M3;                   (主轴顺时针旋转,转速 1500r/min)
G0 Z50;                     (刀具 Z 方向抬刀 50mm,X、Y 方向移动安全)
X100 Y80;                   (刀具移动到半径补偿前位置起点)
Z10;                        (刀具下降到安全高度 10mm 处)
G1 Z0 F500;                 (刀具 Z 方向下刀至起点,进给量 500mm/min)
M98 P70303;                 (调用子程序,循环 7 次)
G90;                        (切换为绝对方式编程)
G0 Z100;                    (抬刀)
M5;                         (主轴停转)
M30;                        (程序结束)

O0303(子程序)
G91 G1 Z-3 F500;            (增量方式编程,直线切削,进给量 500mm/min)
G90;                        (切换为绝对方式编程)
G41 G0 X55 Y55 D01;         (执行刀具半径右补偿,补偿号为 1 号刀)
G1Y-35 F500;                (直线切削,进给量 500mm/min)
X-55;                       (直线切削)
Y35;                        (直线切削)
X70;                        (直线切削)
G40 G0 X100 Y80;            (取消刀具半径补偿)
M99;                        (子程序返回)
```

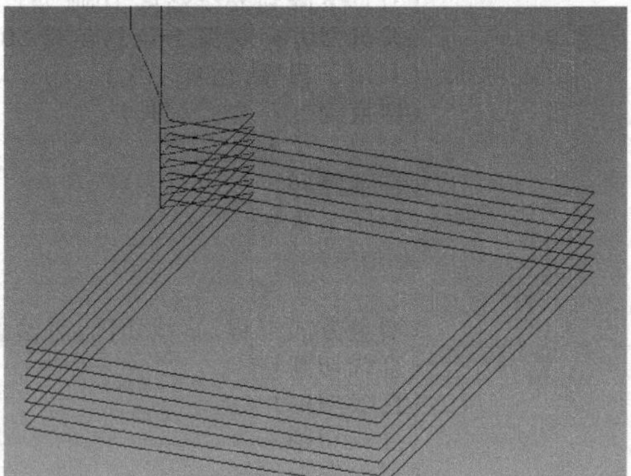

图 3-62　粗铣上表面 110mm×70mm×22mm 侧面轮廓加工路径

工步 3：粗铣高 10mm 凸台（ϕ20mm 的平面立铣刀，Z 方向吃刀总深度 10mm，每刀 2mm，加工路径如图 3-63 所示）。

```
O3031(主程序)
G54 G90 G40;                (选择 G54 坐标系,绝对方式编程,取消刀具半径补偿)
S1500 M3;                   (主轴顺时针旋转,转速 1500r/min)
G0 Z50;                     (刀具 Z 方向抬刀 50mm,X、Y 方向移动安全)
```

```
X-90 Y-80;                (刀具移动到半径补偿前位置起点)
Z10;                      (刀具下降到安全高度 10mm 处)
G1 Z0 F500;               (刀具 Z 方向下刀至起点,进给量 500mm/min)
M98 P51303;               (调用子程序,循环 5 次)
G0 Z100;                  (抬刀)
M5;                       (主轴停转)
M30;                      (程序结束)

O1303(子程序)
G91 G1 Z-2 F500;          (增量方式编程,Z 方向每刀吃深 2mm,进给量 500mm/min)
G90;                      (切换为绝对方式编程)
G41 G0 X-45 Y-50 D01;     (执行刀具半径左补偿,补偿号为 1 号刀)
G1 Y-15 F500;             (直线切削,进给量 500mm/min)
G3 Y15 I0 J15;            (圆弧切削)
G1 Y30;                   (直线切削)
X25;                      (直线切削)
G2 X45 Y10 R20;           (圆弧切削)
G1 Y10;                   (直线切削)
X9 Y-30;                  (直线切削)
X-70;                     (直线切削)
G40 G1 X-90 Y-80;         (取消刀具半径补偿)
M99;                      (子程序返回)
```

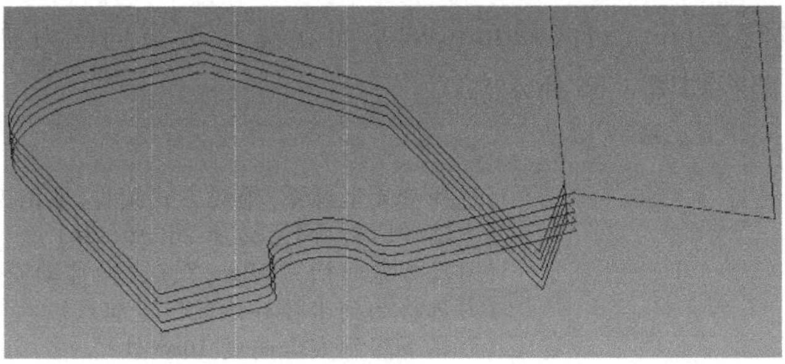

图 3-63　粗铣高 10mm 凸台轮廓加工路径

工步 4：精铣上表面 110mm×70mm×21mm 侧面轮廓(ϕ20mm 的平面立铣刀,Z 方向吃刀总深度 21mm,一刀吃至 21mm,加工路径如图 3-64 所示)。

```
O3032(主程序)
G54 G90 G40;              (选择 G54 坐标系,绝对方式编程,取消刀具半径补偿)
S2000 M3;                 (主轴顺时针旋转,转速 2000r/min)
G0 Z50;                   (刀具 Z 方向抬刀 50mm,X、Y 方向移动安全)
X100 Y80;                 (刀具移动到半径补偿前位置起点)
Z10;                      (刀具下降到安全高度 10mm 处)
M98 P2303;                (调用子程序)
G90;                      (切换为绝对方式编程)
G0 Z100;                  (抬刀)
M5;                       (主轴停转)
M30;                      (程序结束)
```

```
O2303(子程序)
G1 Z-21 F300;              (Z方向下刀至总深,保证总高21mm,进给量300mm/min)
G41 G0 X55 Y50 D01;        (执行刀具半径右补偿,补偿号为1号刀)
G1Y-35 F300;               (直线切削,进给量300mm/min)
X-55;                      (直线切削)
Y35;                       (直线切削)
X70;                       (直线切削)
G40 G0 X100 Y80;           (取消刀具半径补偿)
M99;                       (子程序返回)
```

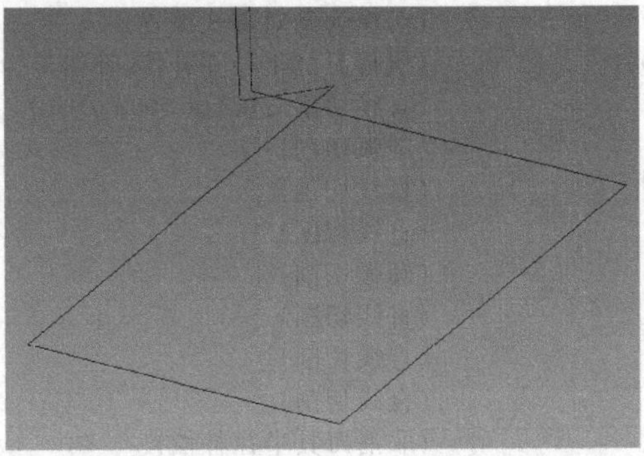

图 3-64 精铣上表面 110mm×70mm×21mm 侧面轮廓加工路径

工步 5：精铣高 10mm 凸台（ϕ20mm 的平面立铣刀，Z 方向吃刀总深度 10mm，一刀吃至 10mm，加工路径如图 3-65 所示）。

```
O3033(主程序)
G54 G90 G40;               (选择G54坐标系,绝对方式编程,取消刀具半径补偿)
S2000 M3;                  (主轴顺时针旋转,转速2000r/min)
G0 Z50;                    (刀具Z方向抬刀50mm,X、Y方向移动安全)
X-90 Y-80;                 (刀具移动到半径补偿前位置起点)
Z10;                       (刀具下降到安全高度10mm处)
M98 P3303;                 (调用子程序)
G0 Z100;                   (抬刀)
M5;                        (主轴停转)
M30;                       (程序结束)

O3303(子程序)
G1 Z-10 F300;              (Z方向下刀至总深,保证总高10mm,进给量300mm/min)
G41 G0 X-45 Y-50 D01;      (执行刀具半径右补偿,补偿号为1号刀)
G1 Y-15 F300;              (直线切削,进给量300mm/min)
G3 Y15 I0 J15;             (圆弧切削)
G1 Y30 ;                   (直线切削)
X25;                       (直线切削)
G2 X45 Y10 R20;            (圆弧切削)
G1 Y10;                    (直线切削)
X9 Y-30;                   (直线切削)
X-70;                      (直线切削)
G40 G0 X-90 Y-80;          (取消刀具半径补偿)
M99;                       (子程序返回)
```

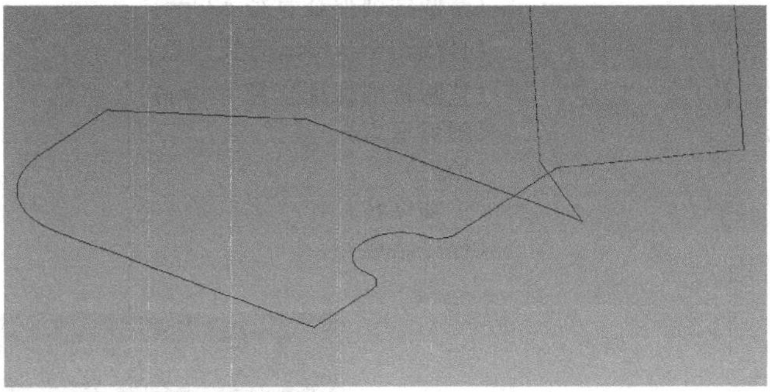

图 3-65 精铣高 10mm 凸台轮廓加工路径

工步 6：粗精铣 ϕ30mm 圆孔（ϕ12mm 的平面立铣刀，Z 方向吃刀总深度 21mm，采用螺旋下刀铣削，螺旋插补圆弧半径 R 为 5mm）。螺旋插补圆弧半径 R 必须小于刀具半径，以防中心留有凸头，Z 方向每刀下刀 1mm。示意图如图 3-66 所示，加工路径如图 3-67 所示。

```
O3034(程序号)
G54 G90 G40;          (选择 G54 坐标系,绝对方式编程,取消刀具半径补偿)
S1500 M3;             (主轴顺时针旋转,转速 1500r/min)
G0 Z50;               (刀具 Z 方向抬刀 50mm,X、Y 方向移动安全)
X5 Y0;                (刀具快速移动到螺旋插补定位点)
Z10;                  (刀具下降到安全高度 10mm 处)
G1 Z0 F300;           (刀具 Z 方向下刀至 0,Z 方向循环起点,进给量 300mm/min)
G2 I-5 Z-1;           (螺旋下刀至深度 1mm 位置)
I-5 Z-2;              (螺旋下刀,每刀螺旋下刀 1mm)
I-5 Z-3;
I-5 Z-4;
I-5 Z-5;
I-5 Z-6;
I-5 Z-7;
I-5 Z-8;
I-5 Z-9;
I-5 Z-10;
I-5 Z-11;
I-5 Z-12;
I-5 Z-13;
I-5 Z-14;
I-5 Z-15;
I-5 Z-16;
I-5 Z-17;
I-5 Z-18;
I-5 Z-19;
I-5 Z-20;
I-5 Z-21;             (螺旋下刀,至总深 21mm 处)
I-5;                  (整圆铣削保证深度 21mm)
G1 X7 F60;            (直线切至 ϕ28mm 直径起点)
```

```
G2 I-7;                    (整圆铣削保证直径 φ28mm)
G1 X9;                     (直线切至 φ30mm 直径起点)
G2 I-9;                    (整圆铣削保证直径 φ30mm)
G2 X5 Y-4 R4;              (圆弧退刀)
G0 Z100;                   (抬刀)
M5;                        (主轴停转)
M30;                       (程序结束)
```

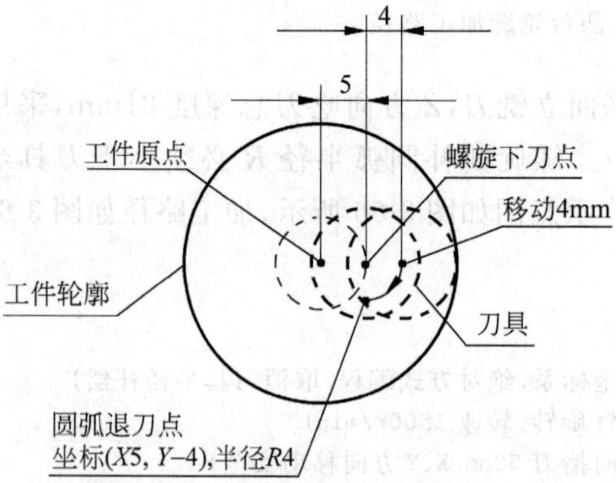

图 3-66 螺旋下刀示意

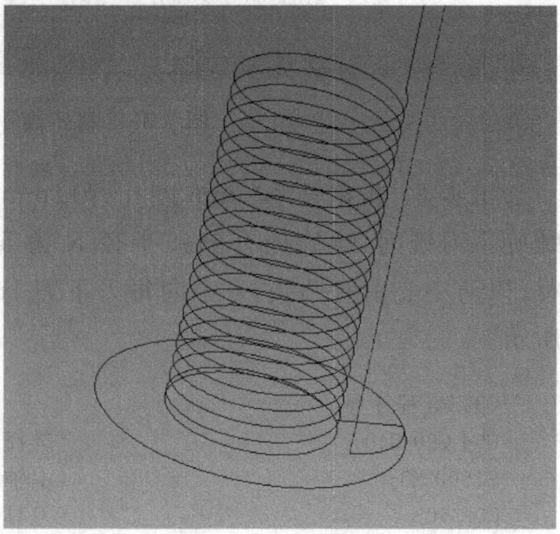

图 3-67 粗精铣 φ30mm 圆孔加工路径

2）工序二

工步 1：铣下表面平面（φ20mm 的平面立铣刀，Z 方向吃刀深度 2mm，保证总高 20mm）。

```
O3035(主程序)
G54 G90 G40;               (选择 G54 坐标系,绝对方式编程,取消刀具半径补偿)
S1500 M3;                  (主轴顺时针旋转,转速 1500r/min)
G0 Z50;                    (刀具 Z 方向抬刀 50mm,X、Y 方向移动安全)
X85 Y40;                   (刀具移动到切削起点)
Z10;                       (刀具下降到安全高度 10mm 处)
G1 Z-2 F500;               (刀具 Z 方向吃深 2mm,进给量 500mm/min)
M98 P45303;                (调用子程序,循环 4 次)
G90;                       (切换为绝对方式编程)
G0 Z100;                   (抬刀)
M5;                        (主轴停转)
M30;                       (程序结束)

O5303(子程序)
G91 G1 X-170 F500;         (增量方式编程,直线切削,进给量 500mm/min)
Y-12;                      (直线切削)
X170;                      (直线切削)
Y-12;                      (直线切削)
M99;                       (子程序返回)
```

工步 2：去毛刺。

8. 自动运行操作

自动运行操作参考“任务 2　数控铣床对刀操作”。

9. 操作注意事项

① 要做到安全操作、文明生产，在操作中发现有错，应立即停铣。

② 为避免加工出现接刀痕，每两刀之间要有一定的重叠。

③ 采用刀具半径补偿指令时，加工前应先设置好机床中的半径补偿值，否则刀具不按半径补偿加工。

④ 铣刀半径必须小于或等于工件内轮廓凹圆弧的最小半径，否则无法加工出内轮廓圆弧。

⑤ 在对刀的过程中，可通过微调进给试切提交对刀数据。

⑥ 在手动(JOG)或手轮模式中，移动方向不能错，否则会损坏刀具和机床。

⑦ 编写好程序后，要进行认真检查与验证，以确保无误。

⑧ 首件加工时，可采用单步运行，避免撞刀。

任务4 数控铣床复合指令

4.1 任务描述

本节任务是学习数控铣床复合指令并加工。试编写图 4-1 所示零件的加工程序，毛坯尺寸为 120mm×80mm×30mm，工件材料为硬铝。要求熟练掌握数控铣床复合指令的应用，从而完成程序的编辑、输入、校验、装刀、装毛坯、对刀、加工的任务。

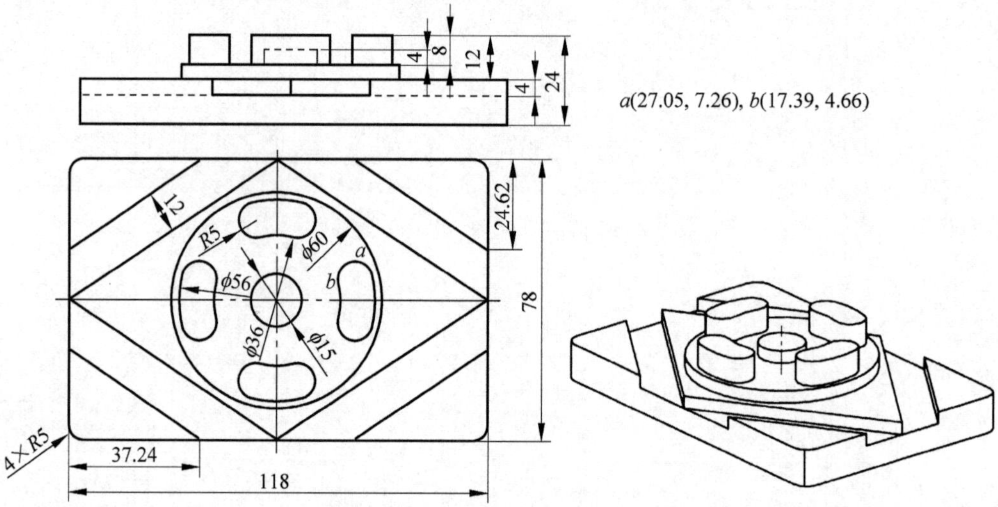

图 4-1 零件图

4.2 知识学习

4.2.1 倒角与倒圆指令(C、R)

使用常规编程时，必须知道各直线与直线、直线与圆弧、圆弧与圆弧之间的交点位置，才能逐段编制加工编程。而使用倒角与倒圆指令功能就可以在一个轮廓拐角处插入倒角或倒圆，从而简化程序。倒角与倒圆指令加在直线插补 G01 或圆弧插补 G02 或 G03 程序段的末尾，加工时自动在拐角处加上倒角或过渡圆弧。

1. 倒角指令(C)

编程格式：

```
G01  X__Z__F__,C__;
```

其中，X、Z 表示拐角虚拟拐点角的坐标；C 表示拐角起点和终点到虚拟拐点的距离。虚拟拐点如果不倒角，轮廓线实际上存在交点。倒角的方向与两轮廓角分线垂直，如图 4-2 所示，编程实例如图 4-3 所示。

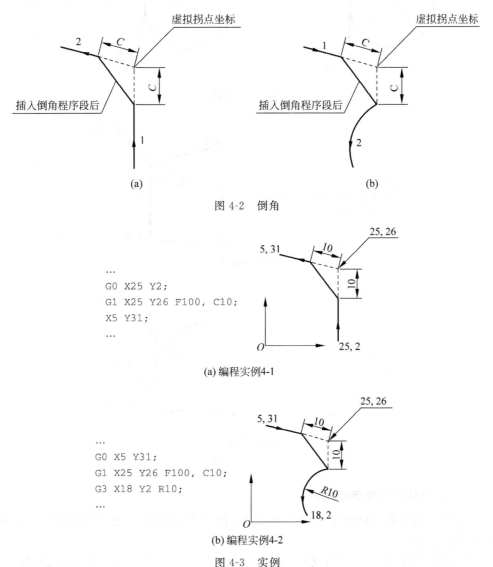

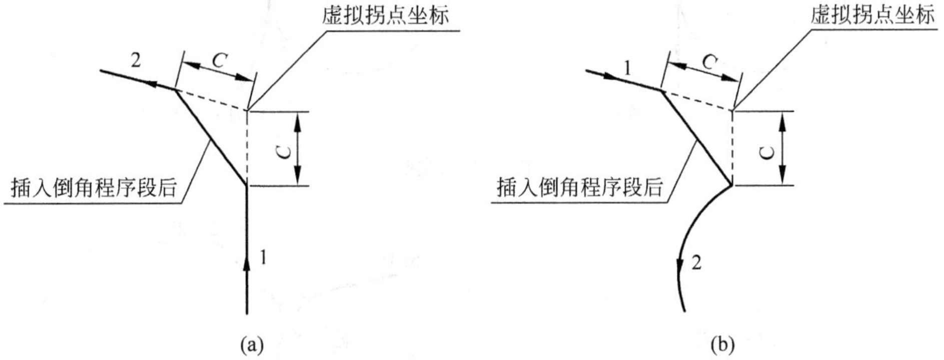

图 4-2 倒角

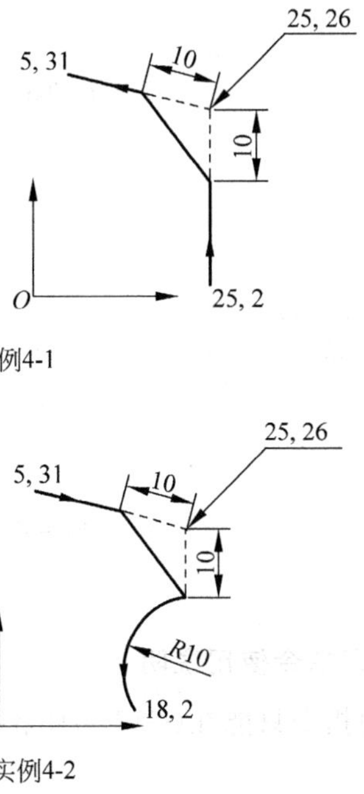


```
…
G0 X25 Y2;
G1 X25 Y26 F100, C10;
X5 Y31;
…
```

```
…
G0 X5 Y31;
G1 X25 Y26 F100, C10;
G3 X18 Y2 R10;
…
```

图 4-3 实例

2. 倒圆(R)

编程格式：

```
G01  X __ Z __ F __, R __;
```

其中：*X*、*Z* 表示倒圆虚拟拐点角的坐标；*R* 表示倒圆部分圆弧半径。该圆弧与两轮廓相切，如图 4-4 所示，编程实例如图 4-5 所示。

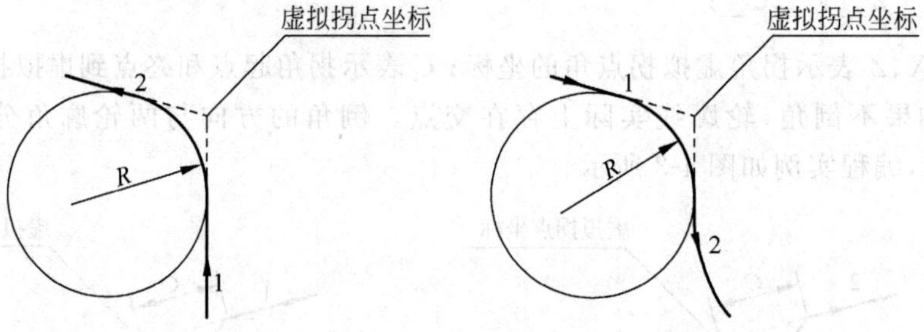

(a)　　(b)

图 4-4　倒圆

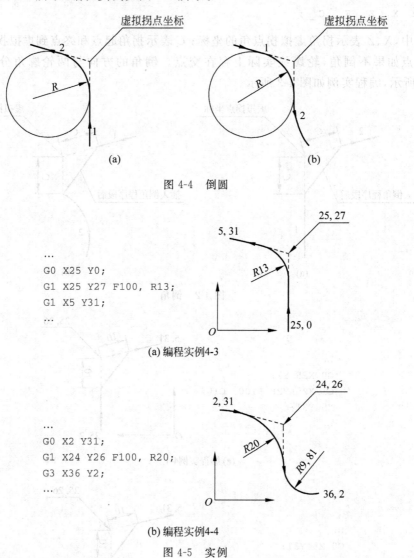

```
…
G0 X25 Y0;
G1 X25 Y27 F100, R13;
G1 X5 Y31;
…
```

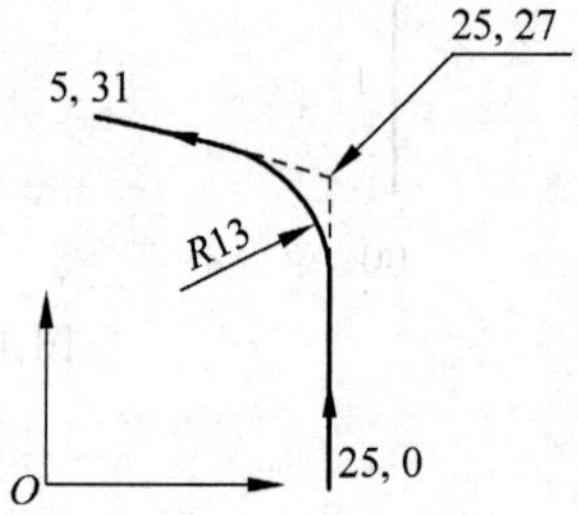

(a) 编程实例4-3

```
…
G0 X2 Y31;
G1 X24 Y26 F100, R20;
G3 X36 Y2;
…
```

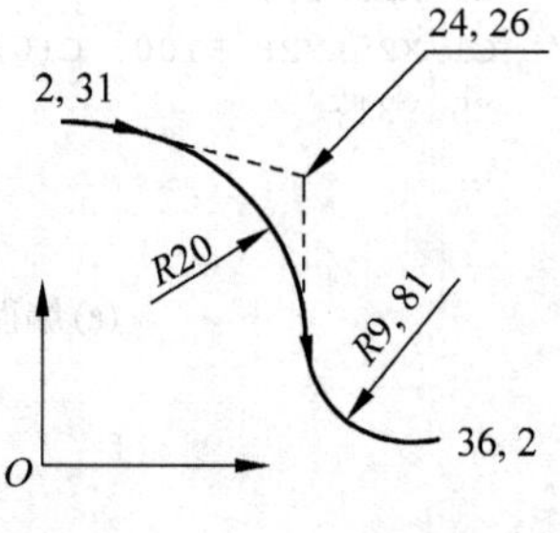

(b) 编程实例4-4

图 4-5　实例

3. 倒角与倒圆指令使用说明

① 倒角、倒圆指令只能在(G17、G18、G19)指定平面内执行，在平面的切换中不可以指定倒角或倒圆。

② 倒角、倒圆指令可用于直线与直线、直线与圆弧、圆弧与直线、圆弧与圆弧之间的过渡。

③ 倒圆指令中的 *R* 表示倒圆部分圆弧半径，该圆弧与两轮廓相切，倒角的方向与两

轮廓角平分线垂直。

④ 对一个程序段的要求，指定倒角或倒圆的程序段，必须跟随一个用直线插补 G1 或圆弧插补 G2 或 G3 指令的程序段，如果下一个程序段不包含这些指令，将会出现报警。

⑤ 两条直线之间的夹角不能在±1°以内，如果在±1°以内，那么倒角或倒圆过渡程序将被当作一个移动距离为 0 的移动。

编程实例 4-5：编写加工如图 4-6 所示的图形，选择 R1mm 的球刀，铣深 0.2mm。图 4-6 的参考程序如下。

```
O4010(主程序)
G54 G90 G40;
S1500 M3;
G0 Z50;
X30 Y0;
Z10;
G1 Z-0.2 F100;
G1 X25 Y-15 F100,R5;          (倒圆角)
G1 X-30 Y-20,C10;             (倒直角)
G1 X-30 Y20,C5;               (倒直角)
G1 X30 Y20,R10;               (倒圆角)
G1 Y0;
G0 Z100;
M5;
M30;
```

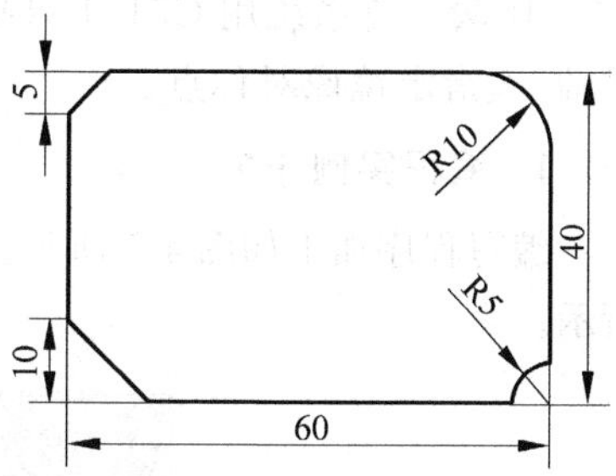

图 4-6 倒角与倒圆实例 4-5

4.2.2 镜像指令(G51.1、G50.1)

镜像指令用于实现坐标轴的对称加工，在实际的加工中，通常是和子程序结合使用。如图 4-7 和图 4-8 所示，图形是相同的图案组成的，1 部分可以直接编写程序作为原始图进行加工，2、3、4 部分可以通过子程序形式调用 1 部分的加工程序进行加工。

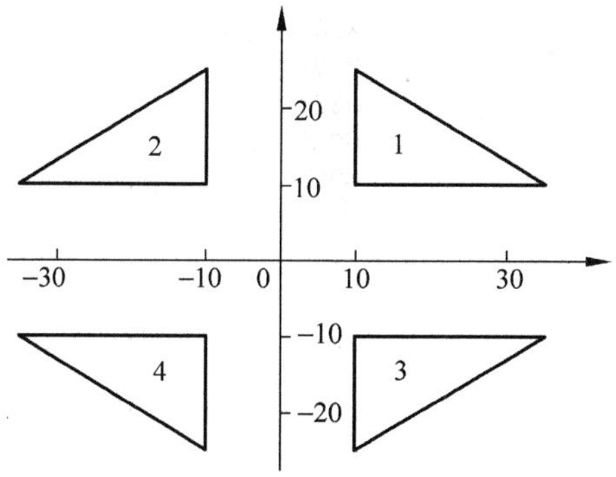

图 4-7 对称轴在坐标轴镜像实例

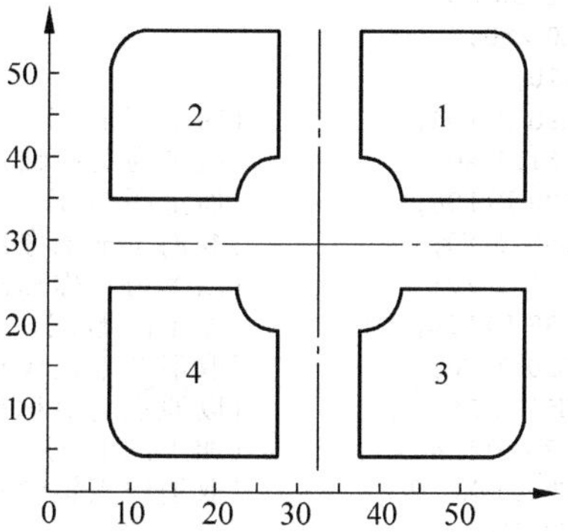

图 4-8 对称轴不在坐标轴镜像实例

编程格式：

```
G51.1 X__ Y__ Z__;            设置可编程镜像
G50.1;                        取消可编程镜像
```

其中，X、Y、Z 表示镜像的对称轴。

说明：

① 使用镜像功能后，G02 和 G03、G42 和 G41 指令补互换。

② 在可编程镜像方式中，与返回参考点有关指令和改变坐标系指令（G54～G59）等有关代码不许指定。

③ 法兰克系统还可通过机床面板实现镜像功能。如果指定可编程镜像功能，同时又用 CNC 外部开关或 CNC 设置生成镜像时，则可编程镜像功能首先执行。

④ 法兰克系统用 G51.1 可指定镜像的对称点和对称轴，而用 G50.1 仅指定镜像对称轴，不指定镜像对称点。

1. 编程实例 4-6

编写程序加工如图 4-7 所示图形，选择 *R*1mm 的球刀，铣深 0.2mm，加工路径如图 4-9 所示。

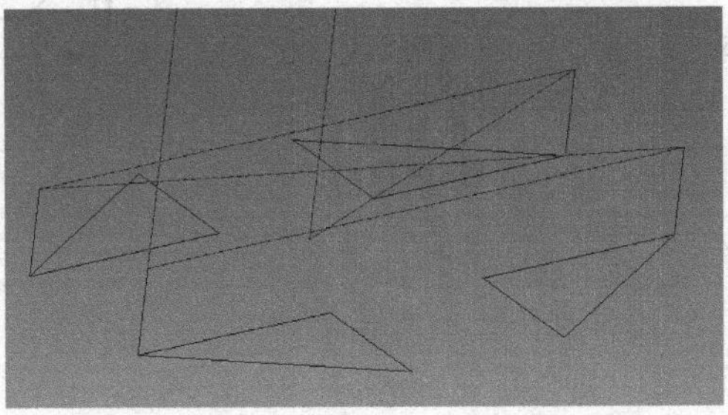

图 4-9 对称轴在坐标轴镜像实例 4-6 加工路径

图 4-7 的参考程序如下。

```
O4011(主程序)
G54 G90 G40;
S1500 M3;
G0 Z50;
Z10;
M98 P1104;          (加工图形 1)
G51.1 X0;           (以 Y 为对称轴)
M98 P1104;          (加工图形 2)
G50.1 X0;           (取消 Y 轴镜像)
G51.1 Y0;           (以 X 为对称轴)
M98 P1104;          (加工图形 3)
G50.1 Y0;           (取消 X 轴镜像)
G51.1 X0 Y0;        (以原点为对称点)
M98 P1104;          (加工图形 4)
G50.1 X0 Y0;        (取消原点镜像)
G0 Z100;
M5;
M30;
```

```
O1104(子程序)
G0 X35 Y10;
G1 Z-0.2 F100;
X10 Y25;
Y10;
X35;
G0 Z10;
M99;
```

镜像指令应用.mp4(9.27MB)

2. 编程实例 4-7

编写程序加工如图 4-8 所示的图形，选择 R1mm 的球刀，铣深 0.2mm。

图 4-8 的参考程序如下。

```
O4012(主程序)
G54 G90 G40;
S1000 M3;
G0 Z50;
Z10;
M98 P2104;          (加工图形 1)
G51.1 X32.5;        (以距离 Y32.5 直线为对称轴镜像)
M98 P2104;          (加工图形 2)
G50.1 X32.5;        (取消距离 Y32.5 直线为对称轴镜像)
G51.1 Y30;          (以距离 X30 的直线为对称轴镜像)
M98 P2104;          (加工图形 3)
G50.1 Y30;          (取消距离 X30 直线为对称轴镜像)
G51.1 X32.5 Y30;    (以距离坐标原点 X32.5,Y30 的点为对称点镜像)
M98 P2104;          (加工图形 4)
G50.1 X32.5 Y30;    (取消以距离坐标原点 X32.5,Y30 的点为对称点镜像)
G0 Z100;
M5;
M30;
```

```
O2104(子程序)
G0 X60 Y35;
G1 Z-0.2 F100;

G1 X42.5 Y37.5,R5;
G1 Y55;
X55;
G1 X60 Y55,R5;
G1 Y35;
G0 Z10;
M99;
```

3. 编程实例 4-8

如图 4-10 所示，114mm×76mm 外形已铣好，只需加工高 10mm 的四个台阶，刀具选择 ϕ16mm 的平面立铣刀，毛坯材料为硬铝。其中四个相同的部位须运用镜像指令编写，镜像原图加工路径如图 4-11 所示。

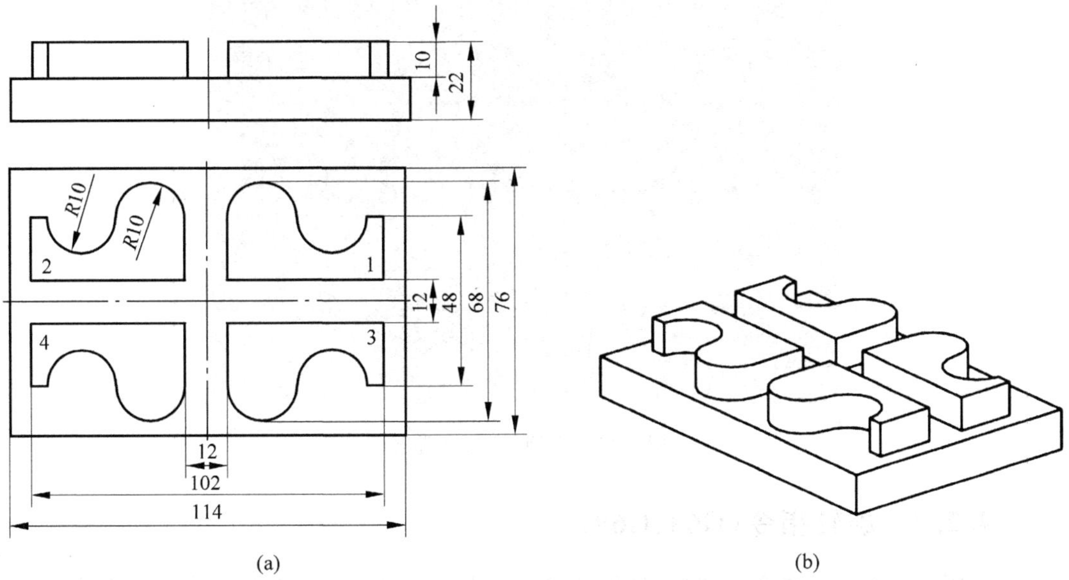

图 4-10　镜像加工实例 4-8

图 4-10 的参考程序如下。

```
O4013(主程序)
G54 G90 G40;
S1500 M3;
G0 Z50;
X80 Y6;
Z10;
G1 Z0 F300;
M98 P53104;          (加工图形 1)
G0 Z5;
G51.1 X0;            (以 Y 为对称轴)
G1 Z0;
M98 P53104;          (加工图形 2)
G50.1 X0;            (取消 Y 轴镜像)
G0 Z5;
G51.1 Y0;            (以 X 为对称轴)
G1 Z0;
M98 P53104;          (加工图形 3)
G50.1 Y0;            (取消 X 轴镜像)
G0 Z5;
G51.1 X0 Y0;         (以原点为对称点)
G1 Z0;
M98 P53104;          (加工图形 4)
G50.1 X0 Y0;         (取消原点镜像)
G0 Z100;
M5;
M30;
```

```
O3104(子程序)
G91 G1 Z-2 F300;
G90;
G41 G0 X68 Y6 D01;
G1 X6 F500;
Y24;
G2 X26 Y24 R10;
G3 X46 Y24 R10;
G1 X51;
Y0;
G40 G0 X68 Y0;
M99;
```

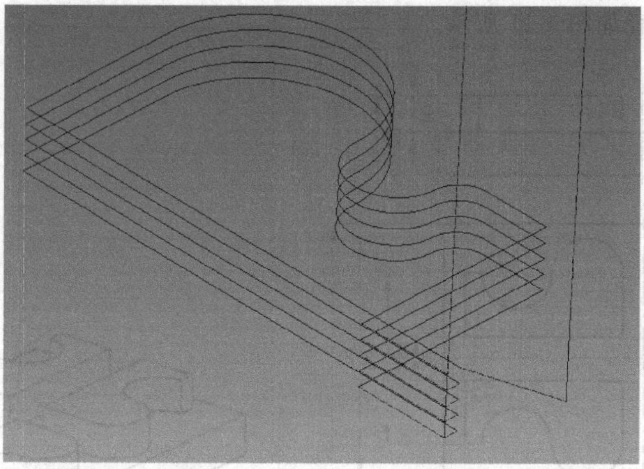

图 4-11　实例 4-8 加工路径

4.2.3　旋转指令(G68、G69)

利用坐标系旋转指令，可将工件旋转某一指定角度，如图 4-12 所示，旋转角度是 45°，旋转中心是 O 点。如果工件的形状由许多相同的图形组成，则可将例图形单个编成子程序，然后用主程序的旋转指令调用，这样更简化程序、省时、节省存储空间，如图 4-13 和图 4-14 所示。

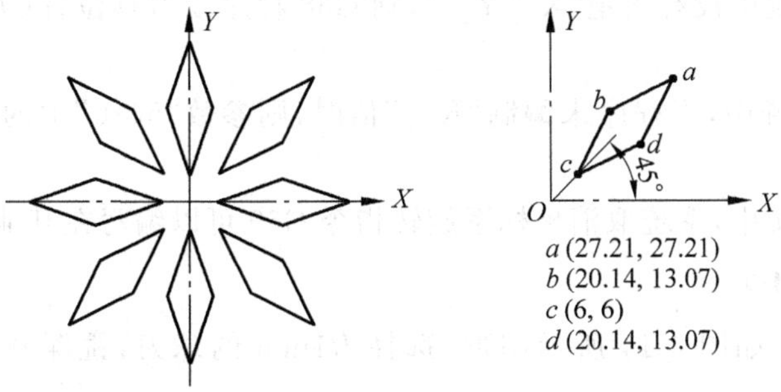

图 4-12 旋转中心在工件坐标系实例

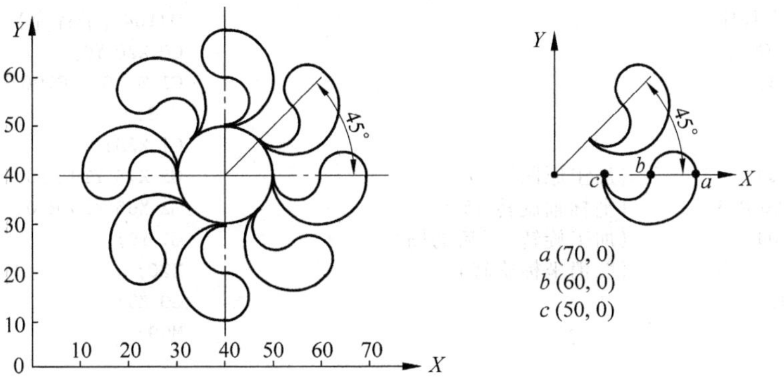

图 4-13 旋转中心偏离工件坐标系实例

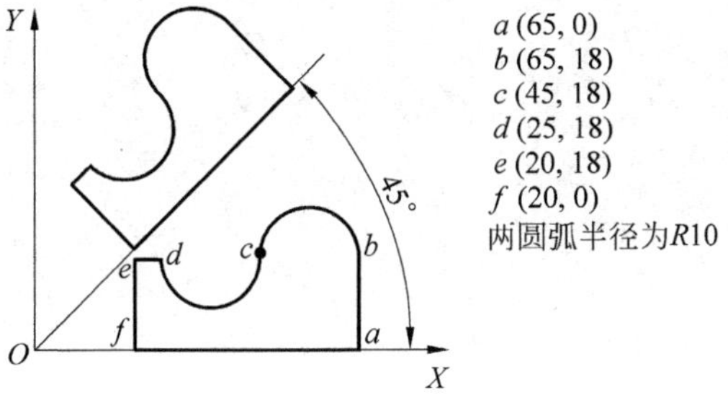

图 4-14 坐标系旋转实例

编程格式：

```
G68 X__ Y__ R__ ;    (设置可编程旋转)
G69;                 (取消可编程旋转)
```

其中，X、Y 为旋转中心的绝对坐标值；R 为旋转角度，角度为正是逆时针旋转，角度为负是顺时针旋转。角度的最小值为 0.001°，旋转范围为 $0 \leqslant R \leqslant 360.000°$。

说明：

① G17、G18 和 G19 是坐标系所在的平面，立式铣床或加工中心默认平面为 G17。

② 指令中的参数 R 为偏转角度，在不同平面内偏转角度正方向的规定逆时针为正，顺时针为负。

③ 法兰克系统中没有指定“X _Y_”，则 G68 程序段刀具位置（刀具当前位置）为旋转中心。

④ 法兰克系统中，当程序未编制“R_”值时，则参数“5410”中的值被认为是旋转的角度。

⑤ 法兰克系统中，系统取消坐标系旋转指令 G69 可以编写在其他指令程序段中。

1. 编程实例 4-9

编写程序加工如图 4-14 所示图形，选择 *R*1mm 的球刀，铣深 0.2mm，加工路径如图 4-15 所示。

图 4-14 的参考程序如下。

```
O4014(主程序)                                    O4104 (子程序)
G54 G40 G90;                                     G0 X20 Y0;
S1500 M3;                                        G1 Z-0.2 F100;
G0 Z50;                                          Y18;
Z10;                                             G1 X25;
M98 P4104;          (加工原图)                   G3 X45 Y18 R10;
G68 X0 Y0 R45;      (坐标轴旋转 45°)             G2 X65 Y18 R10;
M98 P4104;          (加工旋转 45°后的图)         G1 Y0;
G69;                (取消坐标旋转)               X20;
G0 Z100;                                         G0 Z5;
M5;                                              M99;
M30;
```

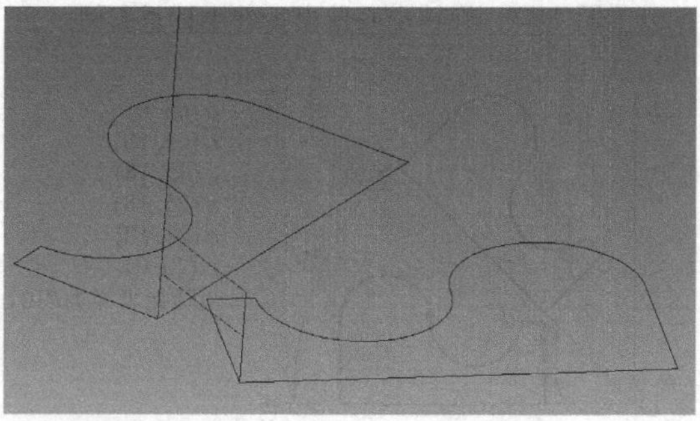

图 4-15　实例 4-9 加工路径

坐标系旋转应用.mp4(12.4MB)

2. 编程实例 4-10

编写程序加工如图 4-12 所示图形，选择 *R*1mm 的球刀，铣深 0.2mm，加工路径如图 4-16 所示。

图 4-12 的参考程序如下。

```
O4015(主程序)
G54 G40 G90;
S1500 M3;
G0 X60 Y0 Z50;
Z2;
M98 P5104;          (加工原图)
G68 X0 Y0 R45;      (坐标轴旋转 45°)
M98 P5104;
G68 X0 Y0 R90;      (坐标轴旋转 90°)
M98 P5104;
G68 X0 Y0 R135;     (坐标轴旋转 135°)
M98 P5104;
G68 X0 Y0 R180;     (坐标轴旋转 180°)
M98 P5104;
G68 X0 Y0 R225;     (坐标轴旋转 225°)
M98 P5104;
G68 X0 Y0 R270;     (坐标轴旋转 270°)
M98 P5104;
G68 X0 Y0 R315;     (坐标轴旋转 315°)
M98 P5104;
G69;                (取消坐标旋转)
G0 Z100;
M5;
M30;
```

```
O5104(子程序)
G0 X36 Y0;
G1 Z-0.2 F100;
X21 Y-5;
X6 Y0;
X21 Y5;
X36 Y0;
G0 Z2;
M99;
```

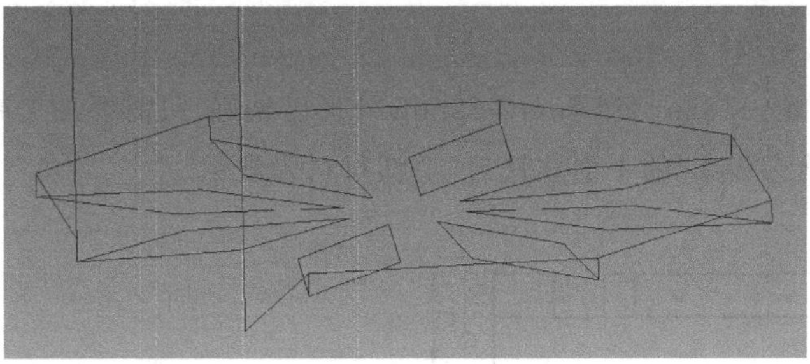

图 4-16 实例 4-10 加工路径

3. 编程实例 4-11

编写程序加工如图 4-13 所示图形，选择 $R1$mm 的球刀，铣深 0.2mm，加工路径如图 4-17 所示。

图 4-13 的参考程序如下。

```
O4016(主程序)
G54 G90 G40;
S1500 M3;
G0 Z50;
Z10;
M98 P6104;
G68 X40 Y40 R45;    (坐标轴旋转 45°)
M98 P6104;
G68 X40 Y40 R90;    (坐标轴旋转 90°)
```

```
O6104(子程序)
G0 X50 Y0;
G1 Z-0.2 F100;
G3 X70 Y0 R10;
G3 X60 Y0 R5;
G2 X50 Y0 R5;
G0 Z5;
M99;
```

```
M98 P6104;
G68 X40 Y40 R135;     (坐标轴旋转 135°)
M98 P6104;
G68 X40 Y40 R180;     (坐标轴旋转 180°)
M98 P6104;
G68 X40 Y40 R225;     (坐标轴旋转 225°)
M98 P6104;
G68 X40 Y40 R270;     (坐标轴旋转 270°)
M98 P6104;
G68 X40 Y40 R315;     (坐标轴旋转 315°)
M98 P6104;
G69;                  (取消坐标旋转)
G0 Z100;
M5;
M30;
```

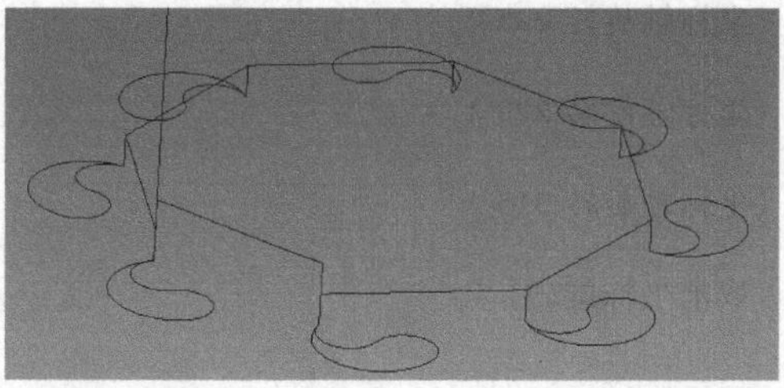

图 4-17　实例 4-11 加工路径

4. 编程实例 4-12

如图 4-18 所示，118mm×78mm×22mm 外形已铣好，只需要加工高 10mm 的四个凸起台阶，刀具选择 ϕ10mm 的平面立铣刀，毛坯材料为硬铝。

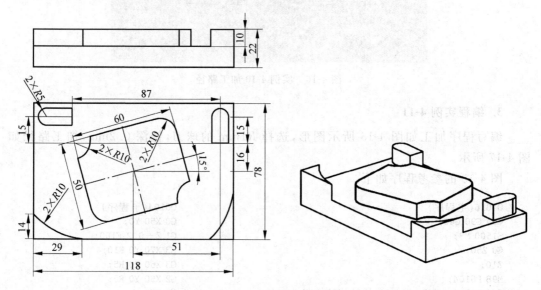

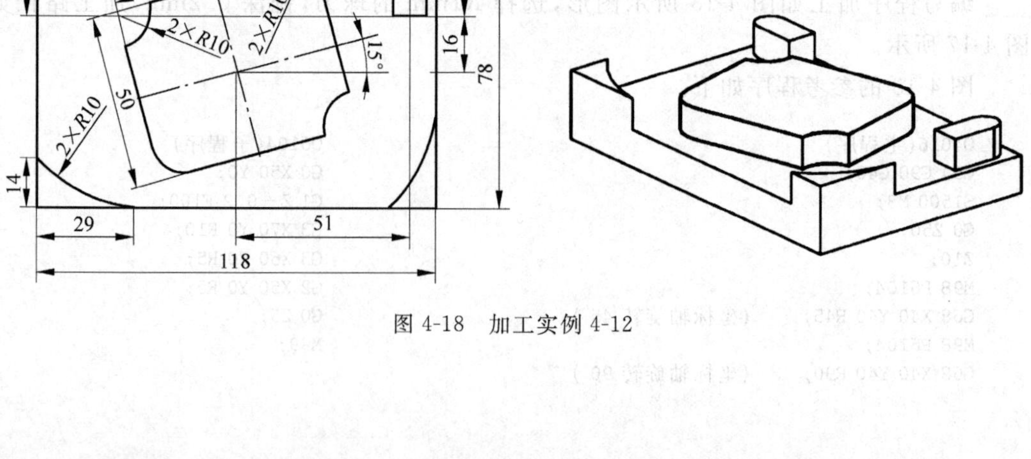

图 4-18　加工实例 4-12

图 4-18 的参考程序如下。

① 矩形形状(采用直径 ϕ10mm 的平面立铣刀),加工路径如图 4-19 所示。

```
O4017(主程序)
G54 G90 G40;
S1500 M3;
G0 Z50;
X80 Y80;
Z10;
G1 Z0 F300;
G68 X0 Y0 R15;        (坐标轴旋转 15°)
M98 P57104;
G69;                  (取消坐标旋转)
G0 Z100;
M5;
M30;
```

```
O7104(子程序)
G91;
G1 Z-2 F300;
G90;
G41 G0 X30 Y48 D01;
G1 Y-15 F500;
G3 X20 Y-25 R10;
G1 X-20;
G2 X-30 Y-15 R10;
G1 Y15;
G3 X-20 Y25 R10;
G1 X20;
G2 X30 Y15 R10;
G3 X40 Y5 R10;
G1 Y48;
G40 G0 X80 Y80;
M99;
```

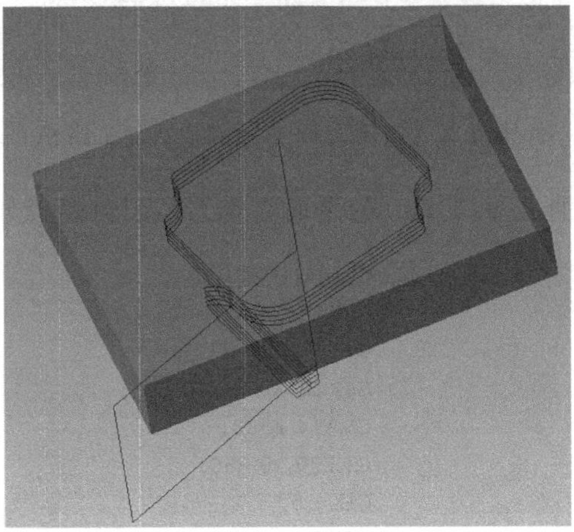

图 4-19　实例 4-12 矩形形状加工路径

② 圆弧键形状(采用直径 ϕ10mm 的平面立铣刀),加工路径如图 4-20 所示。

```
O4018(主程序)
G54 G90 G40;
G0 Z50;
X0 Y0;
G52 X51 Y16;
G0 X30 Y0;
Z10;
G1 Z0 F300;
M98 P58104;
G68 X0 Y0 R90;
```

```
O8104(子程序)
G91 G1 Z-2 F300;
G90;
G41 G0 X15 Y0 D01;
G1 X-5 F500;
Y15;
G2 X5 Y15 R5;
G1 Y-1;
G40 X30 Y0;
M99;
```

```
G0 Z10;
X30 Y0;
G1 Z0 F300;
M98 P58104;
G69;
G52 X0 Y0;
G0 Z100;
M5;
M30;
```

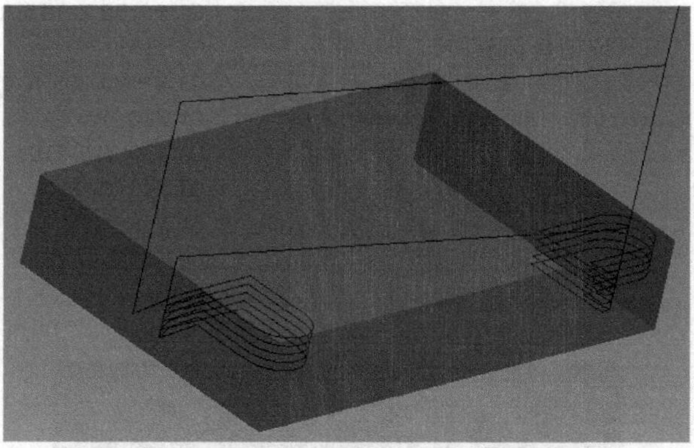

图 4-20 实例 4-12 圆弧键形状加工路径

③ 圆弧形状(采用直径 ϕ100mm 的平面立铣刀),刀具路径如图 4-21 所示。

```
O4019(主程序)
G54 G90 G40;
G0 Z50;
X0 Y0;
G52 X-59 Y-39;
G0 X0 Y-30;
Z10;
G1 Z0 F300;
M98 P59104;
G0 Z20;
G52 X0 Y0;
G52 X59 Y-39;
G68 X0 Y0 R90;
G0 Z10;
X0 Y-30;
G1 Z0 F300;
M98 P59104;
G69;
G52 X0 Y0;
G0 Z100;
M5;
M30;
```

```
O9104(子程序)
G91 G1 Z-2 F300;
G90;
G41 G1 X0 Y-10 D01;
G1 Y14 F500;
G3 X29 Y0 R50;
G1X-5;
G40 G1 X0 Y-10;
M99;
```

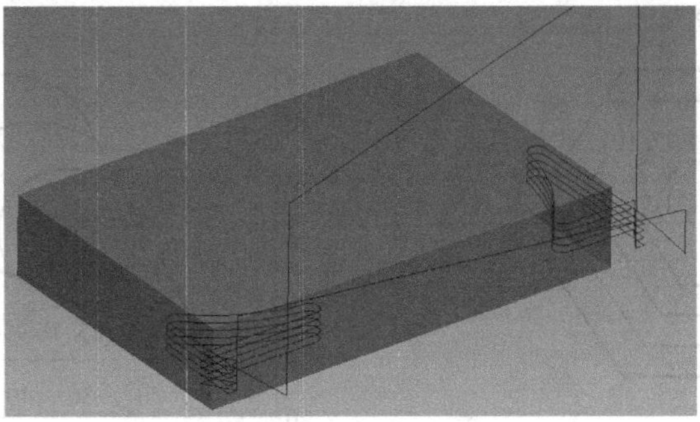

图 4-21 实例 4-12 圆弧形状加工路径

4.2.4 比例缩放指令(G50、G51)

编程格式:

G51 X __ Y __ Z __ P __; 缩放开始(沿着所有轴以相同的比例缩放)缩放取消

G50;

或:

G51 X __ Y __ Z __ I __ J __ K __ 缩放开始(沿着各轴以不相同的比例缩放)

G50; 缩放取消

其中,X、Y、Z 为比例缩放中心的绝对坐标(即使在 G91 方式下也是绝对坐标),如果省略,则在执行 G51 前刀具中心所处的位置为比例缩放中心;P 为缩放比例(必须是正数,如为负数则无效),有的设备以 0.001 为一个单位,如缩放 2 倍,应写成 P2000,也有的设以 0.00001 为一个单位,如缩放 2 倍,应写成 P200000;I、J、K 为各轴对应的缩放比例(整数值),以 0.001 或 0.00001 为一个单位。

说明:

① 当各轴以相同的比例缩放时,其实际加工轮廓以编程轮廓缩放中心进行相应的比例缩放后得到。如图 4-22(a)所示为使用 G51 X __ Y __ Z __ P __缩放格式,以工件原点为缩放中心,缩放比例依次为 1.5、2、2.5 倍的加工情况。图 4-22(b)所示为使用 G51 X __ Y __ Z __ P __缩放格式,以 X __ Y __(X10,Y10)为缩放中心,缩放比例依次为 1.5、2、2.5、3 倍的加工情况。

② 当各轴以相同的比例缩放时,其实际加工轮廓以编程轮廓缩放中心进行相应的比例缩放后得到。如图 4-22(b)所示为使用 G51 X __ Y __ Z __ P __缩放格式,以工件原点为缩放中心,缩放比例依次为 1.5、2、2.5 倍的加工情况。

③ 当各轴以不相同的比例缩放时,其实际加工轮廓以编程轮廓缩放中心进行相应的比例缩放后得到。如图 4-22(c)所示为使用 G51 X __ Y __ Z __ I __ J __ K __缩放格式,以 X __ Y __(X10,Y10)为缩放中心,缩放比例依次为 I3、J2、K1 的情况。

1. 编程实例 4-13

采用比例缩放指令编写加工如图 4-22(a)所示图形,选择 *R*1mm 的球刀,铣深 0.2mm。

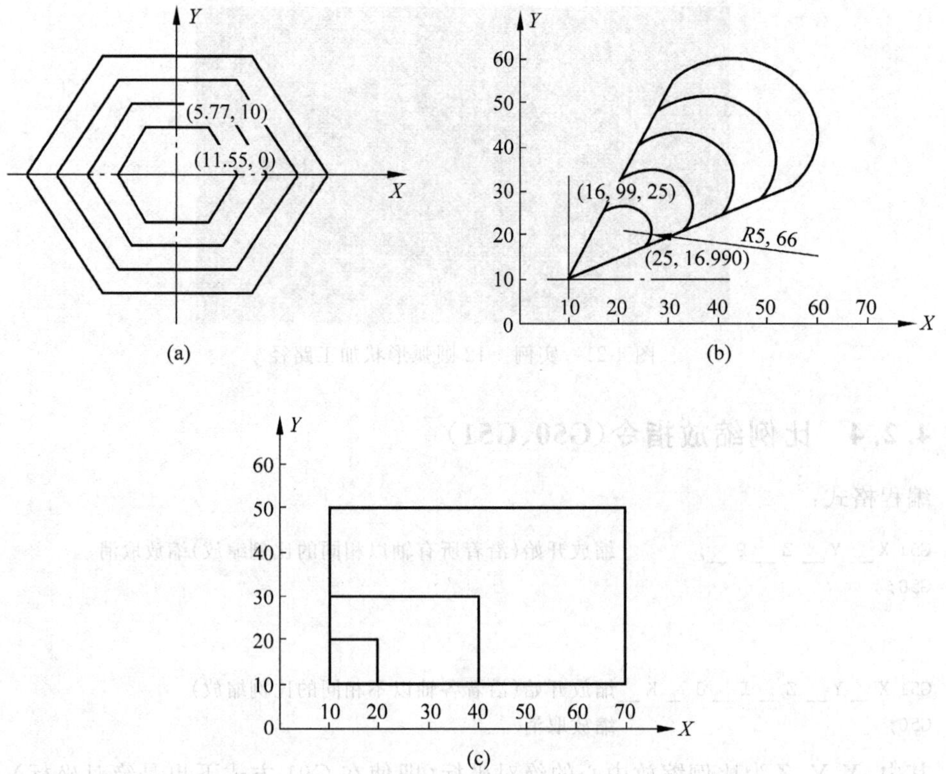

图 4-22 比例缩放实例 4-13

图 4-22(a)的参考程序如下。

```
O4020(主程序)
G54 G40 G90;
S1500 M3;
G0 Z50;
Z10;
M98 P0204;
G51 X0 Y0 Z0 P150000;          (缩放比例为 1.5 倍)
M98 P0204;
G50;                            (缩放取消)
G51 X0 Y0 Z0 P200000;          (缩放比例为 2 倍)
M98 P0204;
G50;                            (缩放取消)
G51 X0 Y0 Z0 P250000;          (缩放比例为 2.5 倍)
M98 P0204;
G50;                            (缩放取消)
G0 Z100;
M5;
M30;
```

```
O0204(子程序)
G0 X11.55 Y0;
G1 Z-0.2 F100;
X5.77 Y10 F200;
X-5.77;
X-11.55 Y0;
X-5.77 Y-10;
X5.77 Y-10;
X11.55 Y0;
G0 Z10;
M99;
```

比例缩放指令应用.mp4(11.5MB)

2. 编程实例 4-14

采用比例缩放指令编写加工如图 4-22(b)所示图形，选择 R1mm 的球刀，铣深 0.2mm。

图 4-22(b)的参考程序如下。

```
O4021(主程序)
G54 G40 G90;
S1500 M3;
G0 Z50;
X10 Y10;
Z10;
M98 P1204;
G51 X10 Y10 Z0 P150000;      (缩放比例为 1.5 倍 )
M98 P1204;
G50;                         (缩放取消)
G51 X10 Y10 Z0 P200000;      (缩放比例为 2 倍)
M98 P1204;
G50;                         (缩放取消)
G51 X10 Y10 Z0 P250000;      (缩放比例为 2.5 倍)
M98 P1204;
G50;                         (缩放取消)
G51 X10 Y10 Z0 P300000;      (缩放比例为 3 倍)
M98 P1204;
G50;                         (缩放取消)
G0 Z100;
M5;
M30;
```

```
O1204(子程序)
G1 Z-0.2 F100;
X25 Y16.99 F200;
G3 X16.99 Y25 R5.66;
G1 X10 Y10;
G0 Z10;
M99;
```

3. 编程实例 4-15

如图 4-23 所示，118mm×78mm×24mm 外形已铣好，采用比例缩放指令编程加工四个高 4mm 的凸起台阶，刀具选择 ϕ16mm 的平面立铣刀，毛坯材料为硬铝。

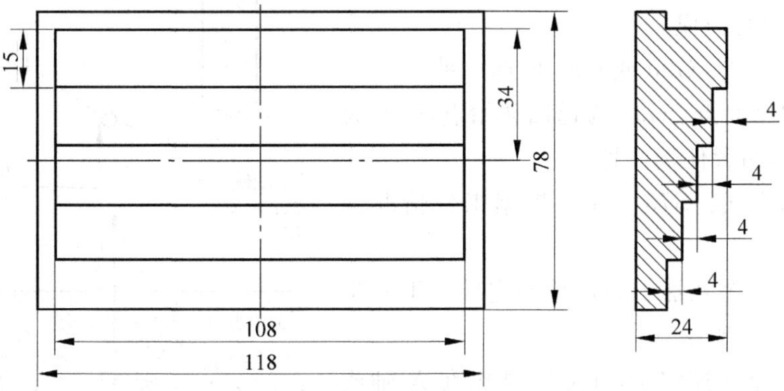

图 4-23 加工实例 4-15

图 4-23 的参考程序如下。

```
O4022(主程序)                                     O2204(子程序)
G54 G90 G40;                                      G91 G1 Z-2 F300;
S1500 M3;                                         G90;
G0 Z50;                                           G41 G0 X54 Y15 D01;
G52 X0 Y34;                                       G1 Y-15 F500;
G0 Z10;
X50 Y30;
G1 Z0 F300;                                       X-54;
G51 X0 Y0 Z0 I100000 J400000 K100000;             Y0;
M98 P82204;                                       X59;
G1 Z0;
G51 X0 Y0 Z0 I100000 J300000 K100000;
M98 P62204;
G1 Z0 F300;                                       G40 G0 X70 Y30;
G51 X0 Y0 Z0 I100000 J200000 K100000;             M99;
M98 P42204;
G1 Z0 F300;
G50;
M98 P22204;
G52 X0 Y0;
G0 Z100;
M5;
M30;
```

4.2.5 孔加工固定循环指令

对于一些典型的加工工序，如钻孔、攻丝、镗孔、深孔钻削等典型的动作已经预先编好并固化存储在存储器中。需要时可用固定循环的 G 代码进行指令。

1. 固定循环的 G 代码的组成及其动作

它是由数据形式、返回点平面和运动方式 3 种 G 代码组合而成。

① 数据形式：G90 或 G91 任选一种。

② 返回平面点：G98 为返回初始点，G99 为返回到 R 点，两者任选一种。

③ 运动方式：G73～G89 根据工作情况选择一种。

一般地，一个孔加工固定循环完成以下六步动作，如图 4-24 所示。

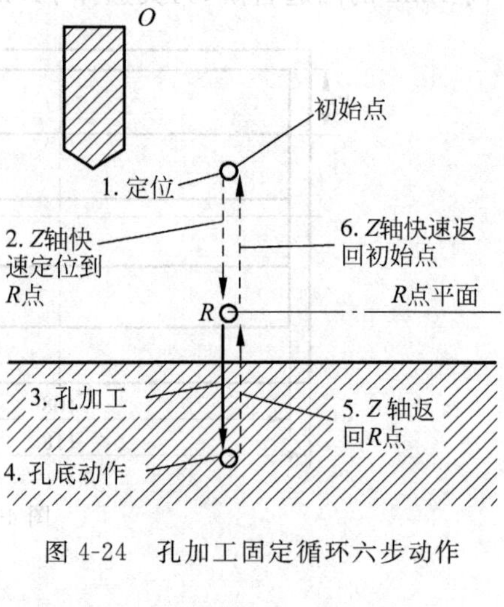

图 4-24　孔加工固定循环六步动作

① X、Y 轴快速定位，如立式铣床在 X 轴或 Y 轴的定位。

② Z 轴快速定位到 R 点，快速移至 R 点/

平面。

③ 孔加工，一直切削加工至孔底，该动作可能是一次加工至孔底，也可能是分段加工至孔底。孔底的 Z 坐标要根据具体情况而定，对于通孔要考虑切出距离。

④ 孔底动作，如主轴暂停和主轴停，刀尖反方向偏移，反方向旋转，主轴定向停止等。

⑤ Z 轴返回 R 点，返回 R 点/平面。

⑥ Z 轴快速返回初始点，快速移动到初始平面，一个动作循环结束。

孔加工固定循环指令如表 4-1 所示。

表 4-1　FANUC 0i-MC 孔加工固定循环指令

G 代码	加工运动（Z 轴负向）	孔底动作	返回运动（Z 轴正向）	应　　用
G73	分次，切削进给	—	快速定位进给	高速深孔钻削
G74	切削进给	暂停—主轴正转	切削进给	左螺纹攻丝
G76	切削进给	主轴定向，让刀	快速定位进给	精镗循环
G80	—	—	—	取消固定循环
G81	切削进给	—	快速定位进给	普通钻削循环
G82	切削进给	暂停	快速定位进给	钻削或粗镗削
G83	分次，切削进给	—	快速定位进给	深孔钻削循环
G84	切削进给	暂停—主轴反转	切削进给	右螺纹攻丝
G85	切削进给	—	切削进给	镗削循环
G86	切削进给	主轴停	快速定位进给	镗削循环
G87	切削进给	主轴正转	快速定位进给	反镗削循环
G88	切削进给	暂停—主轴停	手动	镗削循环
G89	切削进给	暂停	切削进给	镗削循环

2. 固定循环的程序格式

$$\begin{vmatrix} G17 \\ G18 \\ G19 \end{vmatrix} \begin{Bmatrix} G90 \\ G91 \end{Bmatrix} \begin{Bmatrix} G98 \\ G99 \end{Bmatrix} G\_\ X\_\ Y\_\ Z\_\ R\_\ Q\_\ P\_\ F\_\ K\_;$$

其中，G17/G18/G19 钻孔平面选择。

G90/G91：数值 X_ Y_ Z_ R_ Q 的输入方式，G90 为绝对坐标输入，G91 为增量坐标输入。R 和 Z 坐标值如图 4-25 所示，G90 为默认值。当使用 G90 指定固定循环时，R 点和 Z 点的坐标取决于 Z 轴坐标原点的选取，如图 4-25(a)所示，当 Z 点取在零件的上表面，则 R 点的 Z 坐标为正值，孔底 Z 点的坐标为负值。当使用 G91 指令固定循环时，如图 4-25(b)所示，则 R 点和孔底 Z 点的坐标值均为负值。每一次固定循环执行完成后，刀具均回到初始点。

G98/G99：孔加工完成后的返回控制指令，即 Z 轴方向返回时的抬刀高度，如图 4-26 所示。G98 为返回至初始平面高度；G99 为返回至 R 点平面高度；G98 为默认指令。对于同时加工多孔时，中间孔加工的返回高度用 G99 指令退回至 R 点平面，最后一个孔加工完成后则用指令 G98 使刀具退回至初始平面。同理，在 G99 方式中执行孔加工固定循环指令，初始位置平面，R 点平面和孔底 Z 点的坐标值也不会发生变化。

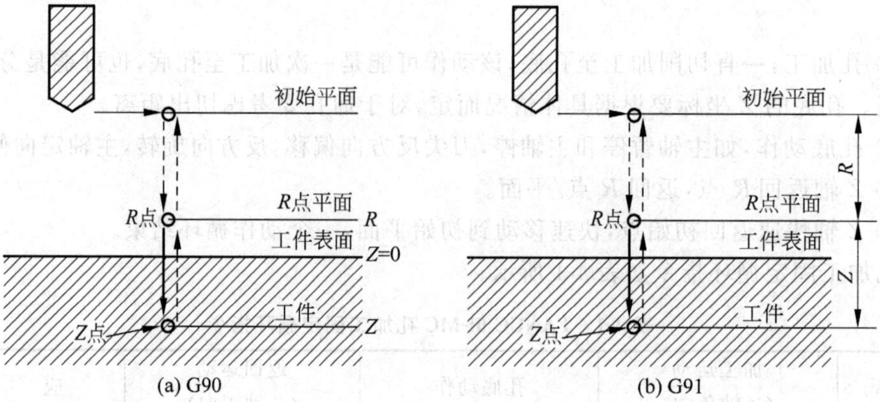

图 4-25　绝对坐标与增量坐标的 Z 值

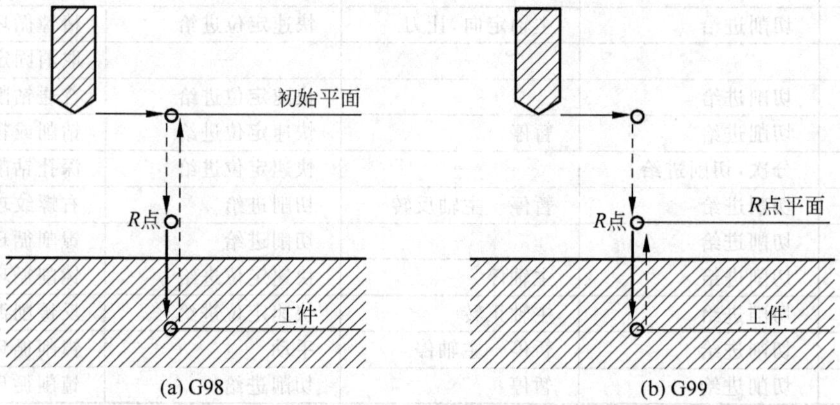

图 4-26　加工完成后自动退刀时的抬刀高度

G：孔加工方式。具体如表 4-1 中除 G80 之外的其他孔加工固定循环 G 指令。G73、G74、G76 和 G81～G89 等固定循环指令是模态指令。

XY：在初始平面上指定加工孔的中心位置坐标，若指令中未指定孔位坐标数值，则系统默认为刀具当前位置。

Z：孔底位置坐标或孔的深度，该数值可以用绝对坐标或增量坐标指定，当用增量坐标指定时，为 *R* 点到孔底的距离。

R：指定 *R* 点/平面高度坐标值。该数值可以用绝对坐标或增量坐标指定，当用增量坐标指定时，为初始平面到 *R* 点的距离。

P：孔底暂停时间，在 G76、G82 和 G89 时有效。其指令格式同指令 G04，单位为 0.001s(1ms)，例如 P1000 表示 1s。

Q：在不同的固定循环有所不同，深孔加工(G73、G83)时为每次钻下的深度，镗孔(G76、G87)加工时为刀具在孔底的横向偏移量，Q 值为无符号增量值，即其始终为正值。

F：钻孔时的进给速度。

K：指令程序段固定循环指令重复执行次数，非模态。

3. 固定循环的取消

固定循环结束时，用G80取消固定循环。

4. 孔固定加工循环指令具体动作

1）定位、钻孔循环(G81)

G81指令用于中心钻的定位点孔和对孔要求不高的钻孔。

编程格式：

```
G81 X__Y__Z__R__K__F__;
```

其中，X、Y为初始平面中孔中心位置坐标；Z为钻孔深度，绝对坐标输入时为孔底位置深度坐标，增量输入时为R点到孔底的距离增量；R为R点位置，绝对坐标输入时为R点深度坐标，增量输入时为初始平面至R点位置的距离；K为重复次数；F为钻孔切削进给速度。

动作：如图4-27所示，执行G81指令时，钻头首先在初始平面内快速定位至指令中的X、Y坐标位置，然后沿Z轴快速移动至R点，在R点开始为指令中指定的钻孔进给速度F，从R点到Z点执行切削进给钻孔，孔底不做停留便快速退回。当返回指令为G99时，快速退回至R点平面，完成一个钻孔循环。当重复次数大于1，循环动作会按要求重复执行。

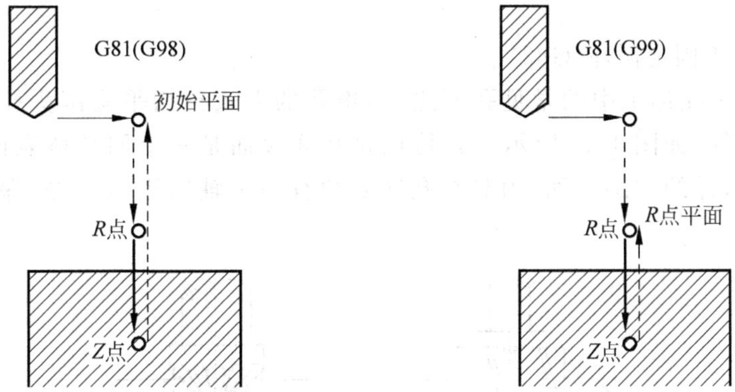

图4-27 定位、钻孔循环G81

编程实例4-16：如图4-28所示，40mm×40mm×30mm外形已加工好，只需加工四个盲孔，刃具为ϕ8mm的高速钢麻花钻1把，毛坯材料为硬铝。

图4-28的参考程序如下。

```
O4023
G54 G90 G40;
S1000 M3;
G0 Z50;
Z10;
G90 G99 G81 X10 Y10 Z-17 R5 F100;  (加工右上角孔)
G98 X-10;                           (加工左上角孔)
G98 Y-10;                           (加工左下角孔)
```

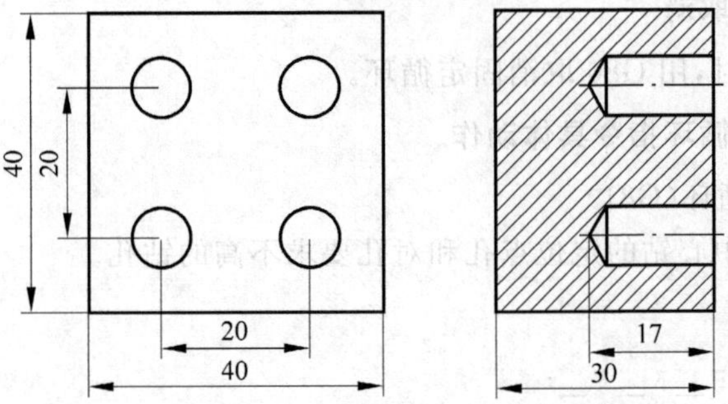

图 4-28 加工实例 4-16

```
G98 X10;           (加工右下角孔)
G80;               (取消孔加工固定循环)
G0 Z100
M5;
M30;
```

定位、钻孔循环(G81)应用.mp4(9.07MB)

2）锪孔加工固定循环(G82)

锪孔加工是孔加工中的常见孔型之一，锪孔的形式包括平底沉头孔，锥面沉孔，孔端平面的加工等，如图 4-29 所示。其特点是孔底表面是一个回转体表面，如平面或锥面，要想达到这样的加工表面，刀具在孔底必须有一个轴向进给暂停，保证刀具旋转一圈以上。

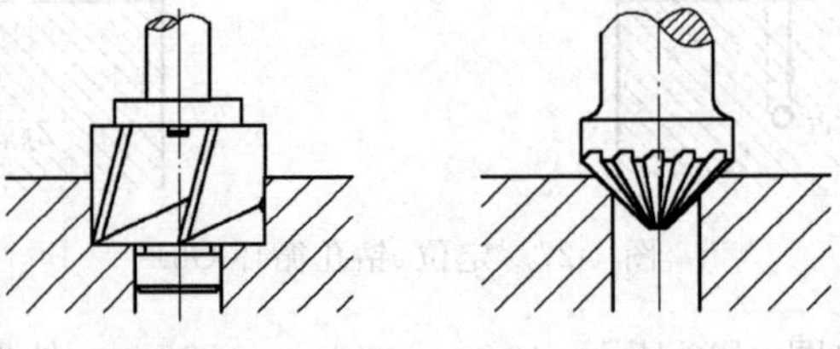

(a) 平面锪孔　(b) 锥面锪孔

图 4-29 锪孔加工

编程格式：

```
G82  X__Y__Z__R__P__K__F__;
```

其中，X、Y 为初始平面中孔中心位置坐标；Z 为钻孔深度，绝对坐标输入时为孔底位置深度坐标，增量输入时为 R 点到孔底的距离增量；R 为 R 点位置，绝对坐标输入时为 R 点深度坐标，增量输入时为初始平面至 R 点位置的距离；P 为孔底暂停时间，格式同指令 G04；K 为重复次数；F 为钻孔切削进给速度。

动作：如图 4-30 所示，执行 G82 指令时，钻头首先在初始平面内快速定位至指令中的 X、Y 坐标位置，然后沿 Z 轴快速移动至 R 点，在 R 点开始为指令中指定的钻孔进给速度 F，从 R 点到 Z 点执行切削进给钻孔，钻削至孔底后，刀具执行暂停动作，暂停时间由指令中的 P 指定，单位为 0.001s，暂停时间到后，钻头快速退回。当返回指令为 G99 时，快速退回至 R 点平面，当返回指令为 G98 时，快速退回初始平面高度，完成一个钻孔循环。当重复次数大于 1，循环动作会按要求重复执行。

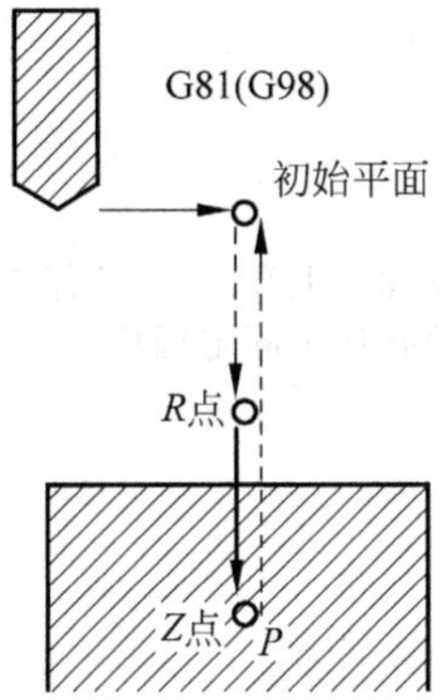

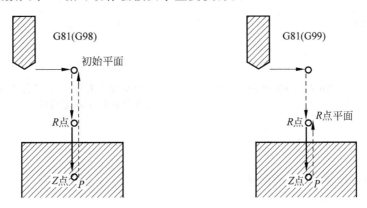

图 4-30 G82 锪钻循环动作

编程实例 4-17：如图 4-31 所示，40mm×40mm×30mm 外形已加工好，只需加工两个台阶孔，刀具为 ϕ8mm 的高速钢麻花钻 1 把，ϕ14mm 平底钻 1 把，锪钻 1 把，毛坯材料为硬铝。

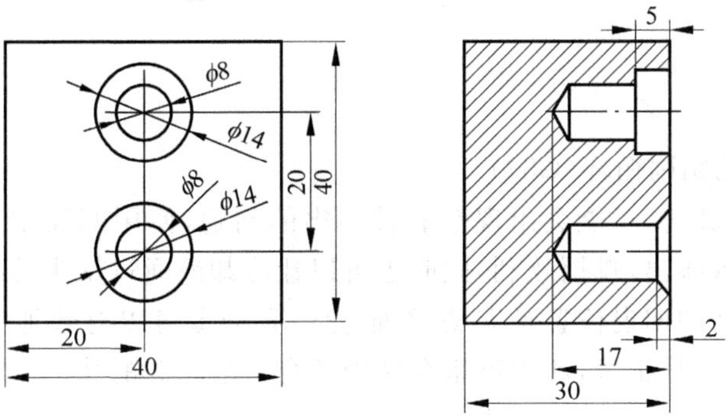

图 4-31 加工实例 4-17

图 4-31 的参考程序如下。

(1) 钻两个直径 ϕ8mm 的孔。

```
O4024
G54 G90 G40;
S1000 M3;
G0 Z50;
Z10;
G90 G99 G81 X0 Y-10 Z-17 R5 F100;                (加工下孔)
```

```
G98 Y10;                                         (加工上孔)
G80;                                             (取消孔加工固定循环)
G0 Z100;
M5;
M30;
```

(2) 锪钻直径 $\phi 12$mm 的台阶孔。

```
O4025
G54 G90 G40;
S1000 M3;
G0 Z50;
Z10;
G90 G98 G82 X0 Y10 Z-5 R5 P1000 F100;            (锪钻加工上孔,孔底暂停 1s)
G80;                                             (取消孔加工固定循环)
G0 Z100;
M5;
M30;
```

(3) 锪钻直径 $\phi 12$mm 的倒角。

```
O4026
G54 G90 G40;
S1000 M3;
G0 Z50;
Z10;
G90 G98 G82 X0 Y-10 Z-2 R5 P1000 F100;           (锪钻加工下孔,孔底暂停 1s)
G80;                                             (取消孔加工固定循环)
G0 Z100;
M5;
M30;
```

3) 排屑式深孔钻削循环(G83)

在钻削较深的孔时,可能会出现钻屑排不出的问题,使用 G83 指令可以解决断屑和排屑,保证钻屑有效排出,排屑顺利,同时也可以让冷却液通过钻头的螺旋槽进入加工区。

也就是说,G83 的回退位置是 R 点平面,这一种回退可以有效地将钻屑带出孔外,并保证冷却液通畅进入加工区,所以该指令特别适合钻削较深的孔。

编程格式:

```
G83  X__ Y__ Z__ R__ P__ Q__ K__ F__ ;
```

其中,X、Y 为初始平面中孔中心位置坐标;Z 为钻孔深度,绝对坐标输入时为孔底位置深度坐标,增量输入时为 R 点到孔底的距离增量;R 为 R 点位置,绝对坐标输入时为 R 点深度坐标,增量输入时为初始平面至 R 点位置的距离;P 为孔底暂停时间,格式同指令 G04;Q 为每次切削进给时的切削深度,一般取 2~3mm,用增量值指定;K 为重复次数;F 为钻孔切削进给速度。

动作:如图 4-32 所示,执行 G83 指令时,钻头首先在初始平面内快速定位至指令中的 X、Y 坐标位置,然后沿 Z 轴快速移动至 R 点,在 R 点开始为指令中指定的钻孔进给速

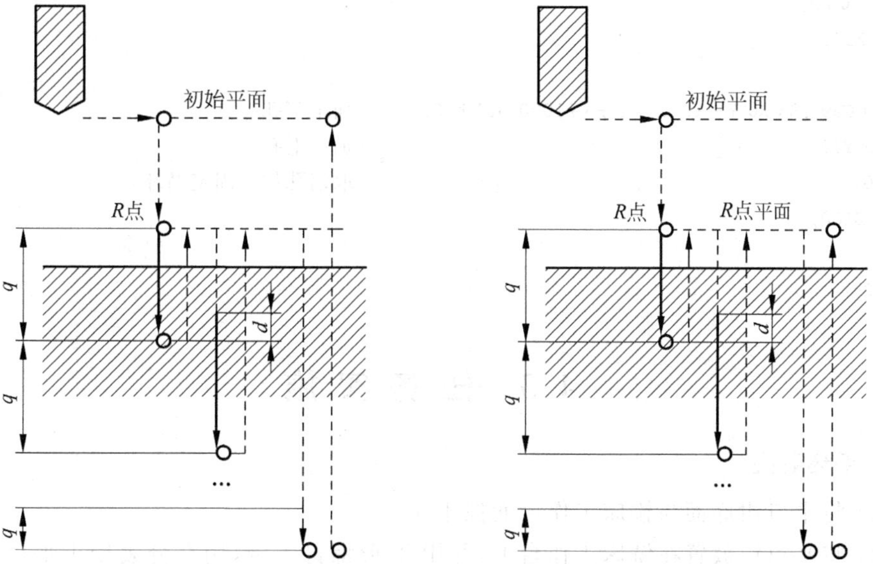

图 4-32 排屑式 G83 钻孔循环动作

度 F，从 R 点开始进行切削进给钻孔，每次切削进给钻孔深度 q 值，便退回至 R 点平面，然后快速进给至离上一次钻孔底部距离为留空量 d 值的位置转为切削进给钻孔，继续钻削深度 q 值后，又快速返回至 R 点平面。快速进给至第二次钻孔的孔底距离为留空量 d 值的位置转为切削进给钻孔，如此循环往复进行间歇钻孔，当最后一次的钻削深度不足 q 值时，只钻削这一段深度 q'，在孔底不做停留便快速返回，返回高度取决于指令中的返回指令 G98/G99。当返回指令为 G99 时，快速退回至 R 点平面，当返回指令为 G98 时，快速退回初始平面高度，完成一个钻孔循环。当重复次数大于 1，循环动作会按要求重复执行。

编程实例 4-18：如图 4-33 所示，40mm×40mm×30mm 外形已加工好，只需钻削两个盲孔，加工两个台阶孔，刃具为 ϕ8mm 的高速钢麻花钻 1 把，毛坯材料为硬铝。

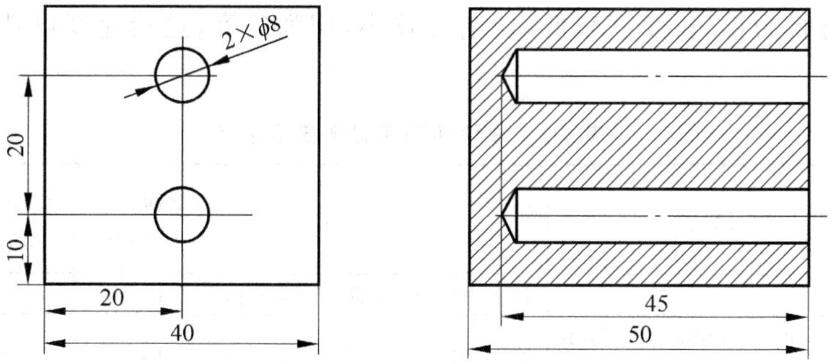

图 4-33 加工实例 4-18

图 4-33 的参考程序如下。

```
O4027
G54 G90 G40;
```

```
S1000 M3;
G0 Z50;
Z10;
G90 G99 G83 X0 Y-10 Z-45 R5 P1000 Q10 F100;     (加工下孔)
G98 Y10;                                        (加工上孔)
G80;                                            (取消孔加工固定循环)
G0 Z100;
M5;
M30;
```

4.3 任务实施

1. 毛坯装夹

(1) 将平口钳底面与铣床工作台面擦干净。

(2) 将平口钳放置在铣床工作台上，并用T形螺钉固定，用百分表校正平口钳，钳口与铣床工作台横向或纵向平行，并用扳手上紧。

(3) 把图4-1所示零件毛坯120mm×80mm×30mm铝块放入钳口比较中间的位置，下面用平行垫块支承，夹位3～5mm。

(4) 为让毛坯贴紧平行垫块，应用木槌或铜棒轻轻敲平毛坯，直到用手不能轻易推动平行垫块，夹紧。

2. 刀具装卸

刀具装卸参考“任务2　数控铣床对刀操作”。

3. 工件原点设定

工件坐标系原点设置在工件 X、Y 中心，Z 设置在上表面 O 点。

4. 切削用量选择

因零件材料为铝块，硬度较低，切削力较小，切削速度、进给速度可选大些，具体如表4-2所示。

表4-2　零件切削用量选择明细表

加工性质	刀　具	主轴转速/(r/min)	进给速度/(mm/min)	切削深度/mm
铣上表面	高速钢平面立铣刀 ϕ16mm	1500	500	0.5
粗铣上表面118mm×78mm×24.5mm侧面轮廓	高速钢平面立铣刀 ϕ16mm	1500	500	2.45
精铣上表面118mm×78mm×24.5mm侧面轮廓至尺寸	高速钢平面立铣刀 ϕ16mm	2000	300	24.5
粗铣上表面直径 ϕ60mm 圆弧轮廓	高速钢平面立铣刀 ϕ16mm	1500	500	2
精铣上表面直径 ϕ60mm 圆弧轮廓	高速钢平面立铣刀 ϕ16mm	2000	300	12

续表

加工性质	刀　具	主轴转速 /(r/min)	进给速度 /(mm/min)	切削深度 /mm
粗铣上表面四个凸键轮廓	高速钢平面立铣刀 ϕ10mm	1500	500	2
精铣上表面四个凸键轮廓	高速钢平面立铣刀 ϕ10mm	2000	300	8
粗铣上表面四条宽槽轮廓	高速钢平面立铣刀 ϕ10mm	1500	500	2
精铣上表面四条宽槽轮廓	高速钢平面立铣刀 ϕ10mm	2000	300	4
粗铣上表面直径 ϕ15mm 圆台轮廓	高速钢平面立铣刀 ϕ8mm	1500	500	2
精铣上表面直径 ϕ15mm 圆台轮廓	高速钢平面立铣刀 ϕ8mm	2000	300	4
铣下表面总高 24mm	高速钢平面立铣刀 ϕ16mm	1500	500	2

5. 工、夹、刀、量具准备

工、夹、刀、量具清单如表 4-3 所示。

表 4-3　工、夹、刀、量具清单

类　型	型　号	规　格	数　量
机床	数控铣床	FANUC 0i-MD	10 台
刀具	高速钢平面立铣刀	ϕ16mm	每台 1 把
	高速钢平面立铣刀	ϕ10mm	每台 1 把
	高速钢平面立铣刀	ϕ8mm	每台 1 把
量具	钢直尺	0～300mm	每台 1 把
	两用游标卡尺	0～150mm	每台 1 把
	磁力表座及表	0～5mm	每台 1 套
加工材料	铝块	120mm×80mm×30mm	每台 1 块
工具、夹具	扳手、木槌	—	每台 1 把
	平行垫块、薄铜皮等	—	每台若干

6. 对刀操作

对刀操作参考“任务 2　数控铣床对刀操作”。

7. 程序输入操作

程序输入操作参考“任务 2　数控铣床对刀操作”。

图 4-1 的参考程序如下。

1）工序一

工步 1：铣上表面平面（ϕ16mm 的平面立铣刀，Z 方向吃刀深度 0.5mm，加工路径如图 4-34 所示）。

```
O4028(主程序)
G54 G40 G90;
S1500 M3;
G0 Z50;
X85 Y40;
Z10;
```

```
O8204(子程序)
G91 G1 X-170 F500;
Y-12;
X170;
Y-12;
M99;
```

```
G1 Z-0.5 F300;
M98 P48204;
G90;
G0 Z100;
M5;
M30;
```

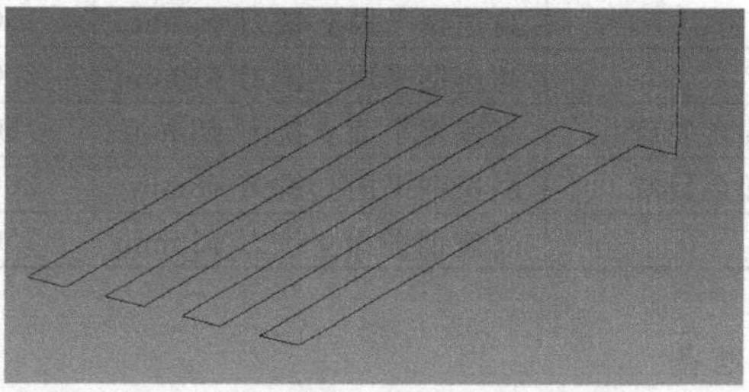

图 4-34 铣上表面平面加工路径

工步 2：粗铣上表面 118mm×78mm×24.5mm 侧面轮廓（ϕ16mm 的平面立铣刀，Z 方向吃刀总深度24.5mm，加工路径如图 4-35 所示）。

```
O4029(主程序)
G54 G40 G90;
S1500 M3;
G0 Z50;
X100 Y80;
Z10;
G1 Z0 F500;
M98 P109204;
G90;
G0 Z100;
M5;
M30;
```

```
O9204(子程序)
G91 G1 Z-2.45 F500;
G90;
G42 G0 X59 Y50 D01;
G1 X59 Y-39 F500,R5;
G1 X-59 Y-39,R5;
G1 X-59 Y39,R5;
G1 X59 Y39,R5;
G3 X75 Y34 R8;
G40 G0 X100 Y80;
M99;
```

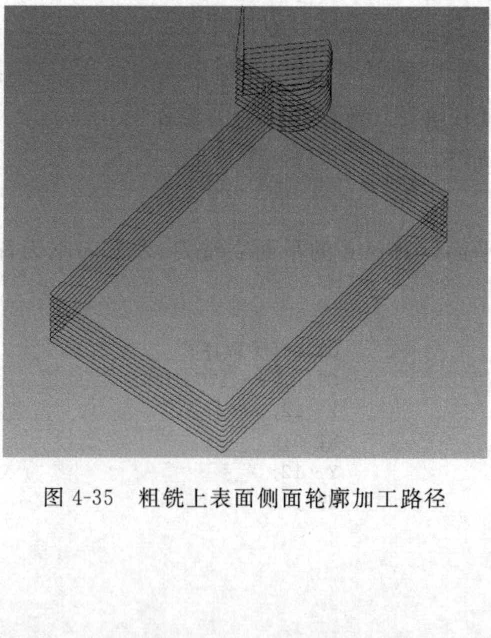

图 4-35 粗铣上表面侧面轮廓加工路径

工步 3：精铣上表面 118mm×78mm×24.5mm 侧面轮廓（ϕ16mm 的平面立铣刀，Z 方向吃刀总深度 24.5mm，加工路径如图 4-36 所示）。

```
O4030(主程序)
G54 G40 G90;
S2000 M3;
G0 Z50;
X100 Y80;
Z10;
G1 Z0 F500;
M98 P0304;
G90;
G0 Z100;
M5;
M30;
```

```
O0304(子程序)
G1 Z-24.5 F500;
G42 G0 X59 Y50 D01;
G1 X59 Y-39 F500,R5;
G1 X-59 Y-39,R5;
G1 X-59 Y39,R5;
G1 X59 Y39,R5;
G3 X75 Y34 R8;
G40 G1 X100 Y80;
M99;
```

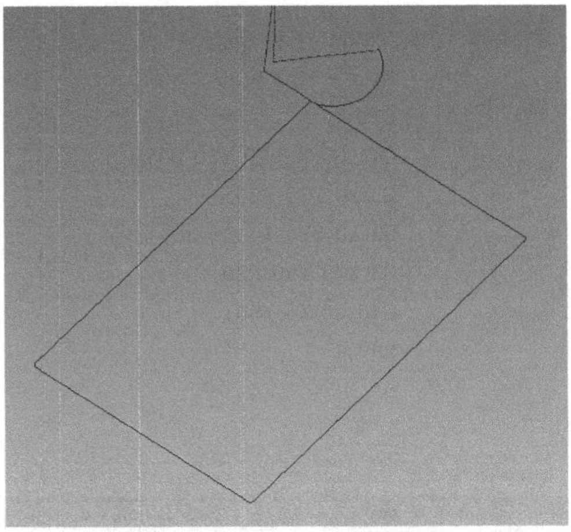

图 4-36 精铣上表面侧面轮廓加工路径

工步 4：粗铣直径为 ϕ60mm 的圆台（ϕ16mm 的平面立铣刀，Z 方向吃刀总深度 12mm，进、退刀采用圆弧切入、切出，加工路径如图 4-37 所示）。

```
O4031(主程序)
G54 G40 G90;
S1500 M3;
G0 Z50;
X0 Y80;
Z10;
G1 Z0 F500;
M98 P61304;
G0 Z100;
M5;
M30;
```

```
O1304(子程序)
G91 G1 Z-2 F300;
G90 G41 G0 X-20 Y50 D01;
G90;
G3 X0 Y30 R20;
G2 X0 Y30 I0 J-30;
G3 X20 Y50 R20;
G40 G0 X0 Y80;
M99;
```

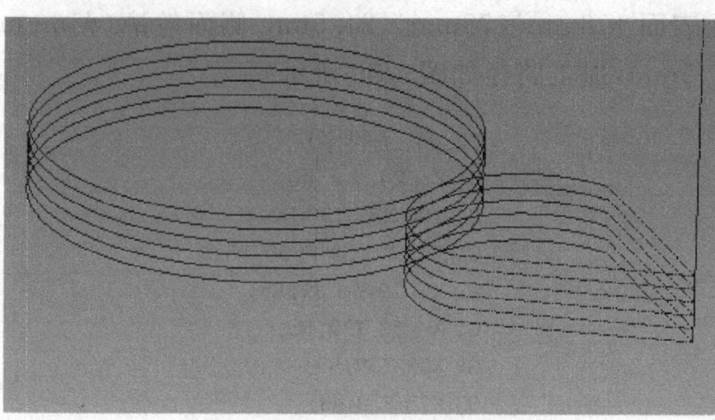

图 4-37 粗铣圆台加工路径

工步 5：精铣直径为 ϕ60mm 的圆台（ϕ16mm 的平面立铣刀，Z 方向吃刀总深度 12mm，进、退刀采用圆弧切入、切出，加工路径如图 4-38 所示）。

```
O4032(主程序)
G54 G40 G90;
S2000 M3;
G0 Z50;
X0 Y80;
Z10;
G1 Z0 F500;
M98 P2304;
G0 Z100;
M5;
M30;
```

```
O2304(子程序)
G1 Z-12 F300;
G90;
G41 G0 X-20 Y50 D01;
G3 X0 Y30 R20;
G2 X0 Y30 I0 J-30;
G3 X20 Y50 R20;
G40 G0 X0 Y80;
M99;
```

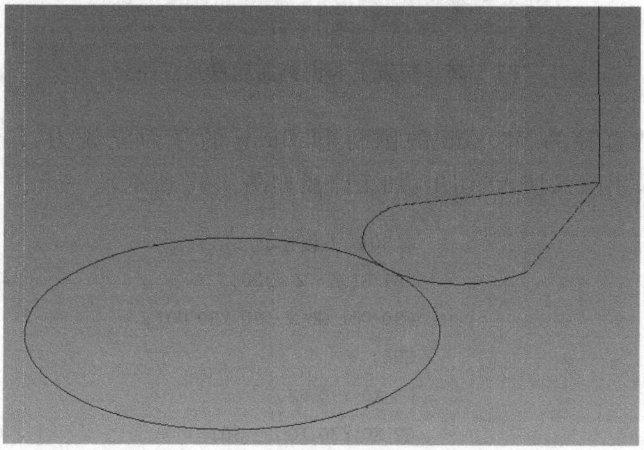

图 4-38 精铣圆台加工路径

工步 6：粗铣四个凸键（ϕ10mm 的平面立铣刀，Z 方向吃刀总深度 8mm，进、退刀采用圆弧切入、切出，如图 4-39 所示，加工路径如图 4-40 所示）。

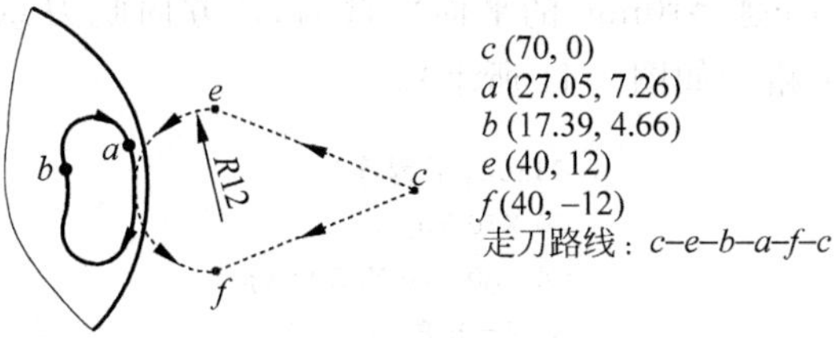

图 4-39　切入、切出示意

```
O4032(主程序)
G54 G40 G90;
S1500 M3;
G0 Z50;
X70 Y0;
Z10;
G1 Z0 F300;
M98 P42304;        (4 次铣深)
G1 Z5;
G68 X0 Y0 R90;     (旋转 90°)
G1 Z0;
M98 P42304;
G69;
G0 Z5;
G68 X0 Y0 R180;    (旋转 180°)
G1 Z0;
M98 P42304;
G69;
G0 Z5;
G68 X0 Y0 R270;    (旋转 270°)
G1 Z0;
M98 P42304;
G69;
G0 Z100;
M5;
M30;
```

```
O2304(子程序)
G0 X70 Y0;
G41 G0 X40 Y12 D01;
G91 G1 Z-2 F300;
G90 G3 X28 Y0 R12 F500;    (圆半径 28 + 切入半径 12)
G2 X27.05 Y-7.26 R28;
G2 X17.39 Y-4.66 R5;
G3 X17.39 Y4.66 R18;
G2 X27.05 Y7.26 R5;
G2 X28 Y0 R28;
G3 X40 Y-12 R12;
G40 G0 X70 Y0;
M99;
```

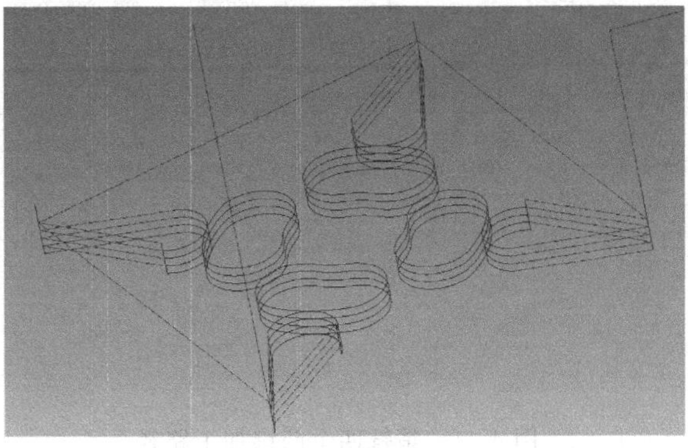

图 4-40　粗铣四个凸键加工路径

工步 7：精铣四个凸键（ϕ10mm 的平面立铣刀，Z 方向吃刀总深度 8mm，进、退刀采用圆弧切入、切出，加工路径如图 4-41 所示）。

```
O4033(主程序)
G54 G40 G90;
S2000 M3;
G0 Z50;
X70 Y0 ;
Z10;
G1 Z0 F300;
M98 P3304;
G1 Z5;
G68 X0 Y0 R90;     (旋转 90°)
G1 Z0;
M98 P3304;
G69;
G0 Z5;
G68 X0 Y0 R180;    (旋转 180°)
G1 Z0;
M98 P3304;
G69;
G0 Z5;
G68 X0 Y0 R270;    (旋转 270°)
G1 Z0;
M98 P3304;
G69;
G0 Z100;
M5;
M30;
```

```
O3304(子程序)
G0 X70 Y0;
G41 G0 X40 Y12 D01;
G1 Z-8 F300;
G3 X28 Y0 R12 F500;    (圆半径 28 + 圆弧切入半径 12)
G2 X27.05 Y-7.26 R28;
G2 X17.39 Y-4.66 R5;
G3 X17.39 Y4.66 R18;
G2 X27.05 Y7.26 R5;
G2 X28 Y0 R28;
G3 X40 Y-12 R12;
G40 G0 X70 Y0;
M99;
```

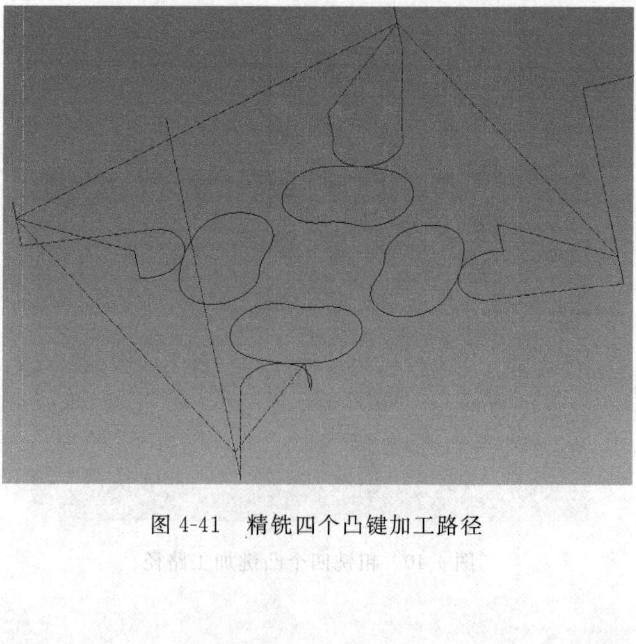

图 4-41　精铣四个凸键加工路径

工步 8：粗铣槽宽 12mm 的四条槽，为保证轮廓完整，进刀采用直线切入与切出（ϕ10mm 的平面立铣刀，Z 方向吃刀总深度 4mm），进刀示意如图 4-42 所示，加工路径如图 4-43 所示。

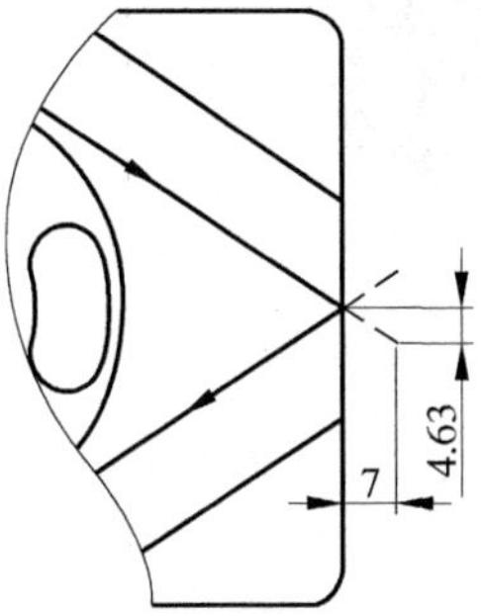

图 4-42　进刀示意与刀具路径

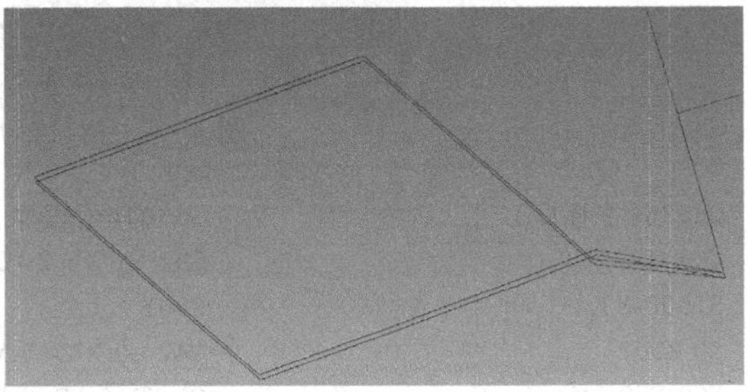

图 4-43　粗铣槽加工路径

```
O4034(主程序)
G54 G40 G90;
S1500 M3;
G0 Z50;
X100 Y0;
Z10;
G1 Z-12 F500;
M98 P24304;
G90;
G0 Z100;
M5;
M30;
```

```
O4304(子程序)
G91 G1 Z-2 F500;
G90;
G41 G0 X66 Y4.63 D01;
G1 X0 Y-39;
X-59 Y0;
X0 Y39;
X66 Y-4.63;
G40 G0 X100 Y0;
M99;
```

工步 9：精铣槽宽 12mm 的四条槽（ϕ10mm 的平面立铣刀，Z 方向吃刀总深度 4mm，加工路径如图 4-44 所示）。

```
O4035(主程序)
G54 G40 G90;
S1500 M3;
G0 Z50;
X100 Y0;
Z10;
G1 Z-12 F500;
M98 P5304;
G90;
G0 Z100;
M5;
M30;
```

```
O5304(子程序)
G1 Z-16 F500;
G90;
G41 G0 X66 Y4.63 D01;
G1 X0 Y-39;
X-59 Y0;
X0 Y39;
X66 Y-4.63;
G40 G0 X100 Y0;
M99;
```

工步 10：粗铣上表面直径 ϕ15mm 圆台轮廓（ϕ6mm 的平面立铣刀，Z 方向吃刀总深度 4mm，进、退刀采用直线、圆弧切入、切出），进刀示意如图 4-45 所示，加工路径如图 4-46 所示。

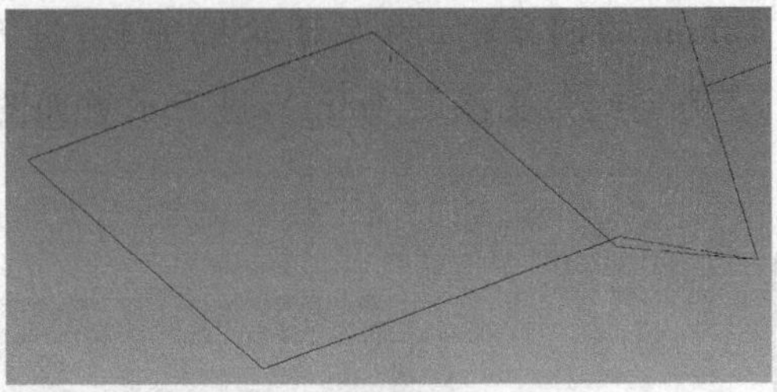

图 4-44　精铣槽加工路径

```
O4036(主程序)
G54 G40 G90;
S1500 M3;
G0 Z50;
X60 Y50;
Z10;
G1 Z－4 F300;
M98 P26304;   (二次铣深)
G0 Z100;
M5;
M30;
```

```
O6304(子程序)
G91 G1 Z－2 F300;
G90;
G42 G0 X25.5 Y25.5 D01;
G1 X7.5 Y7.5 F500;
X0;
G3 X0 Y7.5 I0 J－7.5;
G1 X－7.5;
X－25.5 Y25.5;
G40 G0 X60 Y50;
M99;
```

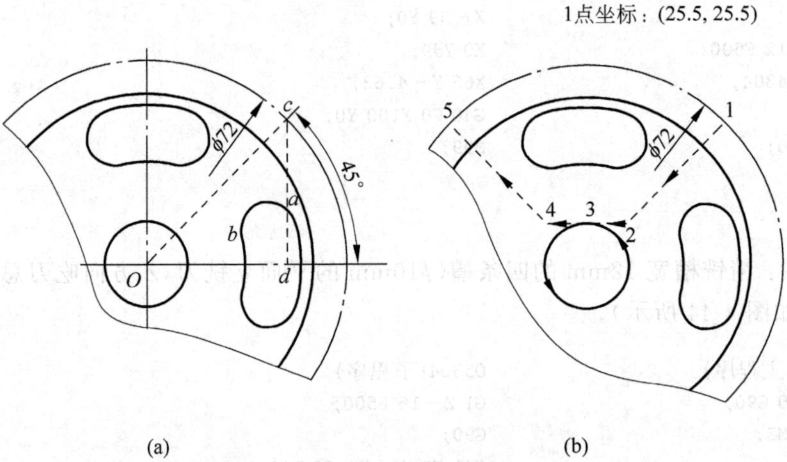

图 4-45　进刀示意与刀具路径

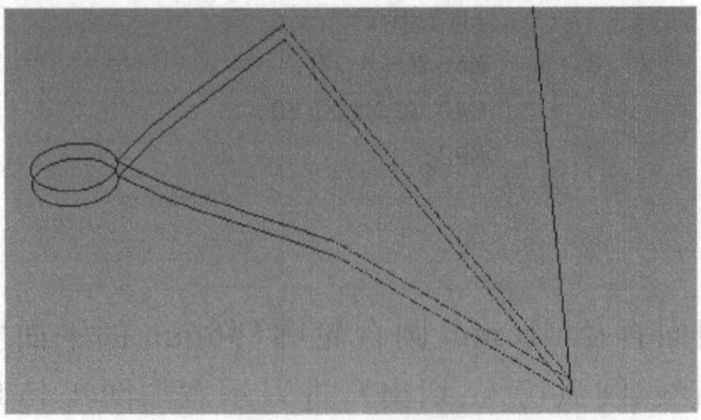

图 4-46　粗铣上表面圆台轮廓加工路径

工步 11：精铣上表面直径 ϕ15mm 的圆台轮廓。

```
O4037(主程序)
G54 G40 G90;
S1500 M3;
G0 Z50;
X60 Y50;
Z10;
G1 Z-4 F300;
M98 P7304;
G0 Z100;
M5;
M30;
```

```
O7304(子程序)
G1 Z-8 F300;
G42 G0 X25.5 Y25.5 D01;
G90;
G1 X7.5 Y7.5;
X0;
G3 X0 Y7.5 I0 J-7.5;
G1 X-7.5;
X-25.5 Y25.5;
G40 G0 X60 Y50;
M99;
```

工步 12：去毛刺。

2）工序二

工步 1：铣下表面端面(ϕ16mm 的平面立铣刀，Z 方向经过多次加工至总高 24mm)。

```
O4038(主程序)
G54 G40 G90;
S1500 M3;
G0 Z50;
X85 Y40;
Z10;
G1 Z-2 F500;
M98 P48304;
G90;
G0 Z100;
M5;
M30;
```

```
O8304(子程序)
G91 G1 X-170 F500;
Y-12;
X170;
Y-12;
M99;
```

工步 2：去毛刺。

8. 自动运行操作

自动运行操作参考"任务 2　数控铣床对刀操作"。

9. 操作注意事项

（1）要做到安全操作、文明生产，在操作中发现有错，应立即停铣。

（2）加工时，要随时查看程序中实际的剩余距离和剩余坐标值是否相符。

（3）为保证测量的准确性，最好是游标卡尺与千分尺配合使用。

（4）钻孔前可用中心钻钻削中心孔，保证钻孔的直线度。

（5）在对刀的过程中，可通过改变微调进给试切提交对刀数据。

（6）在手动(JOG)或手轮模式中，移动方向不能错，否则会损坏刀具和机床。

（7）加工前要注意刀具半径补偿的设定是否正确。

（8）加工矩形槽时或圆柱孔时，可以用平面立铣刀采用螺旋下刀铣削，也可以采用键槽铣刀垂直下刀铣削。

5 任务

中级工零件训练一

5.1 任务描述

如图 5-1 数控铣工中级考证零件工程图所示，采用 MasterCAM X6 编程软件编写程序并加工。该零件材料为硬铝，毛坯尺寸为 120mm×80mm×30mm。

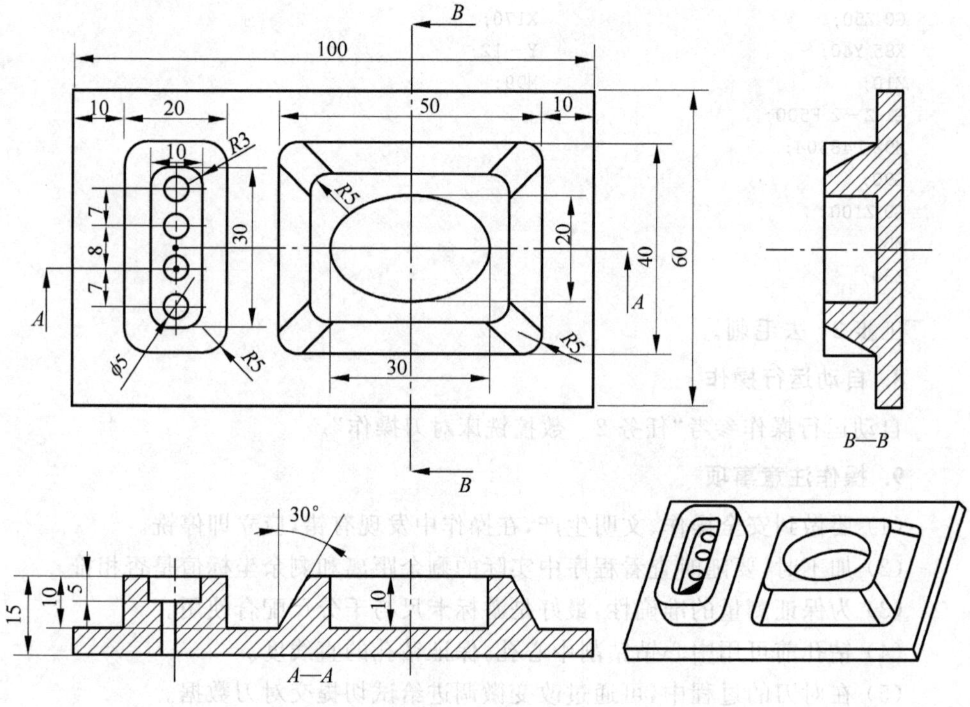

图 5-1　中级工零件图

5.2　知识学习

5.2.1　加工分析

分析图 5-1 可知，该零件编程加工需要分两道工序进行。工序一是铣上表面，由 12 个工步组成；工序二是铣下表面，由两个工步组成。由于加工选择的刀具路径为二维刀具路径，只需绘制二维线框即可加工。为了提高加工效率和加工精度，还需画一些辅助线，如图 5-2(b)补画一个 80mm×40mm 且四个角均倒 *R*5 的圆角的矩形；图 5-2(c)补画两个凸台间的开粗线框；图 5-2(d)补画斜面的上表面边界外形。零件加工的外形及效果如表 5-1 所示。具体加工将分工序、分工步、分步骤介绍。

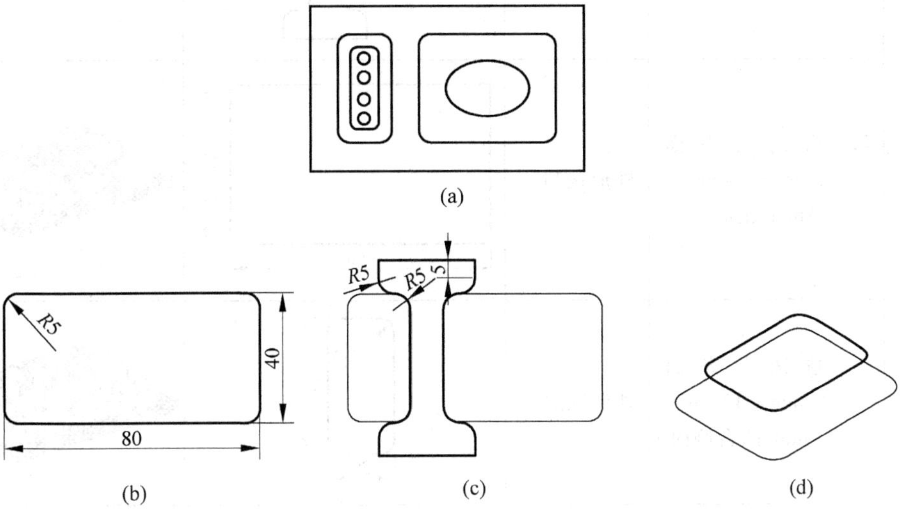

图 5-2　二维线框

表 5-1　零件加工的外形及效果

工序号	工　　步	加工方法	选 择 外 形	加 工 效 果
一	1. 铣上表面	平面铣	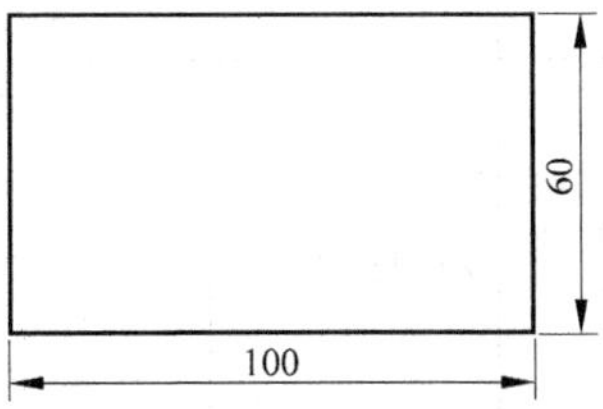	
	2. 粗铣上表面 100mm×60mm×22mm 侧面	外形铣削	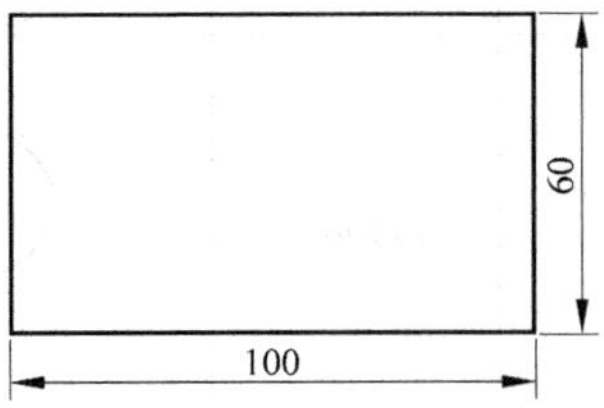	

续表

工序号	工　步	加工方法	选择外形	加工效果
	3. 粗铣 80mm × 40mm 侧面	外形铣削	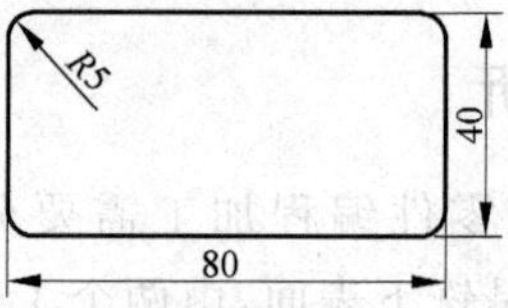	
	4. 粗铣两台阶之间残留量	外形铣削	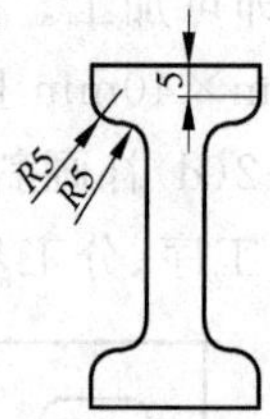	
	5. 精铣上表面 100mm×60mm×22mm 侧面	外形铣削	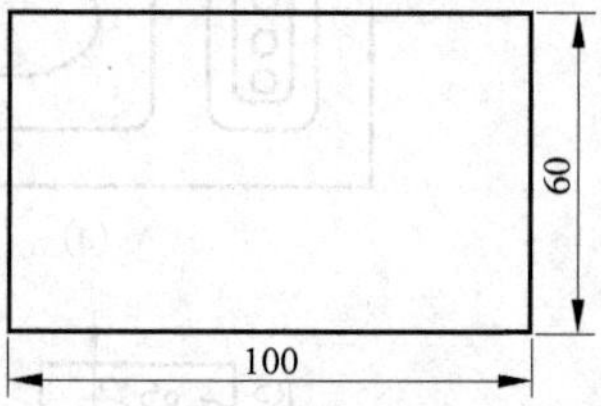	
一	6. 精铣上表面 20mm×40mm×10mm 凸台侧面	外形铣削	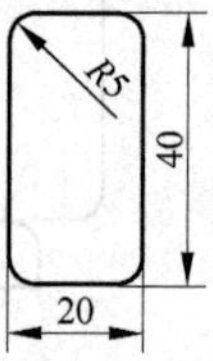	
	7. 精铣上表面 50mm×40mm×10mm 的 30°锥面凸台侧面	外形铣削	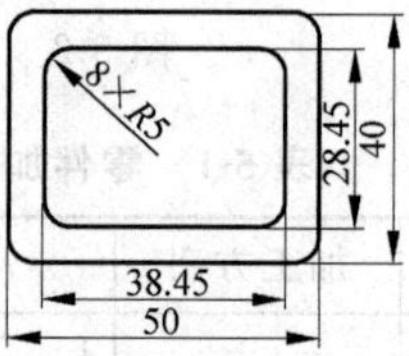	
	8. 粗铣 10mm × 30mm 矩形槽	2D 挖槽	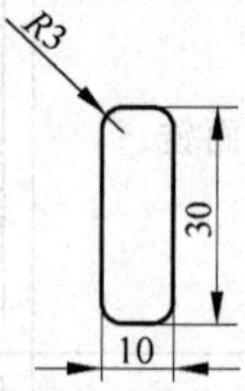	
	9. 粗铣椭圆槽	2D 挖槽	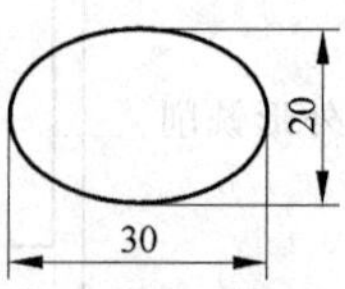	

续表

工序号	工　　步	加工方法	选 择 外 形	加 工 效 果
一	10. 精铣上表面10mm×30mm矩形槽	2D 挖槽	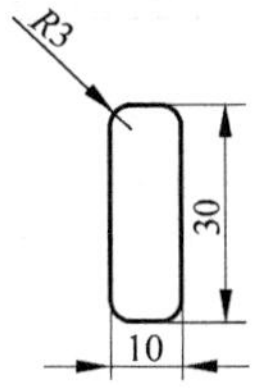	
	11. 精铣上表面椭圆槽	2D 挖槽	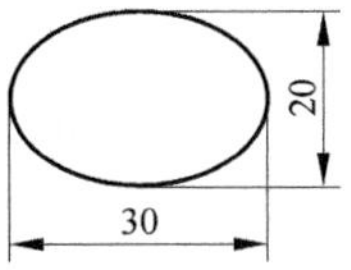	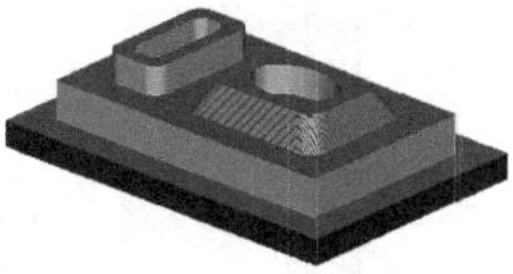
	12. 钻四个 ϕ5mm 的孔	钻孔	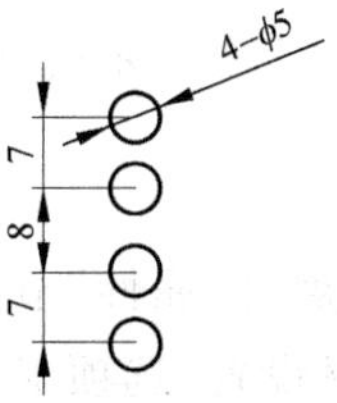	
二	1. 铣下表面	平面铣	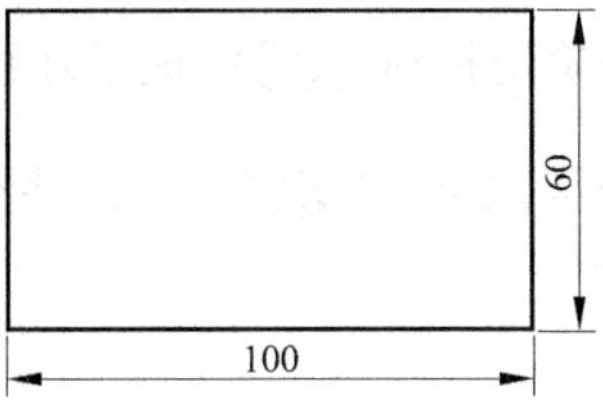	
	2. 去毛刺	手工去毛刺		

5.2.2　加工工序

1. 工序一

工步 1：铣上表面。

步骤 1：绘图。

根据图 5-1 所示的尺寸，在图层 1 俯视图上绘制出如图 5-3 所示的零件矩形线框（100mm×60mm）加工零件上表面，图形的中心落在坐标原点。

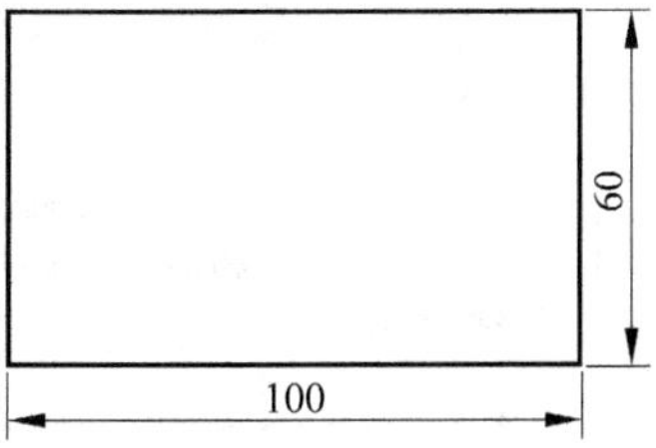

图 5-3　矩形线框

步骤 2：选择铣削加工模块。

打开 MasterCAM X6 软件，选择主菜单中的“机床类型”→“铣床”→“默认”命令，系统进入铣削加工模块，并自动初始化加工环境，如图 5-4 所示。

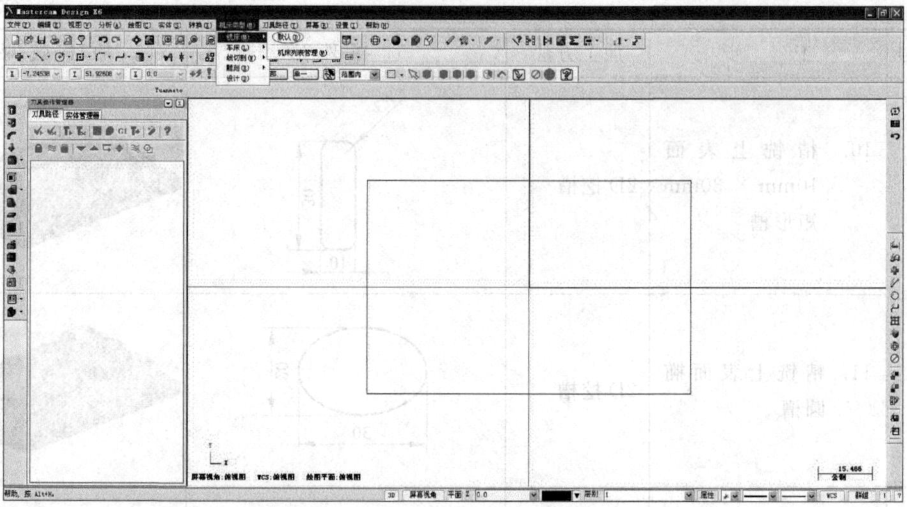

图 5-4 选择“铣床”

步骤 3：设置毛坯。

在“刀具路径”选项卡中展开“属性”节点，单击“素材设置”子节点，弹出“机器群组属性”对话框，然后切换到“素材设置”选项卡。选择工件的形状为“立方体”，在工件尺寸的 X 方向输入 120.0，Y 方向输入 80.0，Z 方向输入 30.0，选中“显示”复选框，其余接受默认值，如图 5-5 所示，单击确定按钮 ✓ 完成毛坯设置。

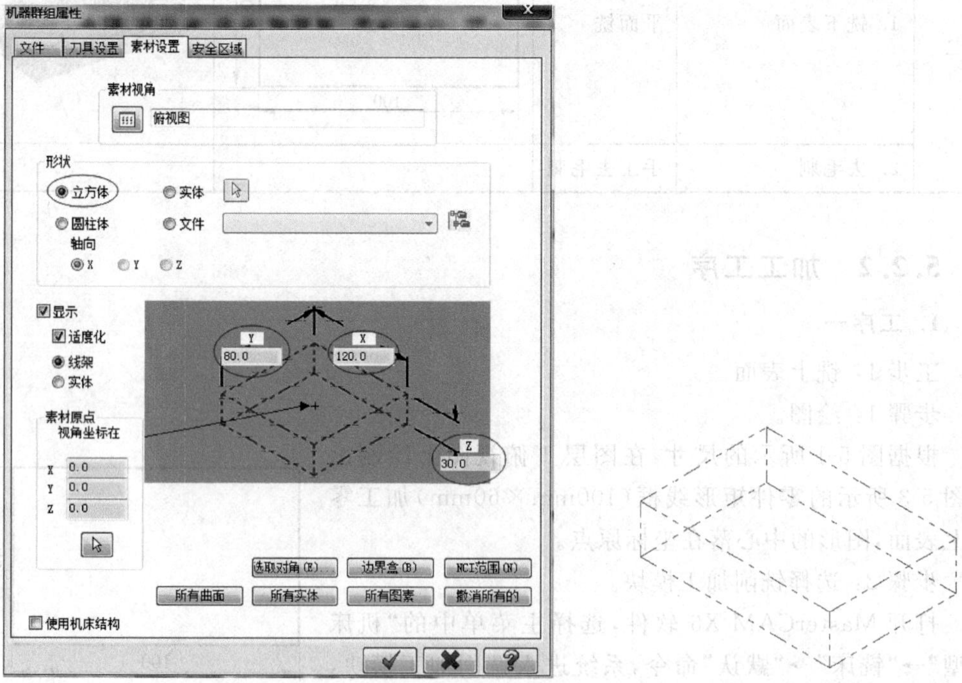

(a) 工件设置　　(b) 设置好的毛坯形状

图 5-5 设置毛坯

步骤 4：选择“平面铣”加工方式。

选择主菜单中的“刀具路径”→“平面铣(A)”命令，系统弹出“输入新的 NC 名称”对话框，输入 T5-1 为刀具路径的新名称(也可以采用默认名称)，单击确定按钮 ✓，如图 5-6 和图 5-7 所示。

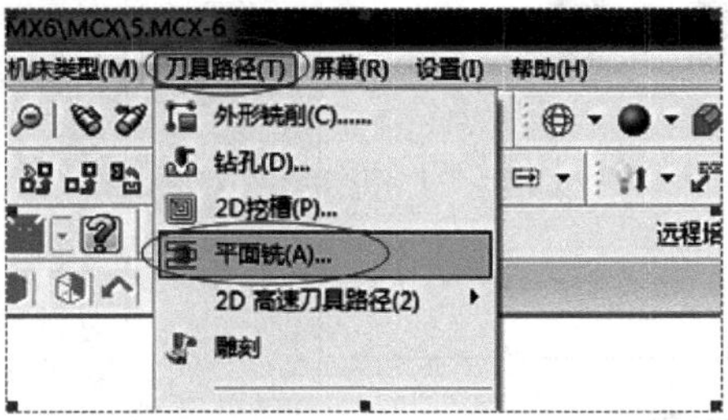

图 5-6 选择刀具路径

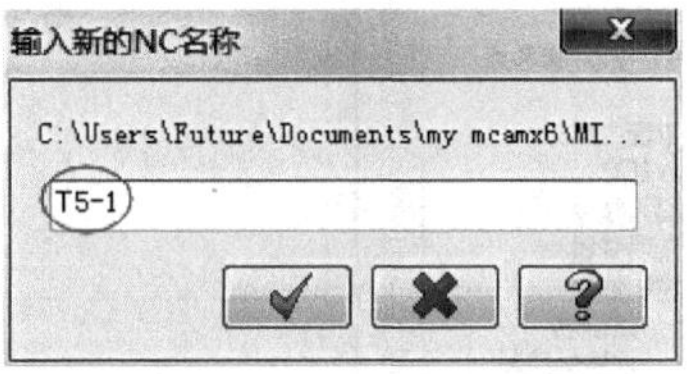

图 5-7 输入新的 NC 名称

NC 文件的名称取好之后，系统会弹出“串连选项”对话框，如图 5-8 所示，用串连的方式选取绘制的矩形，然后单击确定按钮 ✓，弹出如图 5-9 所示“2D 刀具路径-平面铣削”对话框。

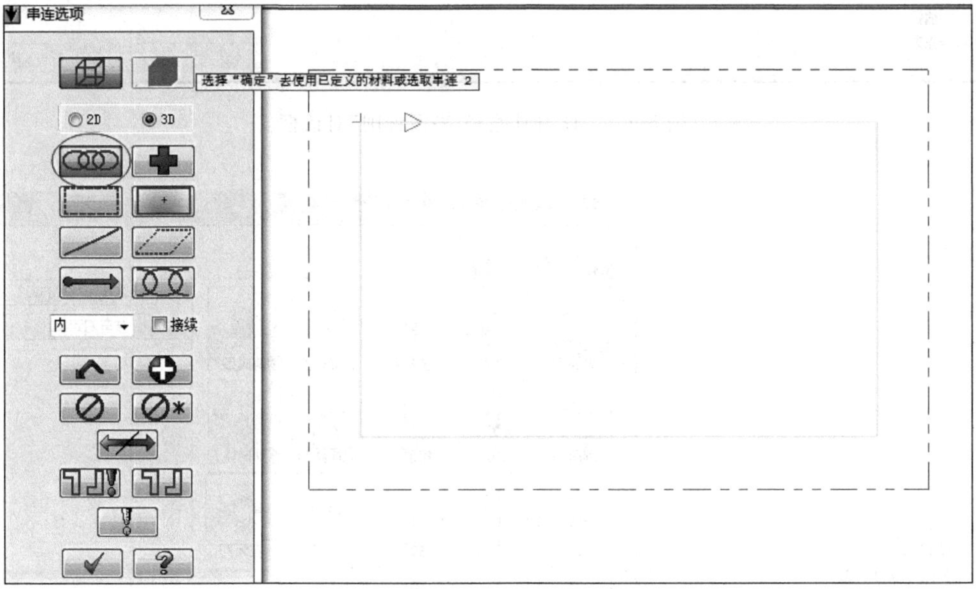

图 5-8 “串连”方式

步骤 5：设置刀具加工参数。

选中“刀具”节点，在对话框中间空白处右击，选择“创建新刀具”选项，如图 5-10～图 5-12 所示，在“类型”页面选择一把直径 ϕ16mm 的“平底刀”，将“刀长”设置为 28.0，将“刀刃”设置为 23.0。刀具用量参数选择如图 5-13 所示，单击确定按钮 ✓。选定刀具，结果如图 5-14 所示，将刀具号码、刀长补正、半径补正均设为 1，这样可以保证后处理出来程序的刀具号码为 1 号刀。

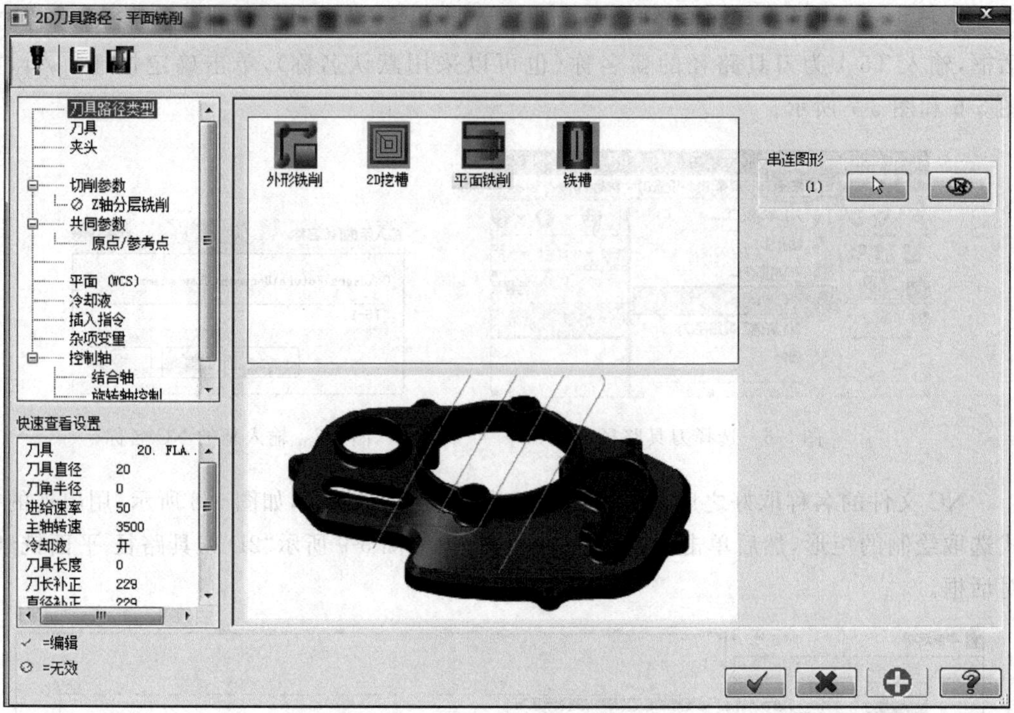

图 5-9 “2D 刀具路径-平面铣削”对话框

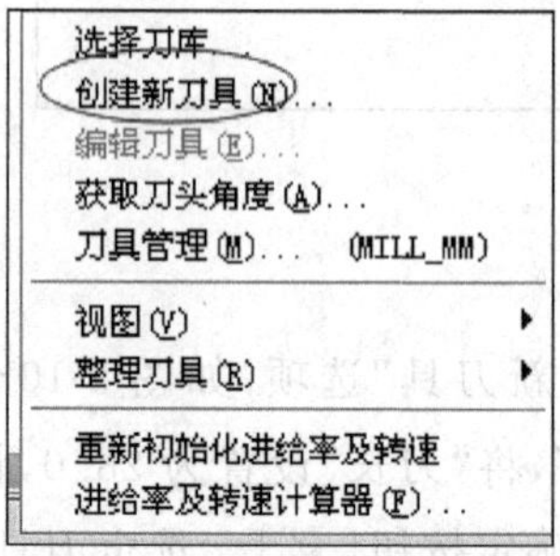

图 5-10 “创建新刀具”菜单

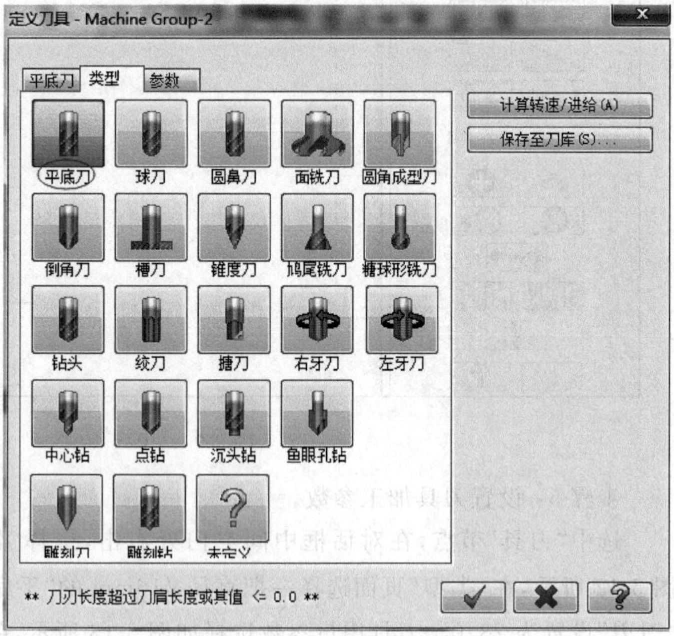

图 5-11 选择刀具“类型”

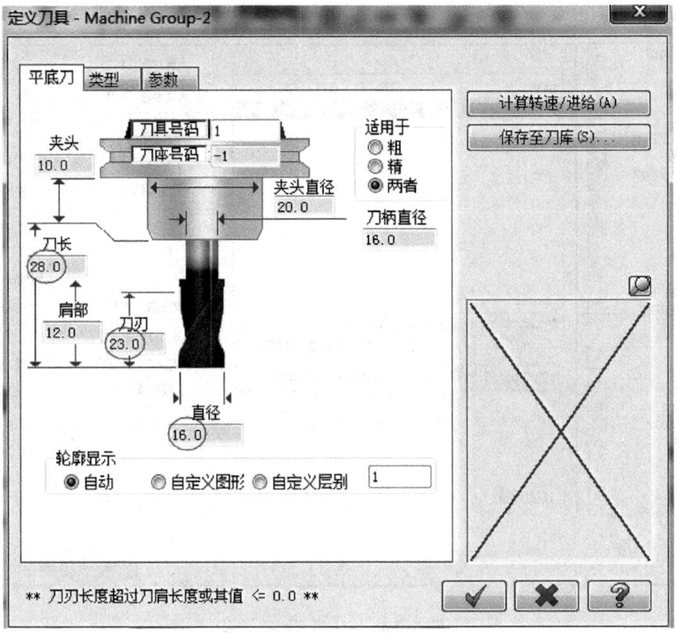

图 5-12 选择“平底刀”选项卡

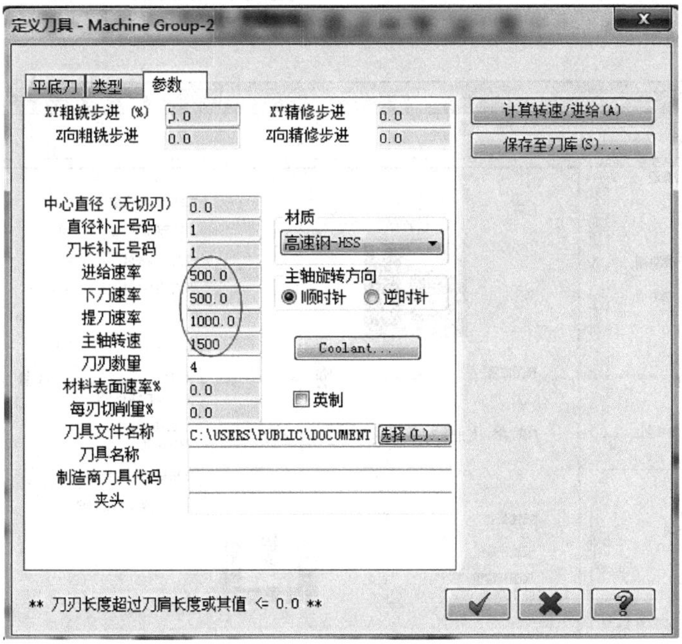

图 5-13 选择刀具用量“参数”

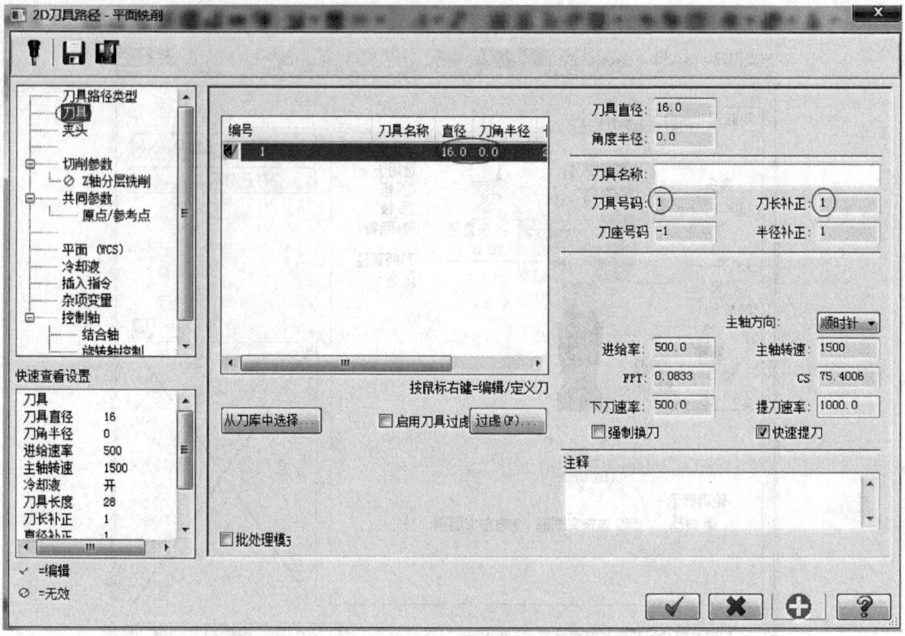

图 5-14 刀具设置结果

步骤 6：修改“切削参数”。

选中“切削参数”，“类型”选择“双向”，“加工方式”选择“顺铣”，“刀具在转角处走圆角”选择“无”，“截断方向超出量”改为 70.0。其他选项均接受默认值。图 5-15 所示为设置好的“切削参数”。

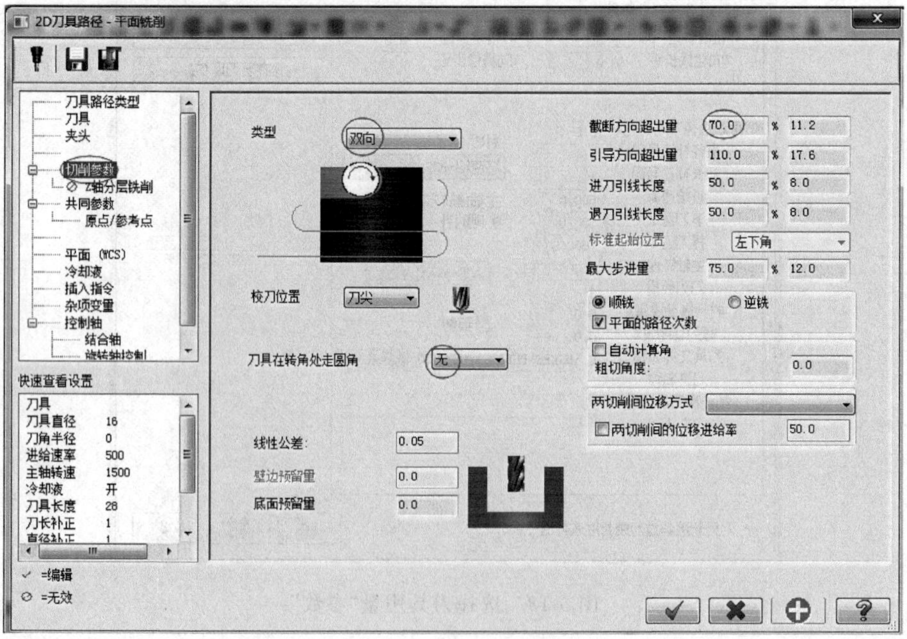

图 5-15 “切削参数”设置

步骤 7：修改“共同参数”。

选中“共同参数”，将“深度”值设为－1.0。其余接受默认值。其余的一些节点参数不作修改。单击确定按钮 完成所有加工参数的设定。设置好的“共同参数”如图 5-16 所示，上表面刀具路径如图 5-17 所示。

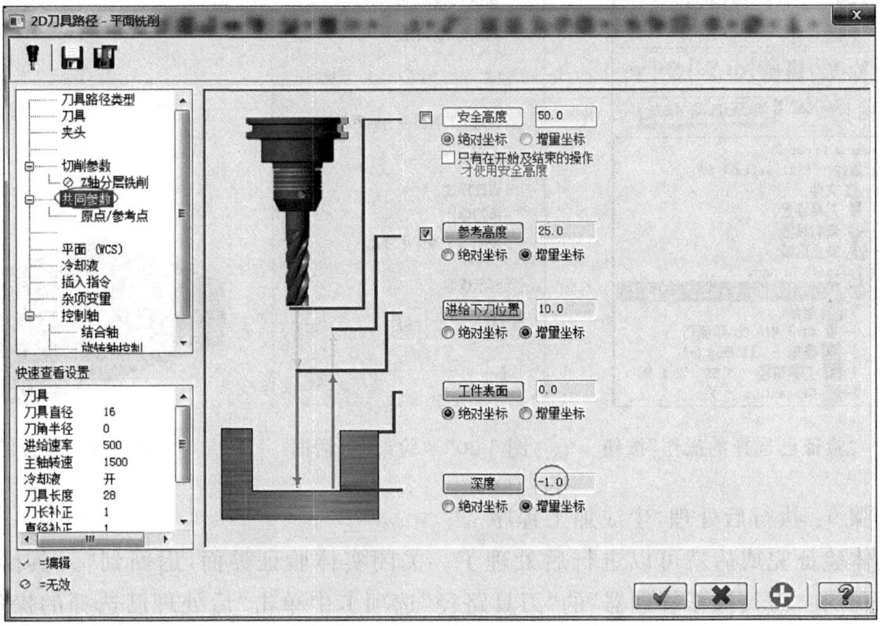

图 5-16 “共同参数”设置

步骤 8：刀具路径进行实体验证。

为了验证刀具路径的正确性，用户可以选择刀具路径模拟验证功能对已经生成的刀具路径进行检验。为了便于观察，单击“等视图”按钮 ，图形摆成等视图位置，如图 5-18 所示。单击验证已选择的操作选项卡。在“刀具操作管理器”的“刀具路径”选项卡中单击“验证已选择的操作”按钮 ，如图 5-19 所示。弹出“验证”对话框，如图 5-20 所示。单击“机床”加工按钮 。即可进行刀具路径模拟验证操作，结果如图 5-21 所示。

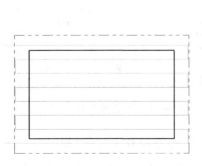

图 5-17 平面铣上表面刀具路径

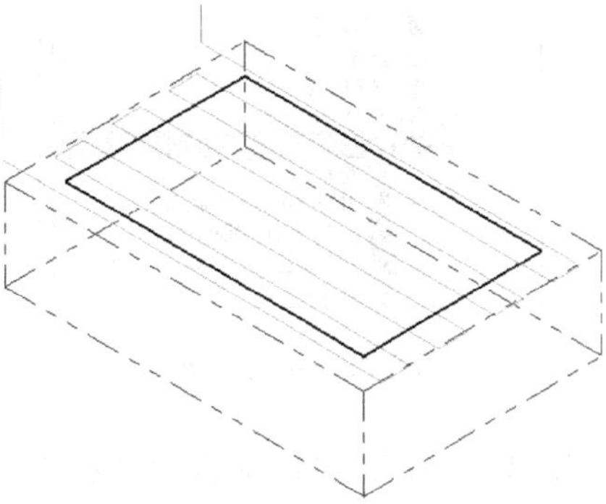

图 5-18 放置成等视图位置

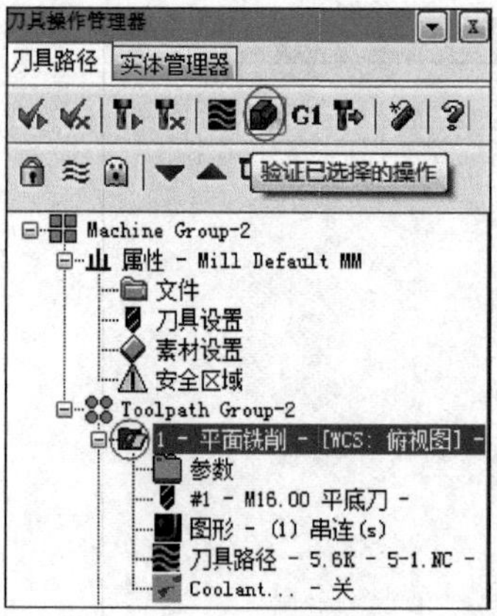

图 5-19 “验证已选择的操作”按钮

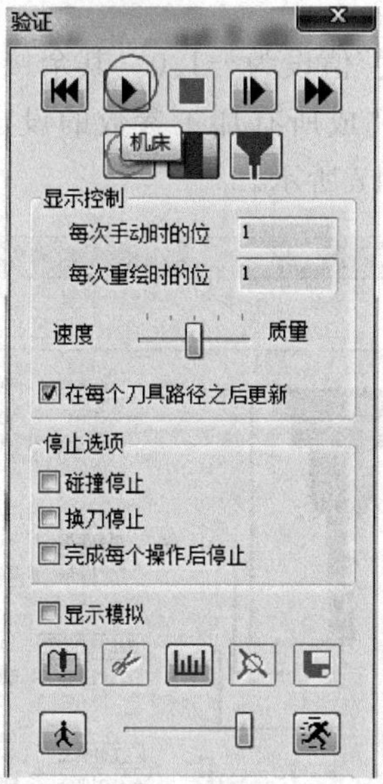

图 5-20 “验证”对话框

图 5-21 验证结果

步骤 9：执行后处理，生成加工程序。

实体验证完成后就可以进行后处理了。关闭实体验证界面，退回到“刀具操作管理器”界面。在“刀具操作管理器”的“刀具路径”选项卡中单击“后处理已选择的操作”按钮 G1，如图 5-22 所示。弹出“后处理程序”对话框，接受默认选项，如图 5-23 所示，单击确定按钮 ✓ 。

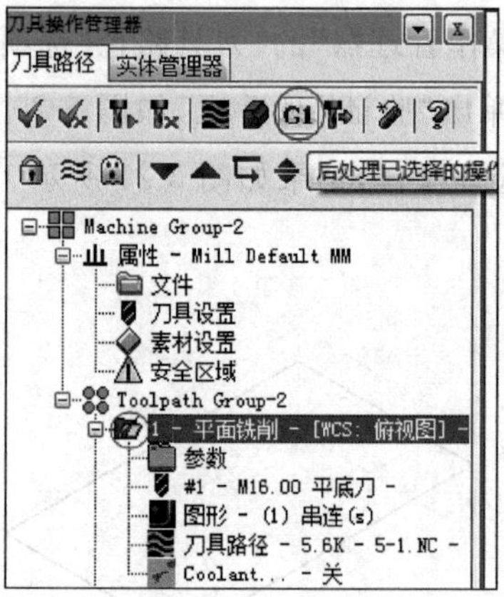

图 5-22 执行后处理

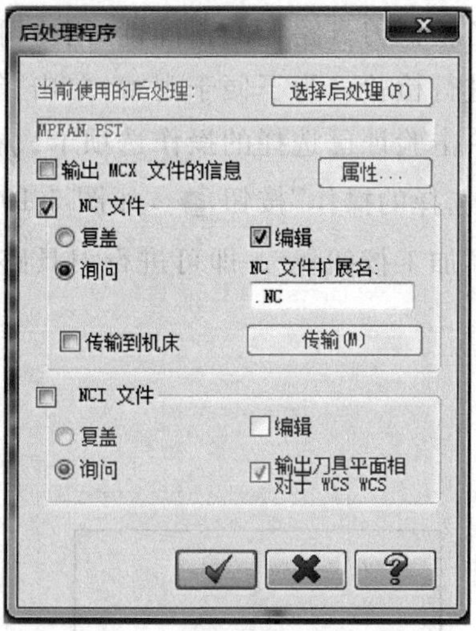

图 5-23 “后处理程序”对话框

在弹出的“另存为”对话框中选择 NC 文件的保存路径及文件名，如图 5-24 所示，单击确定按钮 ✓ ，即可打开如图 5-25 所示的 NC 程序。修改后的程序如图 5-26 所示。

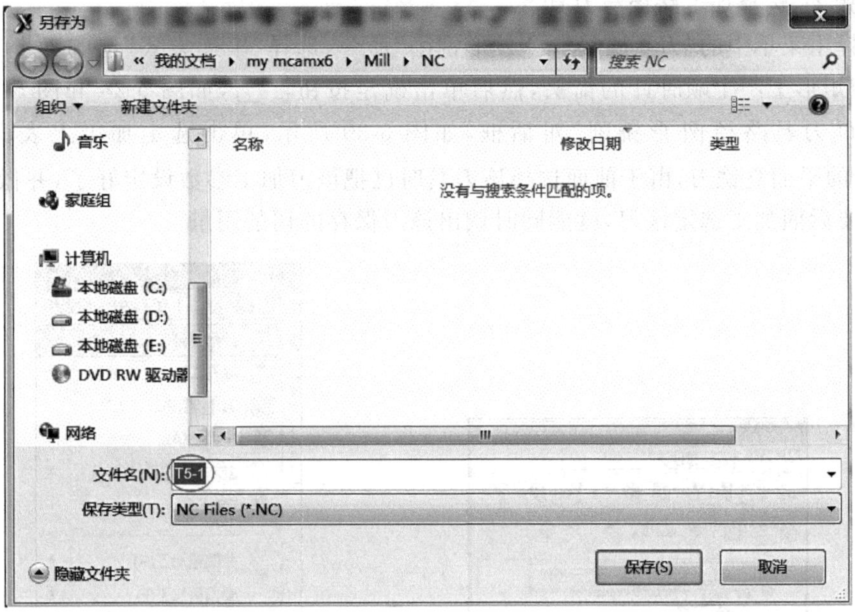

图 5-24 程序保存路径

```
%
00000 (T5-1)
(DATE=DD-MM-YY - 31-12-17 TIME=HH:MM - 22:31)
(MCX FILE - C:\USERS\FUTURE\DOCUMENTS\MY MCAMX6\MCX\5.MCX-6)
(NC FILE - C:\USERS\FUTURE\DOCUMENTS\MY MCAMX6\MILL\NC\T5-1.NC)
(MATERIAL - ALUMINUM MM - 2024)
( T1 | | H1 )
N100 G21
N102 G0 G17 G40 G49 G80 G90
N104 T1 M6
N106 G0 G90 G54 X-67.6 Y33.198 A0. S1500 M3
N108 G43 H1 Z25.
N110 Z10.
N112 G1 Z-1. F500.
N114 X59.6
N116 Y23.713
N118 X-59.6
N120 Y14.228
N122 X59.6
N124 Y4.743
N126 X-59.6
N128 Y-4.743
N130 X59.6
N132 Y-14.228
N134 X-59.6
N136 Y-23.713
N138 X59.6
N140 Y-33.198
N142 X-67.6
N144 G0 Z24.
N146 M5
N148 G91 G28 Z0.
N150 G28 X0. Y0. A0.
N152 M30
%
```

图 5-25 修改前的程序

```
%
O0000 (T5-1)
N100 G21
N102 G0 G17 G40 G49 G80 G90
N106 G0 G90 G54 X-67.6 Y33.198 S1500 M3
N108 Z25.
N110 Z10.
N112 G1 Z-1. F500.
N114 X59.6
N116 Y23.713
N118 X-59.6
N120 Y14.228
N122 X59.6
N124 Y4.743
N126 X-59.6
N128 Y-4.743
N130 X59.6
N132 Y-14.228
N134 X-59.6
N136 Y-23.713
N138 X59.6
N140 Y-33.198
N142 X-67.6
N144 G0 Z24.
N146 M5
N148 G91 G28 Z0.
N150 G28 X0. Y0. A0.
N152 M30
%
```

图 5-26 修改后的程序

步骤 10：传输加工。

机床对好刀后，按接收按钮，就可以进行加工了。

工步 2：粗铣上表面 100mm×60mm×22mm 侧面（为方便掉头找正，深度方向总高铣至 22mm）。

步骤 1：隐藏刀具路径。

单击图 5-27 所示按钮 ≋，隐藏工步 1 的刀具路径。

步骤 2：选择加工路径与刀具。

选择主菜单中的“刀具路径”→“外形铣削”命令，选择“串连方式”选取工步 1 绘制的矩形，使矩形上产生顺时针的箭头，然后单击确定按钮 ✓ ，如图 5-28 和图 5-29 所示。弹出“2D 刀具路径-外形铣削”对话框，如图 5-30 所示，单击选定加工上表面的直径 ϕ16mm 的平面立铣刀，由于前面选择该刀具时已把该刀加工参数设定好了，并做了保存，所以只要后面加工选定该刀，就能同时调出该刀保存的切削用量。

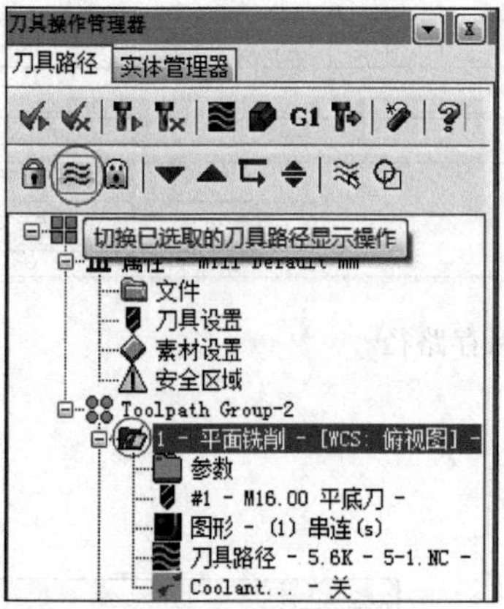

图 5-27 隐藏工步 1 的刀具路径

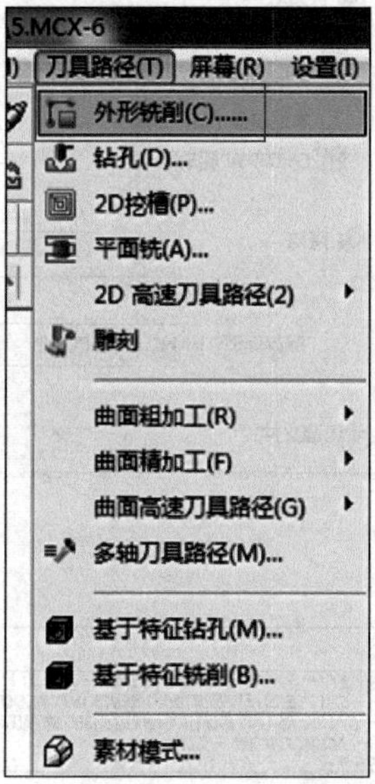

图 5-28 选择“外形铣削”命令

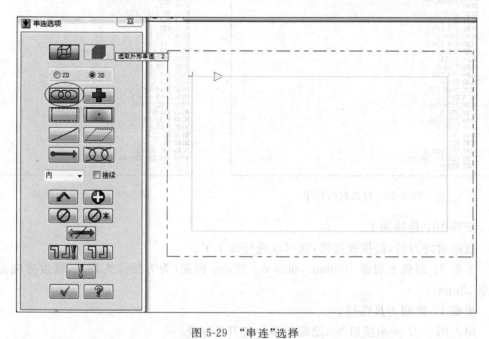

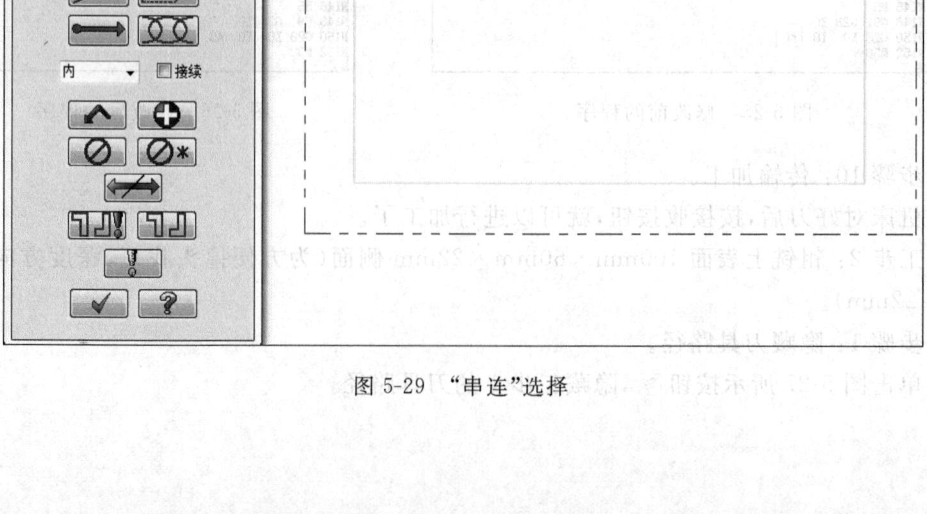

图 5-29 “串连”选择

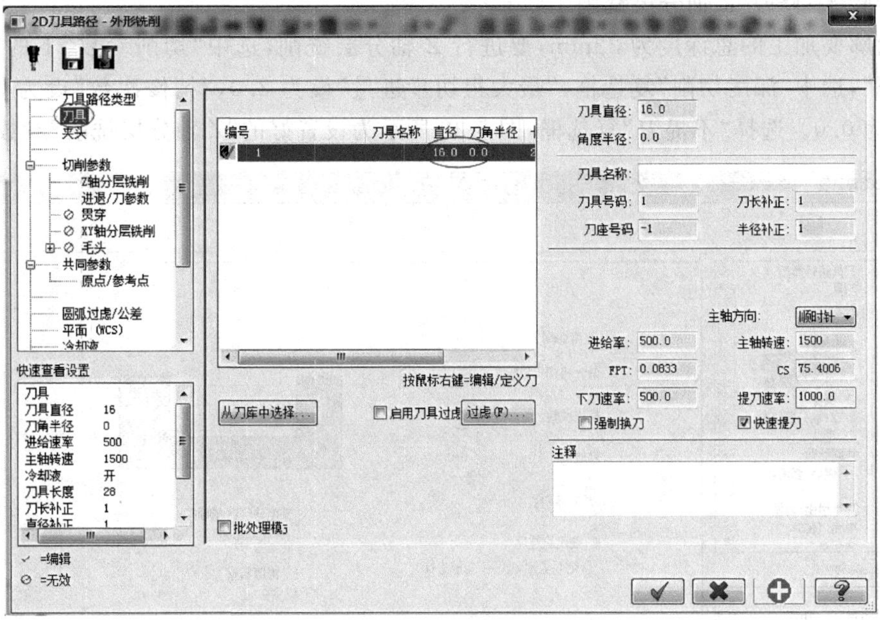

图 5-30 选择刀具

步骤 3：修改“切削参数”。

刀具在外形的外侧进刀，要考虑补正。选中“切削参数”节点，选择“补正方式”为“电脑”，“补正方向”为“左”，“刀具在转角处走圆角”设置为“无”，“壁边预留量”为 0.8，设置好的参数如图 5-31 所示。

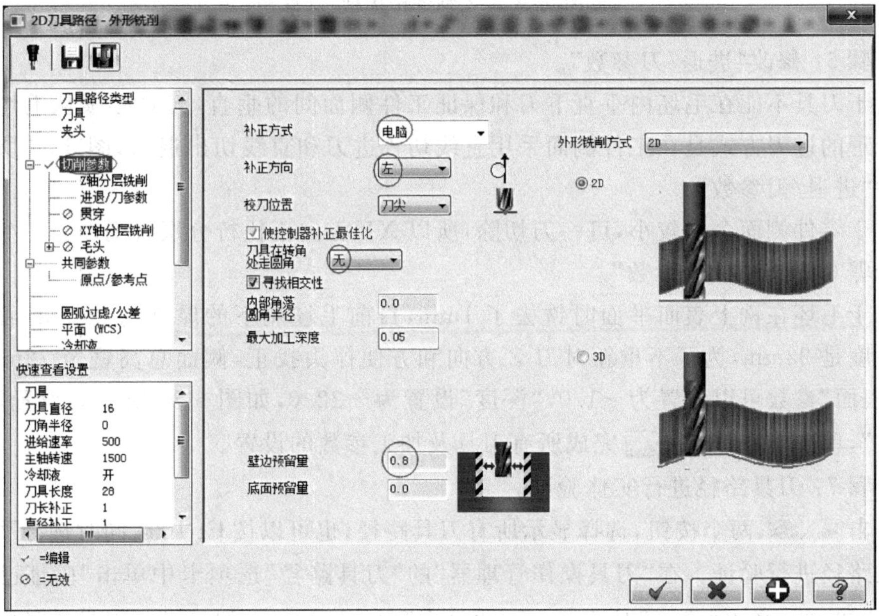

图 5-31 “切削参数”设置

步骤 4：修改“Z 轴分层铣削”。

轮廓要加工的总深度为 22mm，要进行 Z 轴分层铣削，选中“切削参数”下的“Z 轴分层铣削”，选中“深度切削”复选框，“最大粗切步进量”设为 2.0，“精修次数”设为 0，“精修量”设为 0.0。选择“不提刀”复选框，图 5-32 所示为设置好的“Z 轴分层铣削”参数。

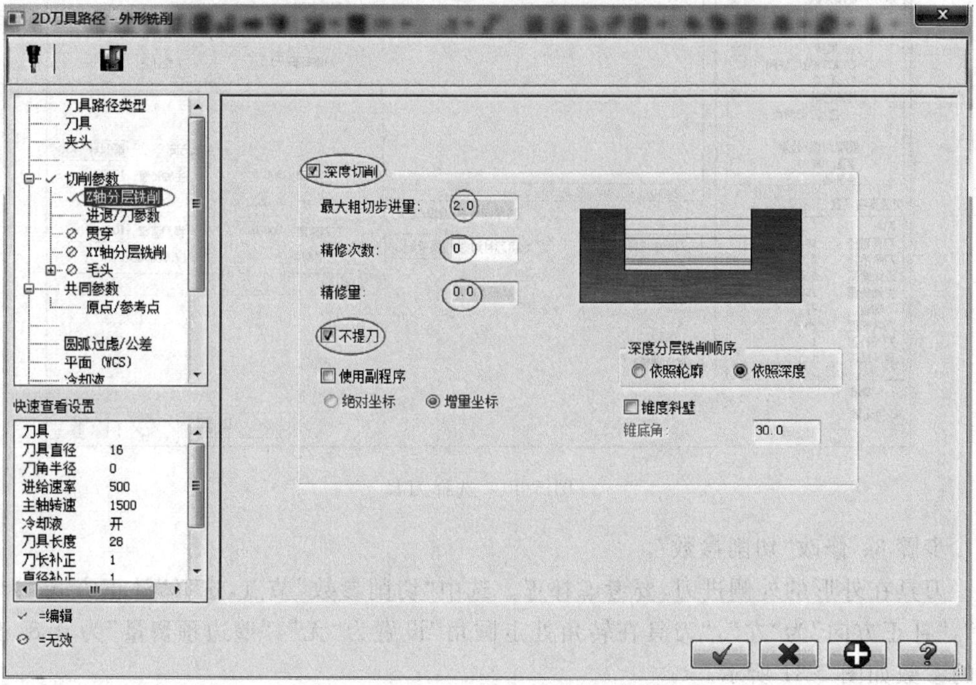

图 5-32 “Z 轴分层铣削”设置

步骤 5：修改“进退/刀参数”。

由于刀具不能在毛坯内垂直下刀和保证工件侧面间的垂直，刀具必须从毛坯外面进刀。合理的进刀方式是在工件侧面采用直线切入进刀和直线切出退刀，图 5-33 所示为设置好的“进退/刀参数”。

由于零件侧面余量较小，可一刀切除，所以 XY 方向不执行分层铣削。

步骤 6：修改“共同参数”。

由于毛坯在铣上表面平面时铣去了 1mm，目前毛坯剩下的厚度约 29mm，而零件要求总厚度是 22mm，为了不重新对刀 Z 方向和方便掉头找正，侧面总高铣至 22mm，所以“工件表面”参数可以设置为－1.0，“深度”设置为－22.0，如图 5-34 所示为设置好的“共同参数”，单击确定按钮完成所有刀具及加工参数的设置。

步骤 7：刀具路径进行实体验证。

单击、两个按钮，选择显示所有刀具路径，也可以按 Ctrl 键，同时选择平面与侧面加工路径进行验证。在“刀具操作管理器”的“刀具路径”选项卡中单击“验证已选择的操作”按钮，弹出“验证”对话框，单击“机床”加工按钮，即可进行刀具路径模拟验证操作，刀具路径与验证效果如图 5-35 所示。

图 5-33 “进退/刀参数”设置

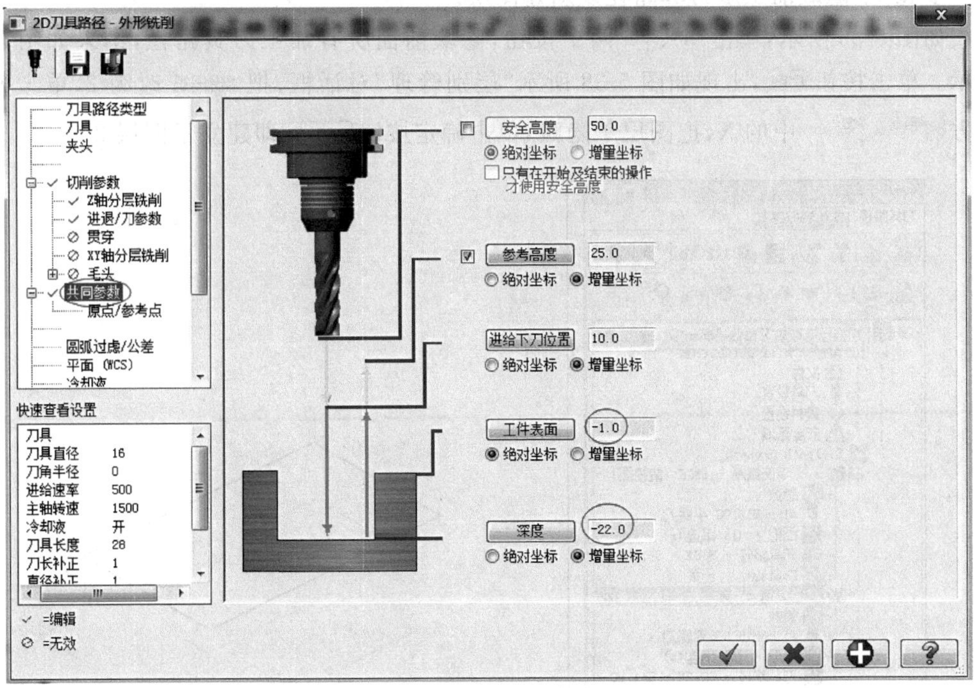

图 5-34 “共同参数”设置

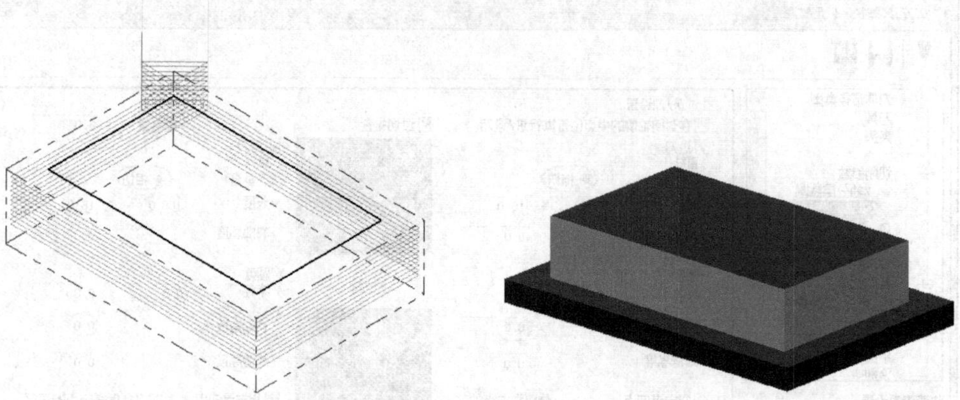

图 5-35　刀具路径与验证效果

步骤 8：执行后处理，生成加工程序(具体操作步骤参照加工工步 1)。

实体验证完成后就可以进行后处理了。关闭实体验证界面，退回到“刀具操作管理器”界面。在“刀具操作管理器”的“刀具路径”选项卡中单击“后处理已选择的操作”按钮 G1，弹出“后处理程序”对话框，接受默认选项，单击确定按钮 ✔。

在弹出的“另存为”对话框中选择 NC 文件的保存路径及文件名，单击确定按钮 ✔，即可打开 NC 程序，修改后保存，即可以传输加工。

工步 3：粗铣 80mm×40mm 侧面。

步骤 1：隐藏前工步刀具路径及新建图层。

如图 5-36 所示，单击 、 两个按钮，隐藏前面所有加工刀具路径，结果如图 5-37 所示。单击按钮 层别，出现如图 5-38 所示“层别管理”对话框，把 层别号码 改为 2，单击方框上方 号码 1 突显 X 中的 X，把图层 1 隐藏，单击确定按钮 ✔，即建立了图层 2。

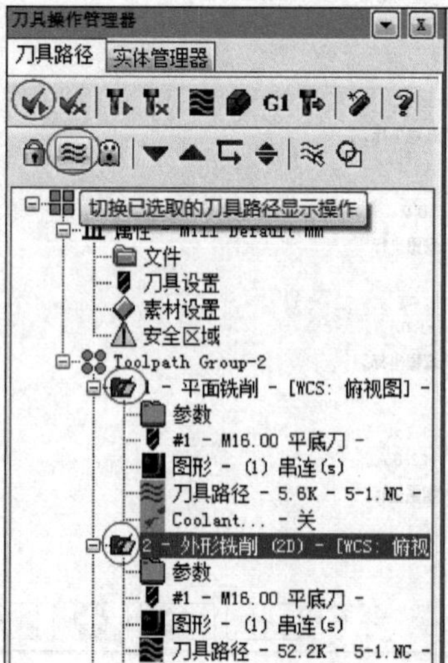

图 5-36　隐藏刀具路径

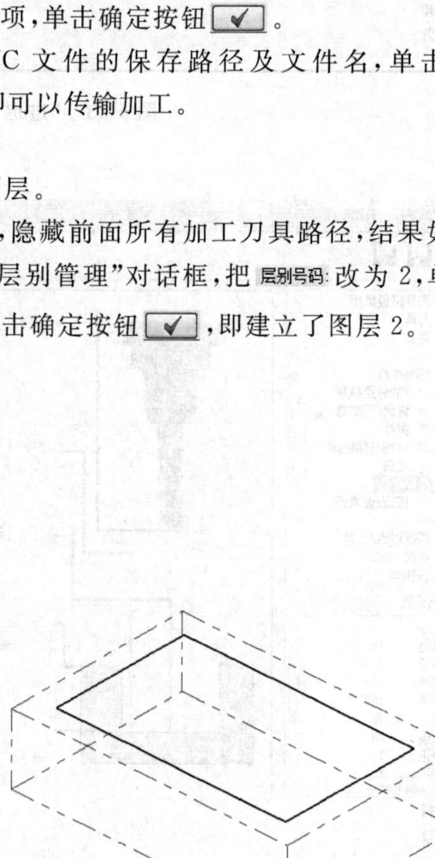

图 5-37　隐藏结果

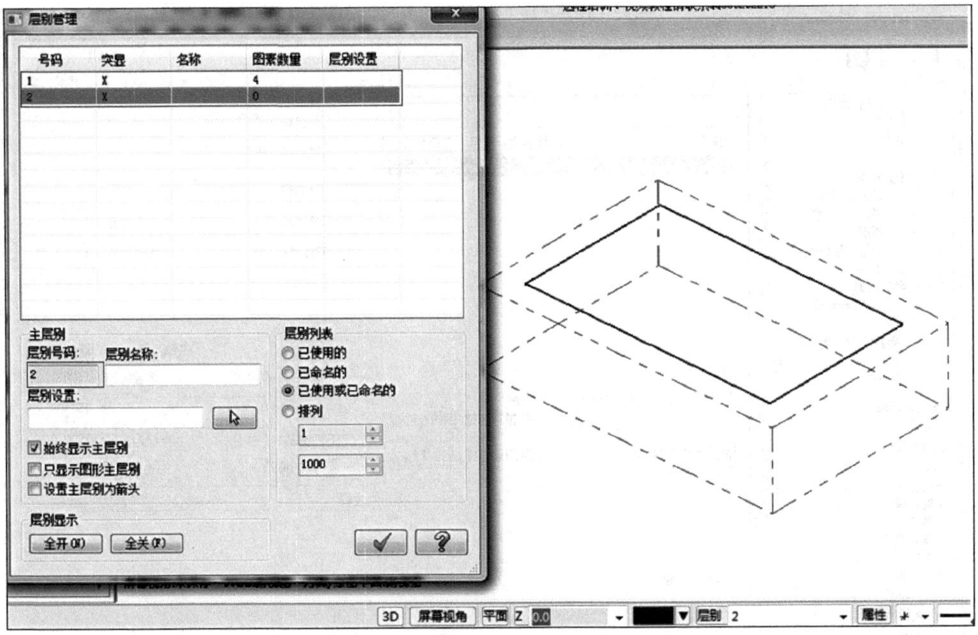

图 5-38　新建图层

步骤 2：绘图。

根据图 5-1 所示零件尺寸，在俯视图上绘制出如图 5-39 所示的辅助矩形线框（80mm×40mm）粗加工零件上表面两凸台侧面，图形的中心落在坐标原点。

步骤 3：选择加工路径与刀具。

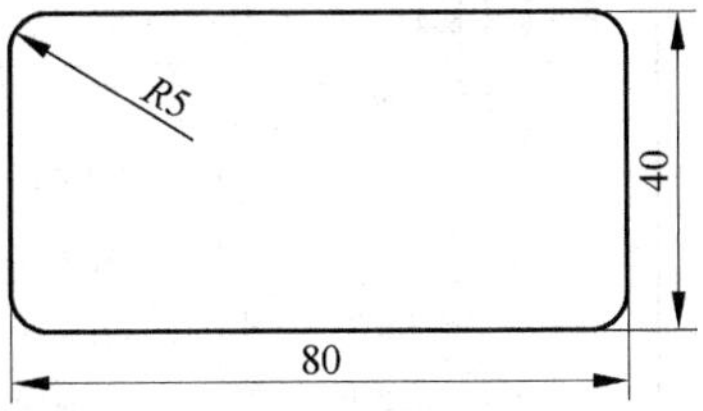

图 5-39　绘制 80mm×40mm 辅助矩形线框

选择主菜单中的“刀具路径”→“外形铣削”命令，选择串连方式，选取已经绘制的矩形，使矩形上产生顺时针的箭头，然后单击确定按钮 ✓ ，弹出“2D 刀具路径-外形铣削”对话框，如图 5-40 所示，单击选定加工上表面的直径 ϕ16mm 的平面立铣刀，由于前面选择该刀具时已把该刀的加工参数设定好了，并做了保存，所以只要后面加工选定该刀，就能同时调出该刀保存的切削用量。

步骤 4：修改“切削参数”。

刀具在外形的外侧进刀，要考虑补正。选中“切削参数”节点，选择“补正方式”为“电脑”，“补正方向”为“左”，“刀具在转角处走圆角”设置为“无”，“壁边预留量”为 0.8，设置好的参数如图 5-41 所示。

步骤 5：修改“Z 轴分层铣削”。

轮廓要加工的深度为 10mm，要进行 Z 轴分层铣削，选中“切削参数”下的“Z 轴分层铣削”，选中“深度切削”复选框，“最大粗切步进量”设为 2.0，“精修次数”设为 0，“精修量”设为 0.0，选择“不提刀”复选框，图 5-42 所示为设置好的“Z 轴分层铣削”参数。

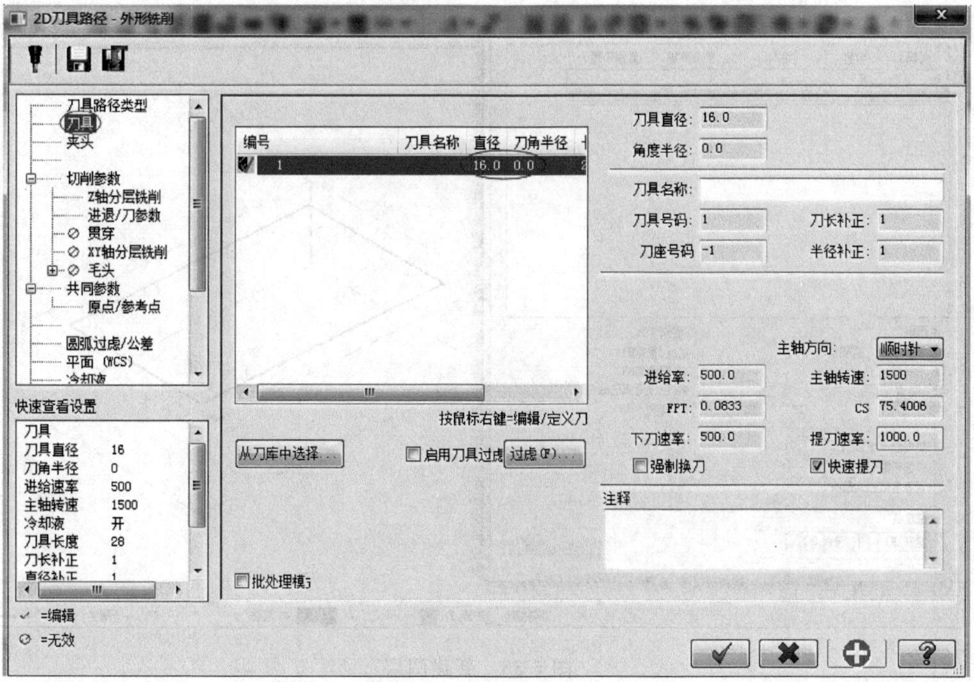

图 5-40　选择刀具

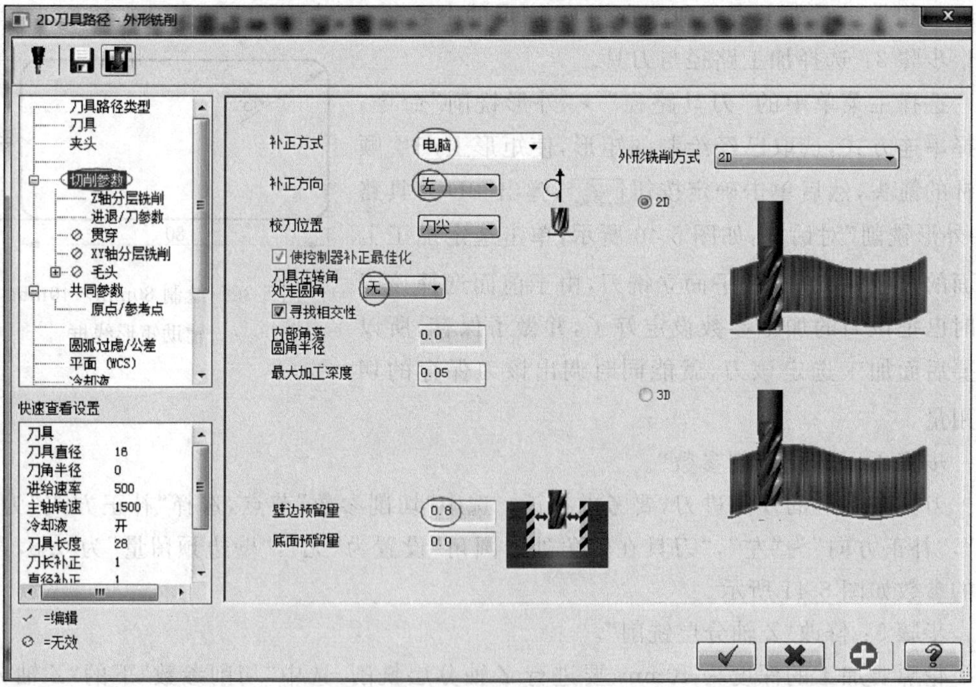

图 5-41　“切削参数”设置

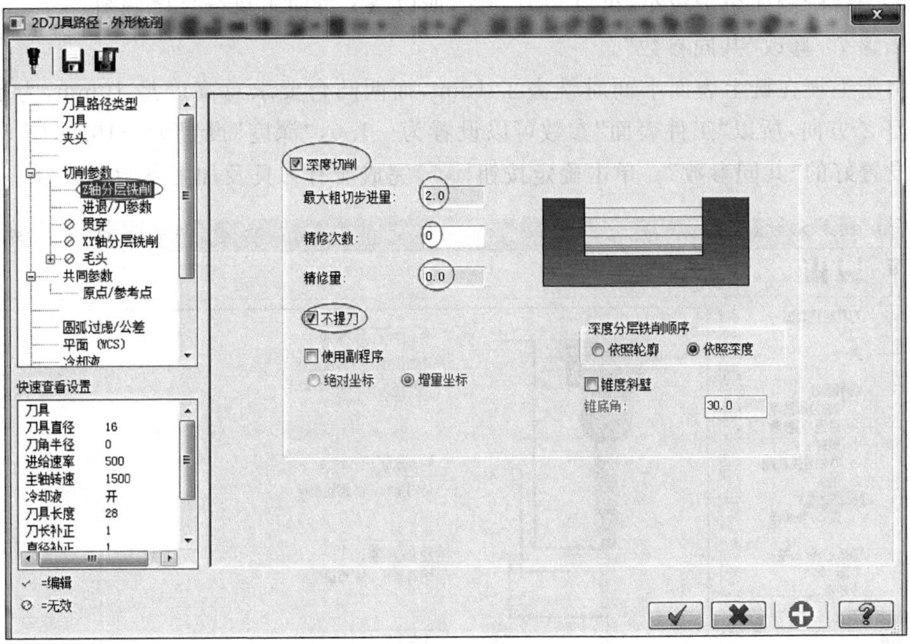

图 5-42 “Z 轴分层铣削”设置

步骤 6：修改“进退/刀参数”。

由于刀具不能垂直下刀并保证工件侧面的质量，所以必须从毛坯外面进刀，合理的进刀方式是在工件侧面采用圆弧切入进刀和圆弧切出退刀，图 5-43 所示为设置好的“进退/刀参数”。

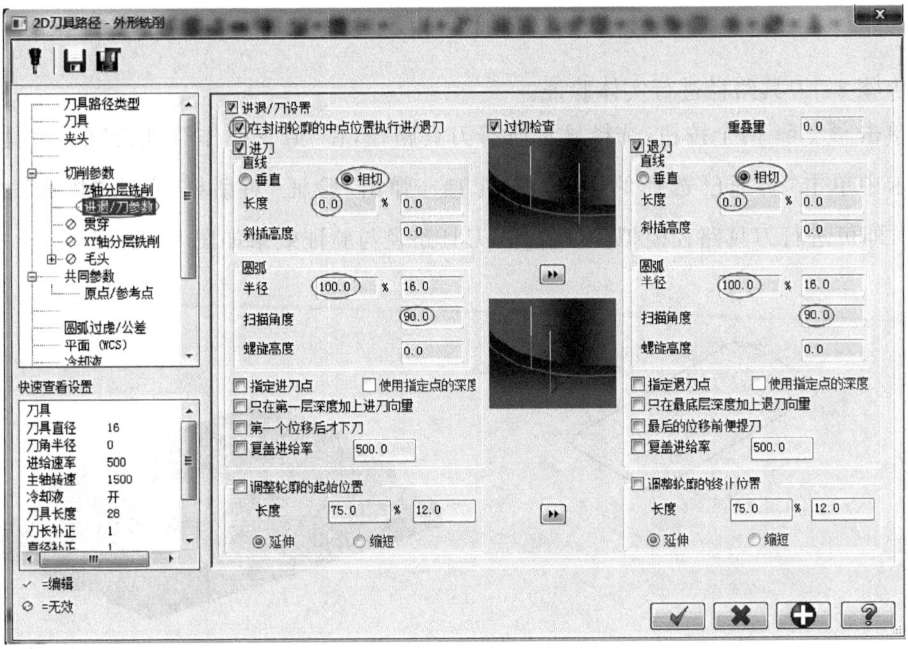

图 5-43 “进退/刀参数”设置

由于台阶侧面余量较小，可以一刀切除，所以 XY 方向不执行分层铣削。

步骤 7：修改“共同参数”。

由于毛坯在铣上表面平面时铣去了 1mm，而两凸台要求总高度是 10mm，为了不重新对刀 Z 方向，所以“工件表面”参数可以设置为－1.0，“深度”设置为－10.0，图 5-44 所示为设置好的“共同参数”。单击确定按钮 ✓ 完成所有刀具及加工参数的设置。

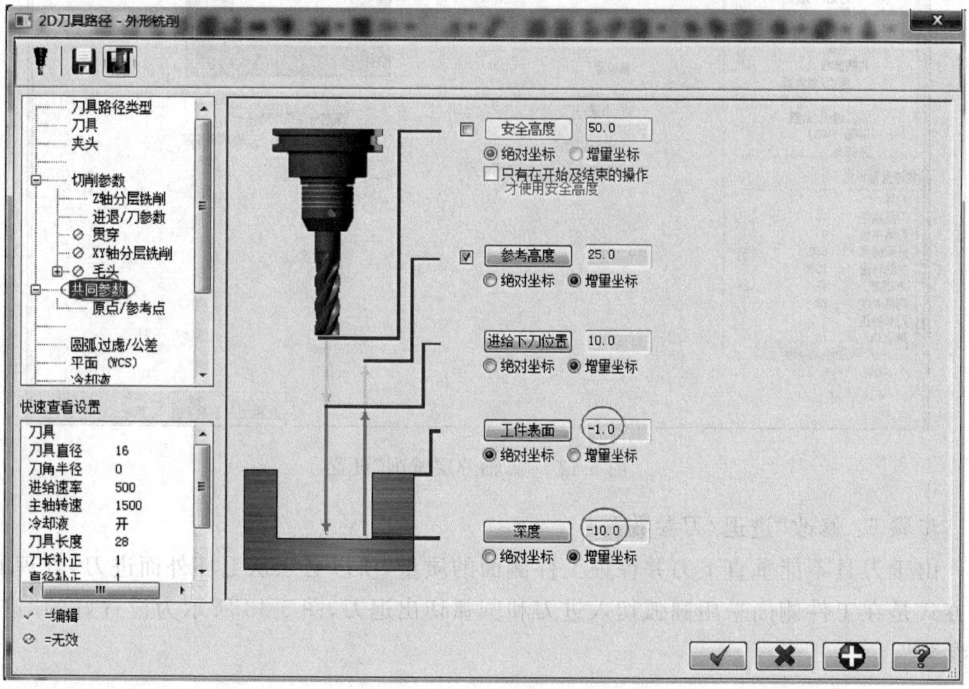

图 5-44 “共同参数”设置

步骤 8：刀具路径进行实体验证。

单击 、 两个按钮，选择显示所有刀具路径，在“刀具操作管理器”的“刀具路径”选项卡中单击“验证已选择的操作”按钮 ，弹出“验证”对话框，单击“机床”加工按钮 ，即可进行刀具路径模拟验证操作，刀具路径与验证效果如图 5-45 所示。

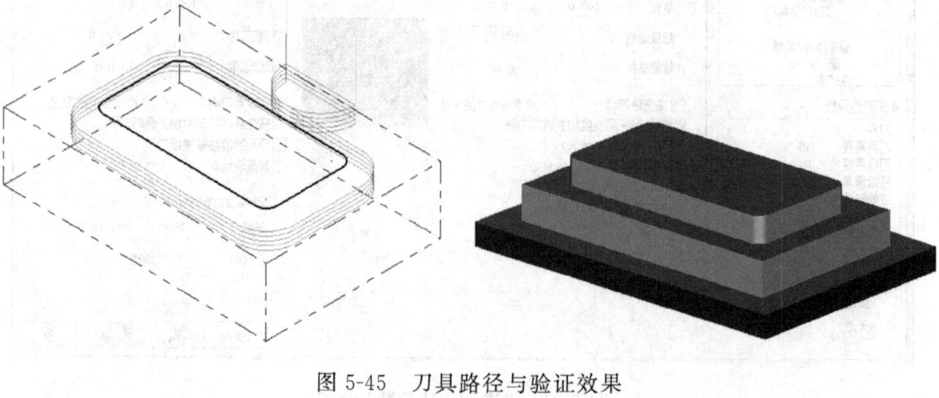

图 5-45 刀具路径与验证效果

步骤 9：执行后处理，生成加工程序(具体操作步骤参照加工工步 1)。

实体验证完成后就可以进行后处理了。关闭实体验证界面，退回到“刀具操作管理器”界面。在“刀具操作管理器”的“刀具路径”选项卡中单击“后处理已选择的操作”按钮 G1，弹出“后处理程序”对话框，接受默认选项，单击确定按钮 。

在弹出的“另存为”对话框中选择 NC 文件的保存路径及文件名，单击确定按钮 ，即可打开 NC 程序，修改后保存，即可以传输加工。

工步 4：粗铣两台阶之间残留量。

步骤 1：隐藏前工步刀具路径。

单击 、 两个按钮，选择隐藏所有刀具路径，单击按钮 层别，把 层别号码 改为 3，把图层 1、2 隐藏，单击确定按钮 ，即建立了图层 3。

步骤 2：绘图。

根据图 5-1 所示零件尺寸，在俯视图上绘制出如图 5-46 所示的粗实线辅助线框，加工零件上表面两台阶之间残留量。

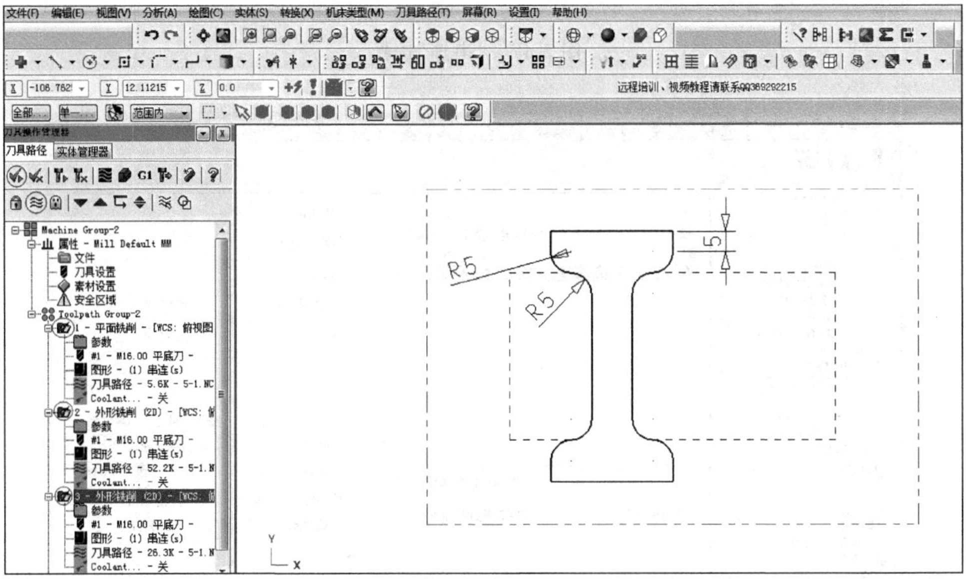

图 5-46 辅助线框

步骤 3：选择加工路径与刀具。

选择主菜单中的“刀具路径”→“外形铣削”命令，串连方式选取已经绘制粗实线辅助线框，单击“反向”方式更改加工方向，使粗实线辅助线框上产生顺时针的箭头，然后单击确定按钮 ，如图 5-47 所示。弹出“2D 刀具路径-外形铣削”对话框，选中“刀具”，单击“创建新刀具”按钮。在“类型”页面选择一把 ϕ8mm 的平面立铣刀，进行刀具用量参数修改，单击确定按钮 。选定刀具，结果如图 5-48 所示，将刀具号码、刀长补正、半径补正均设为 2，这样可以保证后处理出来程序的刀具为 2 号刀。

步骤 4：修改“切削参数”。

刀具在外形的内侧进刀，要考虑补正。选中“切削参数”节点，选择“补正方式”为“电

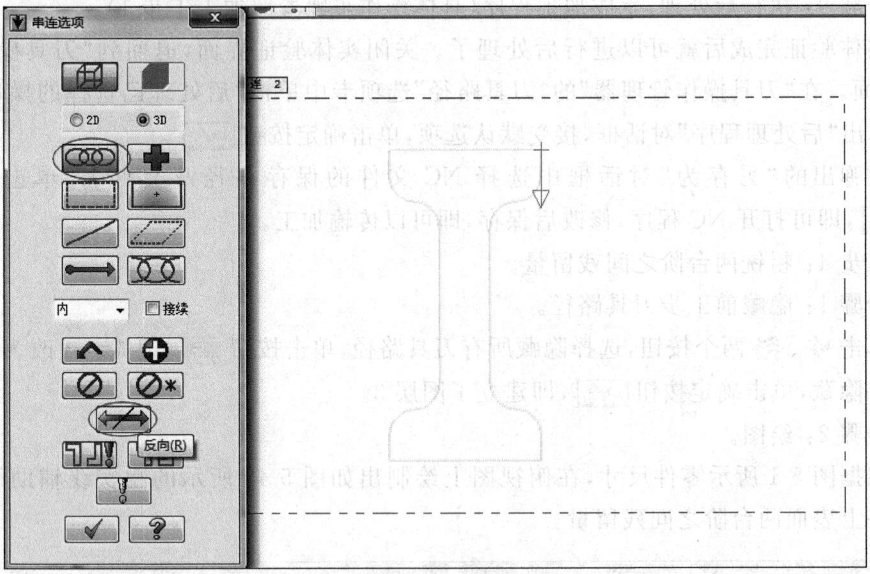

图 5-47 “串连”选择

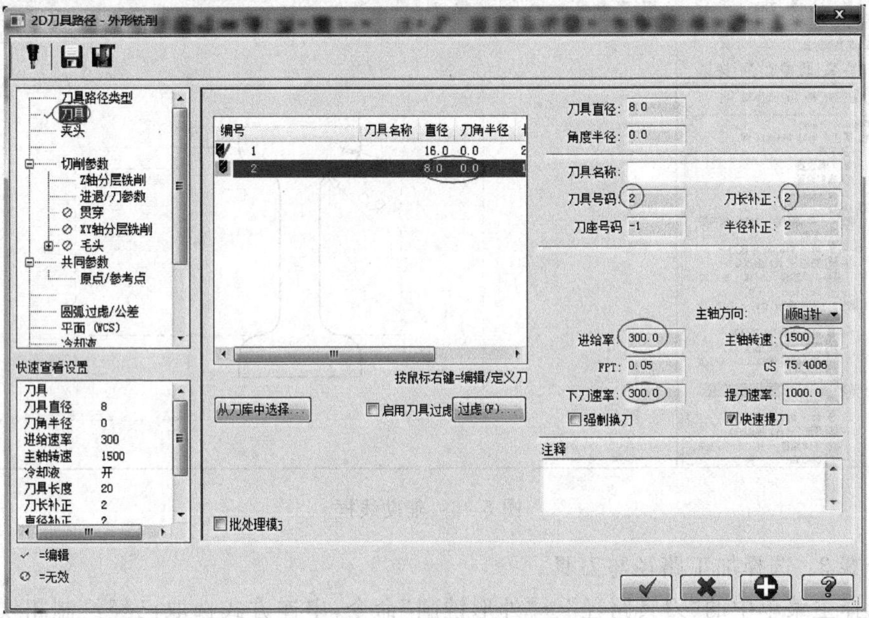

图 5-48 选择刀具

脑”,“补正方向”为“右”,“刀具在转角处走圆角”设置为“无”,“壁边预留量”为 0.8,设置好的参数如图 5-49 所示。

步骤 5:修改“Z 轴分层铣削”。

轮廓要加工的深度为 10mm,要进行 Z 轴分层铣削,选中“切削参数”下的“Z 轴分层铣削”,选中“深度切削”复选框,“最大粗切步进量”设为 2.0,“精修次数”设为 0,“精修量”

设为 0.0。选择“不提刀”复选框。图 5-50 所示为设置好的“Z 轴分层铣削”参数。

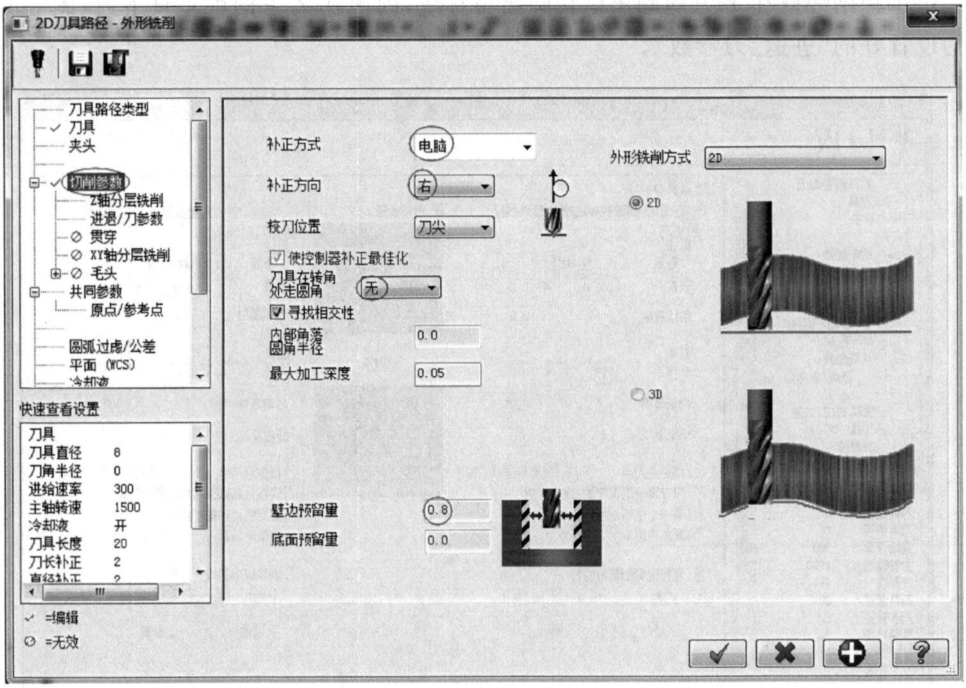

图 5-49 “切削参数”设置

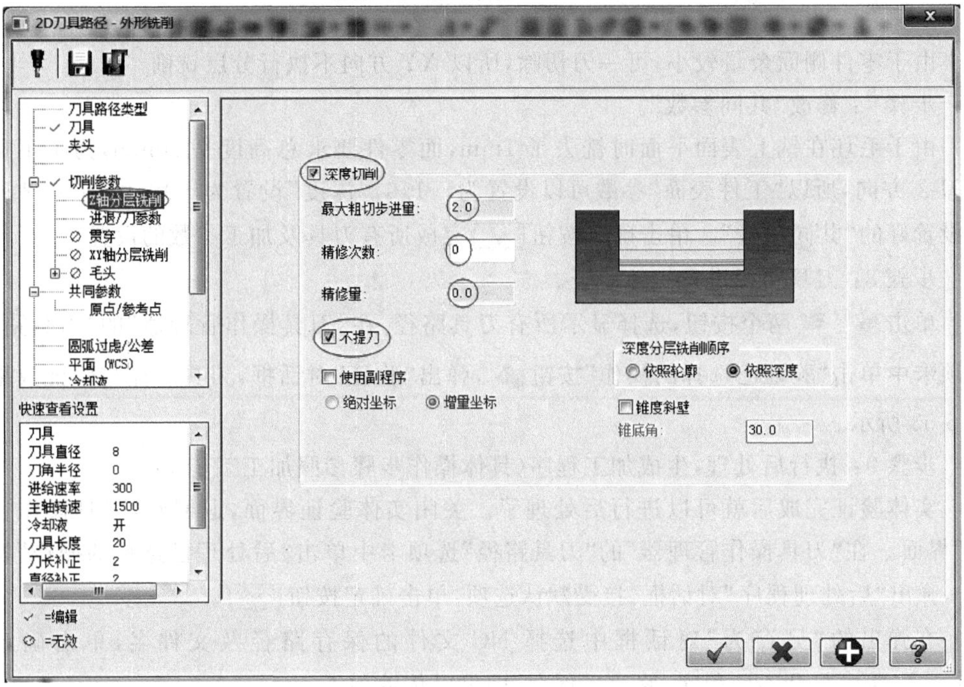

图 5-50 “Z 轴分层铣削”设置

步骤 6：修改“进退/刀参数”。

由于辅助线框在 Y 方向画出延长圆弧与直线，因此在 Z 方向可垂直下刀，图 5-51 所示为设置好的“进退/刀参数”。

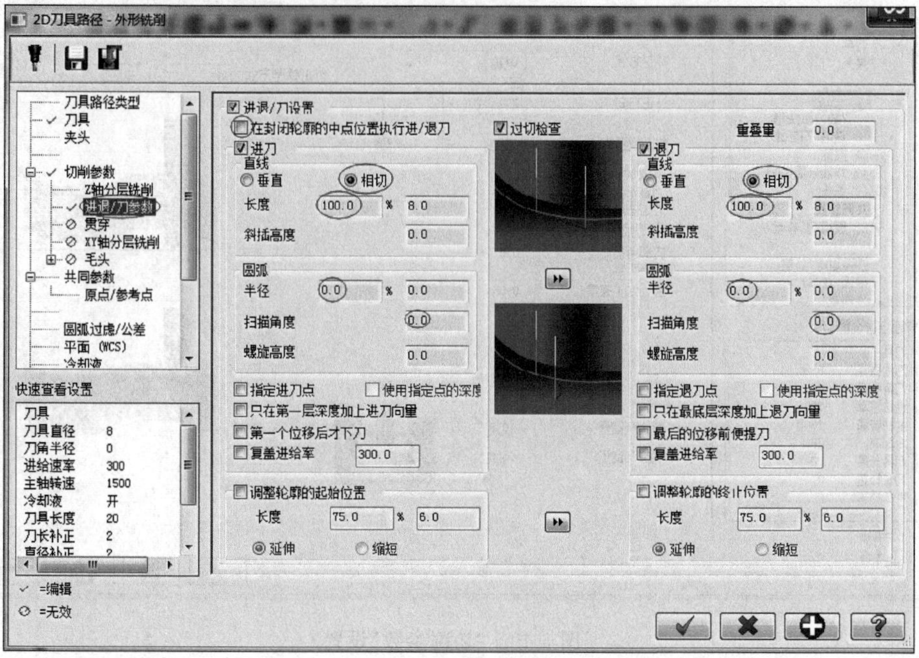

图 5-51 “进退/刀参数”设置

由于零件侧面余量较小，可一刀切除，所以 XY 方向不执行分层铣削。

步骤 7：修改“共同参数”。

由于毛坯在铣上表面平面时铣去了 1mm，而零件要求总高度是 10mm，为了不重新对刀 Z 方向，所以“工件表面”参数可以设置为 −1.0，“深度”设置为 −10.0，图 5-52 所示为设置好的“共同参数”。单击确定按钮 ✓ 完成所有刀具及加工参数的设置。

步骤 8：刀具路径进行实体验证。

单击 、 两个按钮，选择显示所有刀具路径，在“刀具操作管理器”的“刀具路径”选项卡中单击“验证已选择的操作”按钮 ，弹出“验证”对话框，刀具路径与验证效果如图 5-53 所示。

步骤 9：执行后处理，生成加工程序（具体操作步骤参照加工工步 1）。

实体验证完成后就可以进行后处理了。关闭实体验证界面，退回到“刀具操作管理器”界面。在“刀具操作管理器”的“刀具路径”选项卡中单击“后处理已选择的操作”按钮 G1，弹出“后处理程序”对话框，接受默认选项，单击确定按钮 ✓ 。

在弹出的“另存为”对话框中选择 NC 文件的保存路径及文件名，单击确定按钮 ✓ ，即可打开 NC 程序，修改后保存，即可以传输加工。

工步 5：精铣上表面 100mm×60mm×22mm 侧面。

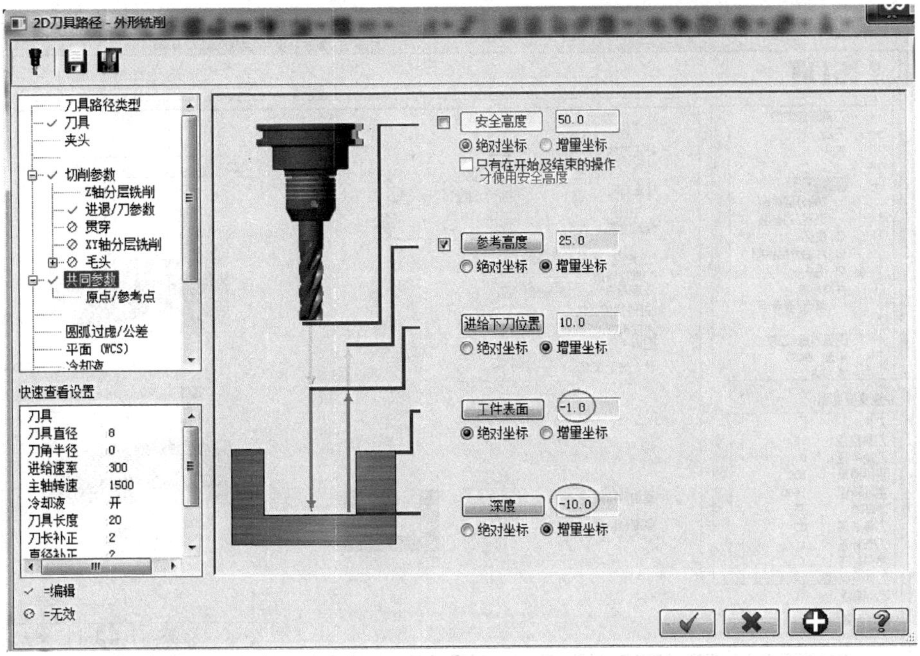

图 5-52 “共同参数”设置

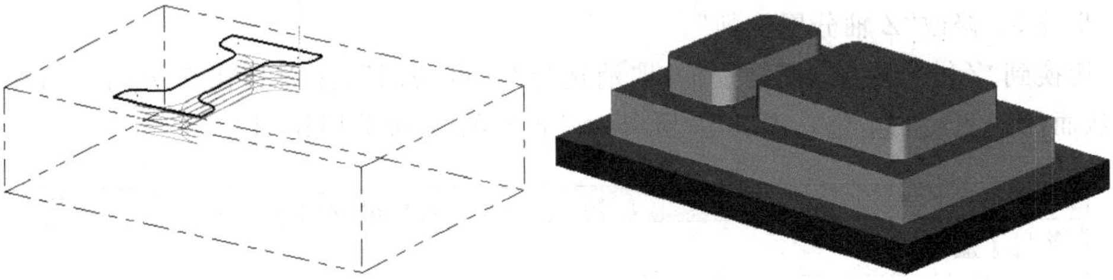

图 5-53 刀具路径与验证效果

由于该侧面的精加工只需修改该侧面粗加工路径的壁边加工余量与 Z 轴分层铣削两个参数，所以这里不新建精加工路径，只在粗加工路径中做修改即可；另外，现在的数控机床都有实时调速功能，所以刀具切削用量大小也不做修改；再者，由于是单件生产，所以这里粗铣选用 ϕ8mm 的平面立铣刀，后面两个凸台的精铣也是用这把 ϕ8mm 的平面立铣刀。

步骤 1：显示刀具路径。

选择 100mm×60mm×22mm 侧面粗加工路径 2，单击按钮，显示工步 2 粗铣上表面 100mm×60mm×22mm 侧面刀具路径，其他工步路径暂时先隐藏，并切换到图层 1。

步骤 2：修改“切削参数”。

单击工步 2 刀具路径 参数 按钮，把“切削参数”中的 壁边预留量 0.8 修改为 壁边预留量 0.0 ，从而控制台阶 X、Y 方向尺寸(有时根据机床的精度或操作者加工能力的高低，还须经过多次修改壁边预留量进行多次精加工)，图 5-54 所示为设置好的“切削参数”。

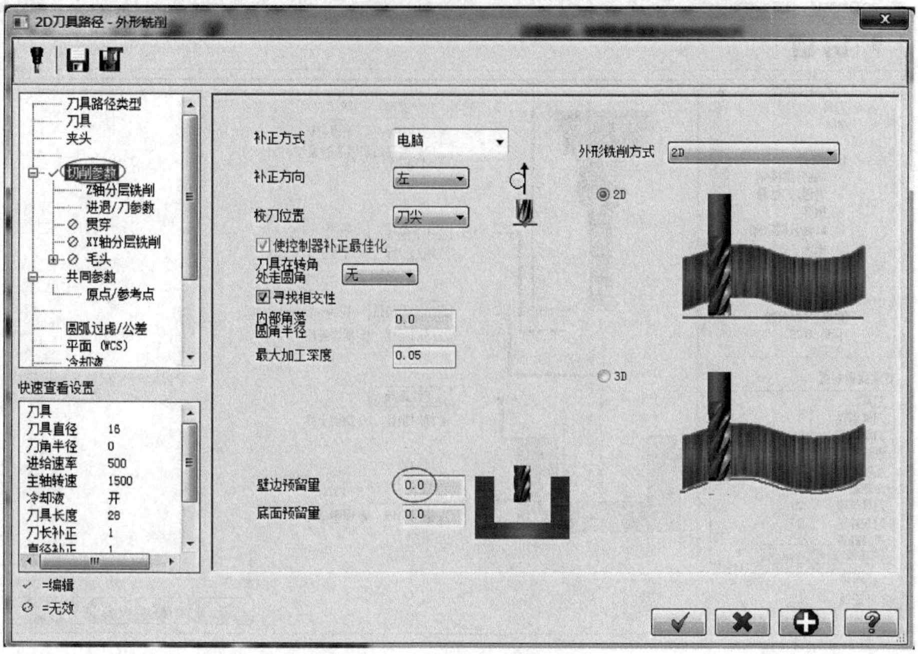

图 5-54　修改“切削参数”

步骤 3：修改“Z 轴分层铣削”。

切换到“Z 轴分层铣削”复选框，取消选择“深度切削”，让刀具在 Z 方向一刀切至总深，从而保证侧面的平整。图 5-55 所示为设置好的“Z 轴分层铣削”。

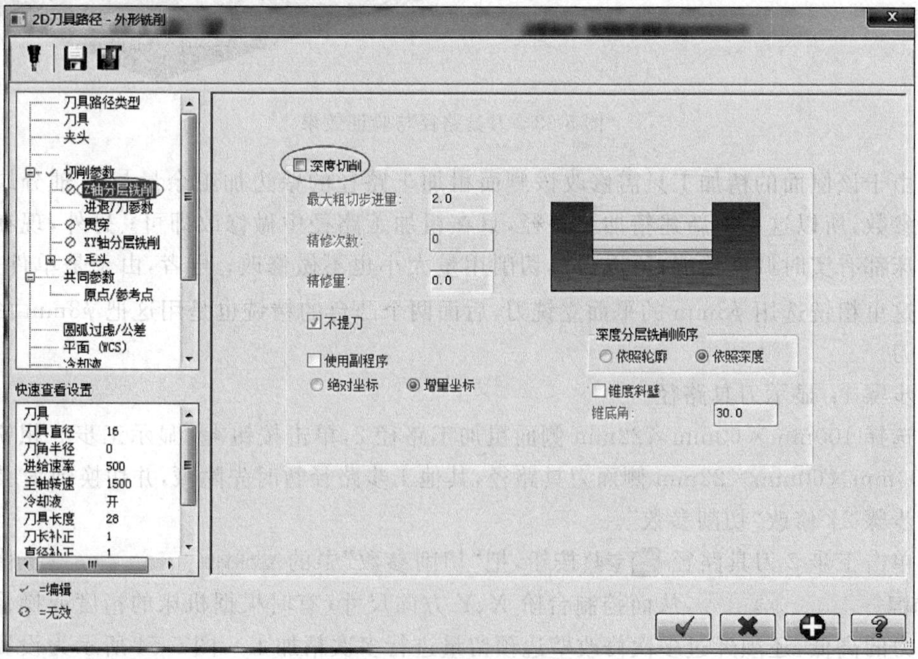

图 5-55　修改“Z 轴分层铣削”

步骤 4：重新计算刀具路径。

修改工步 2“切削参数”“Z 轴分层铣削”参数后，单击确定按钮 完成刀具路径参数的修改。这时刀具路径需要重新计算，单击 会出现 警告:已选择无效的操作 方框，如图 5-56 所示，单击确定按钮 完成刀具路径参数的重新计算。

步骤 5：执行后处理，生成加工程序（具体操作步骤参照加工工步 1）。

实体验证完成后就可以进行后处理了。关闭实体验证界面，退回到“刀具操作管理器”界面。在“刀具操作管理器”的“刀具路径”选项卡中单击“后处理已选择的操作”按钮 G1，弹出“后处理程序”对话框，接受默认选项，单击确定按钮 。

在弹出的“另存为”对话框中选择 NC 文件的保存路径及文件名，单击确定按钮 ，即可打开 NC 程序，修改后保存，即可以传输加工。

工步 6：精铣上表面 20mm×40mm×10mm 凸台侧面。

步骤 1：隐藏前工步刀具路径及新建图层。

单击 、 两个按钮，隐藏前面所有加工刀具路径，新建图层 4。

步骤 2：绘图。

绘制如图 5-57 所示 20mm×40mm×10mm 凸台线框（粗实线部分）。

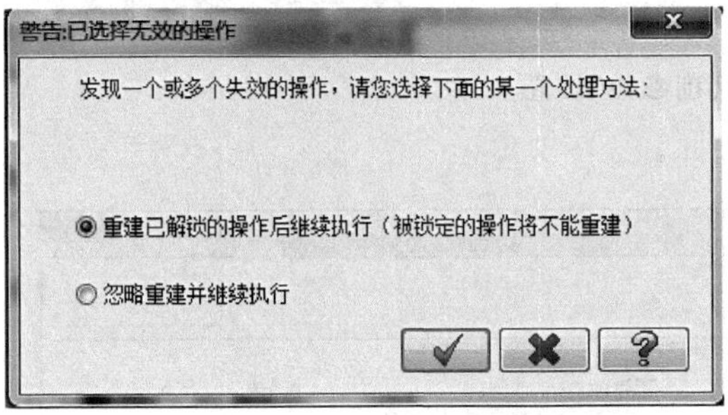

图 5-56 重新计算

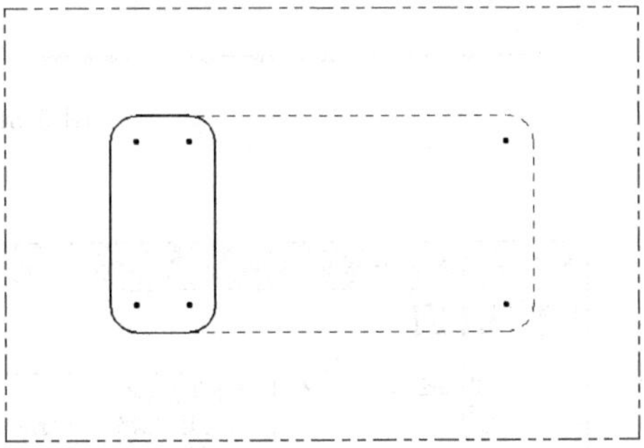

图 5-57 绘制线框

步骤 3：选择加工路径与刀具。

选择主菜单中的“刀具路径”→“外形铣削”命令，选择串连方式已经绘制的矩形，使矩形上产生顺时针的箭头，然后单击确定按钮 。弹出“2D 刀具路径-外形铣削”对话框，单击选定直径 ϕ8mm 的平面立铣刀，由于前面选择该刀具时已把该刀加工参数设定好了，并做了保存，所以只要后面加工选定该刀，就能同时调出该刀保存的切削用量。

步骤 4：修改“切削参数”。

刀具在毛坯的外侧进刀，要考虑补正。选中“切削参数”节点，选择“补正方式”为“电脑”，“补正方向”为“左”，“刀具在转角处走圆角”设置为“无”，“壁边预留量”为 0，设置好的参数如图 5-58 所示。

为了保证侧面的平整。刀具在 Z 方向一刀切至总深，所以“深度切削”不需要分层。

步骤 5：修改“进退/刀参数”。

刀具需从毛坯外面进刀，合理的进刀方式是在工件侧面采用圆弧切入进刀和圆弧切出退刀，图 5-59 所示为设置好的“进退/刀参数”。

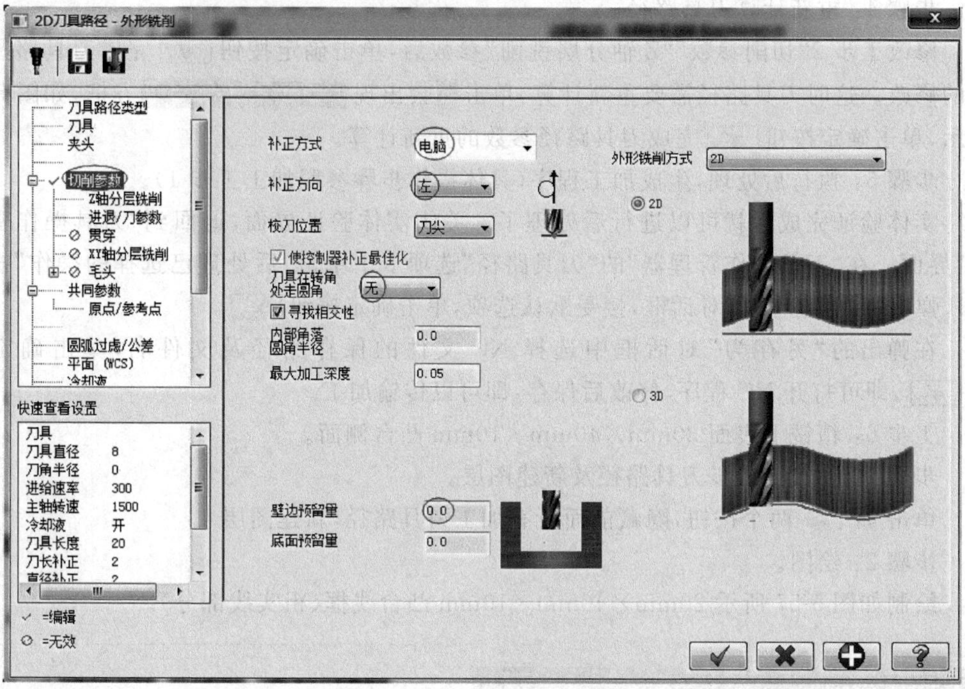

图 5-58 “切削参数”设置

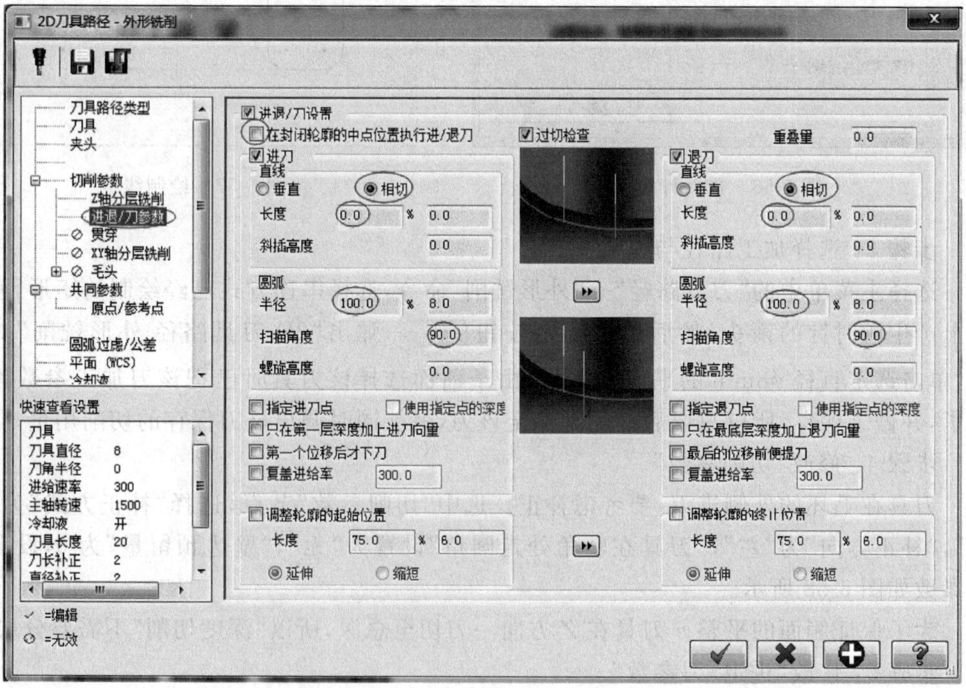

图 5-59 “进退/刀参数”设置

步骤 6：修改“共同参数”。

由于毛坯在铣上表面平面时铣去了 1mm，而零件凸台要求总高度是 10mm，为了不重新对刀 Z 方向，所以“工件表面”的参数可以设置为 −1.0，“深度”设置为 −10.0，图 5-60 为设置好的“共同参数”。单击确定按钮 完成所有刀具及加工参数的设置。

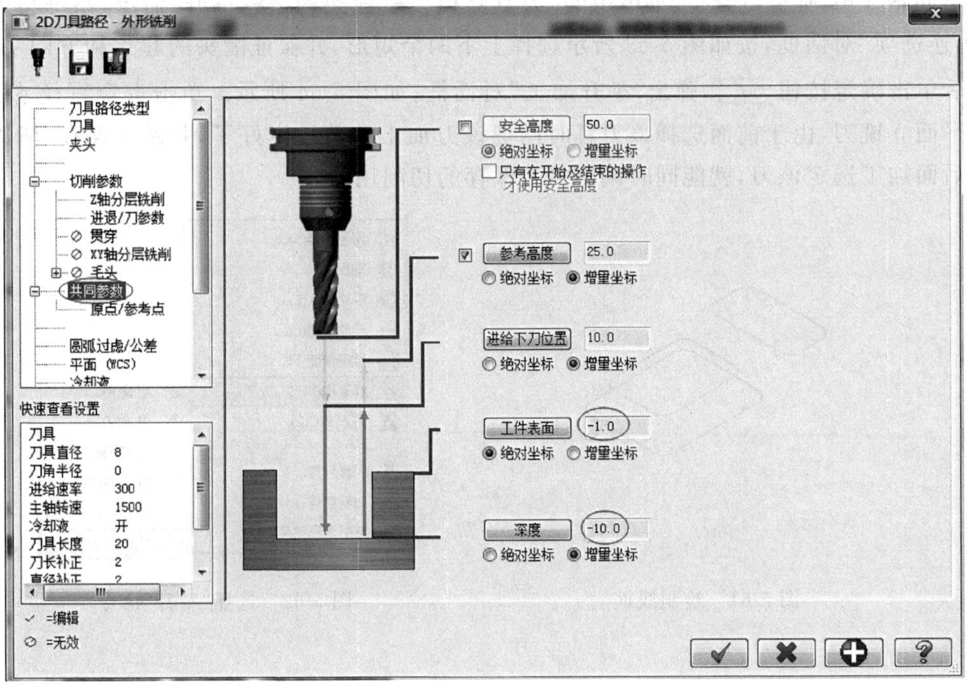

图 5-60　“共同参数”设置

步骤 7：刀具路径进行实体验证。

单击 、 两个按钮，选择显示所有刀具路径，在“刀具操作管理器”的“刀具路径”选项卡中单击“验证已选择的操作”按钮 ，弹出“验证”对话框，单击“机床”加工按钮 ，即可进行刀具路径模拟验证操作。

步骤 8：执行后处理，生成加工程序(具体操作步骤参照加工工步 1)。

实体验证完成后就可以进行后处理了。关闭实体验证界面，退回到“刀具操作管理器”界面。在“刀具操作管理器”的“刀具路径”选项卡中单击“后处理已选择的操作”按钮 G1，弹出“后处理程序”对话框，接受默认选项，单击确定按钮 。

在弹出的“另存为”对话框中选择 NC 文件的保存路径及文件名，单击确定按钮 ，即可打开 NC 程序，修改后保存，即可以传输加工。

工步 7：精铣上表面 50mm×40mm×10mm 的 30°锥面凸台侧面。

步骤 1：隐藏前工步刀具路径。

单击 、 两个按钮，隐藏前面所有加工刀具路径。

步骤 2：绘图。

绘制斜角为 30°斜面线框图，下表面矩形的尺寸为 50mm×40mm×10mm 且倒四个

$R5$mm 的圆角，上表面的矩形尺寸可以通过计算得到(已知两平面间的距离为 10mm)，也可以通过作图得到。上表面的矩形为 38.45mm×28.45mm，且倒了四个 $R5$mm 的圆角，在图层 4 上绘制如图 5-61 所示线框(右边粗实线部分)。

步骤 3：选择加工路径与刀具。

如图 5-62 所示，选择主菜单中的“刀具路径”→“线架构”→“举升”命令，系统会弹出“串连选项”对话框，按如图 5-63 所示选择上下两个矩形，并保证箭头的起点和方向一致，然后单击确定按钮 [✓]，弹出“举升加工”对话框，如图 5-64 所示。单击选定直径 ϕ8mm 的平面立铣刀，由于前面选择该刀具时已把该刀加工参数设定好了，并做了保存，所以只要后面加工选定该刀，就能同时调出该刀保存的切削用量。

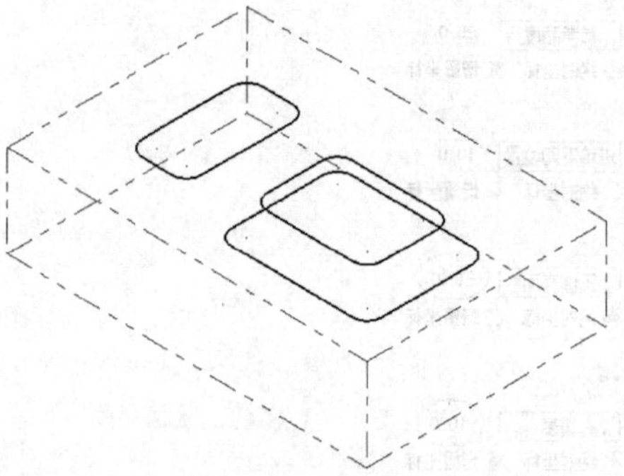

图 5-61 绘制线框

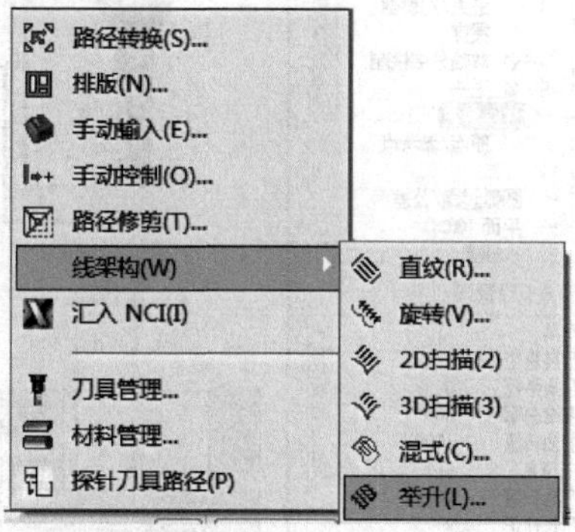

图 5-62 选择“举升”命令

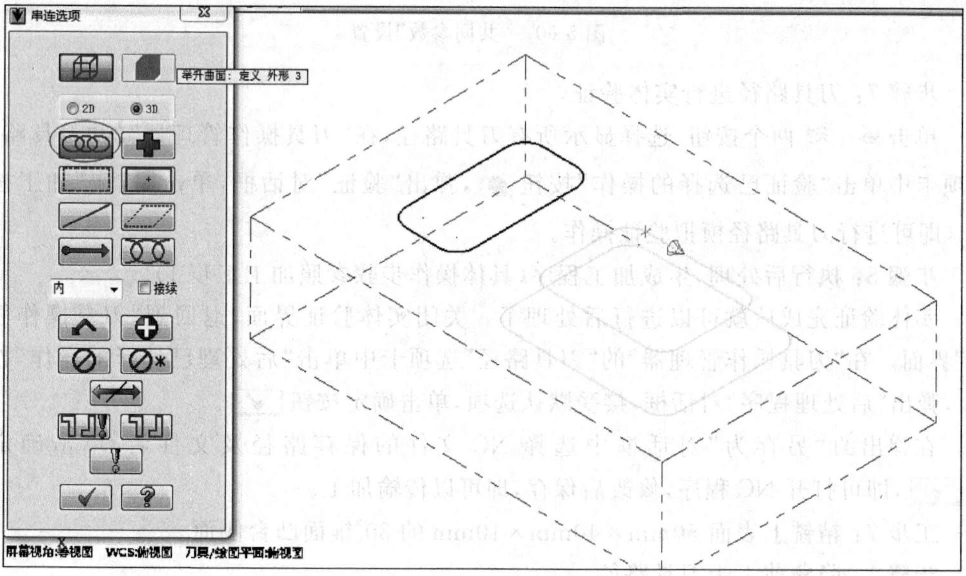

图 5-63 选择“串连”

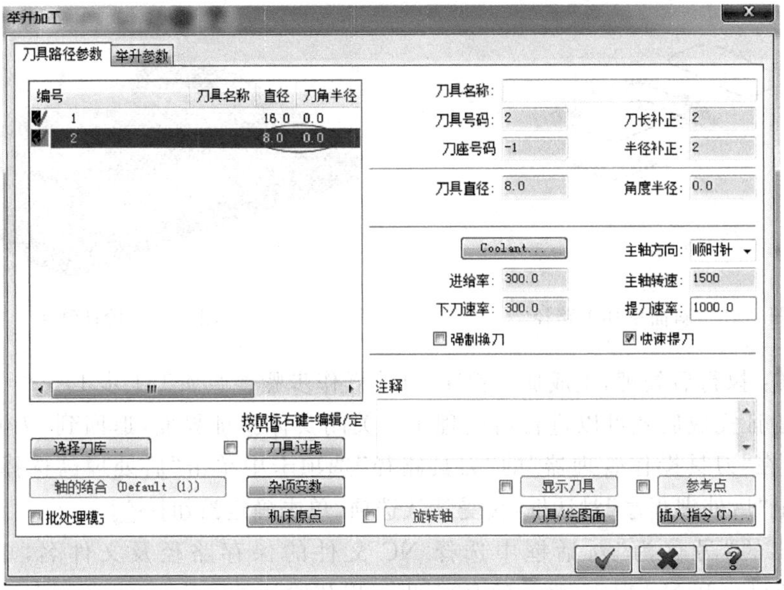

图 5-64 “刀具路径参数”设置

步骤 4：修改“举升参数”。

选中“举升参数”选项，“切削方向”选择“截断方向”，“引导方向的切削量”设为 0.1，“截断方向的切削量”设为 2.5，“切削方式”选择“单向”，其余选项均接受默认值。图 5-65 所示为设置好的“举升参数”，斜面精加工路径如图 5-66 所示。

图 5-65 “举升参数”设置

步骤 5：刀具路径进行实体验证。

单击 、 两个按钮，选择显示所有刀具路径，在“刀具操作管理器”的“刀具路径”选项卡中单击“验证已选择的操作”按钮 ，弹出“验证”对话框，单击“机床”加工按钮 ，即可进行刀具路径模拟验证操作，验证结果如图 5-67 所示。

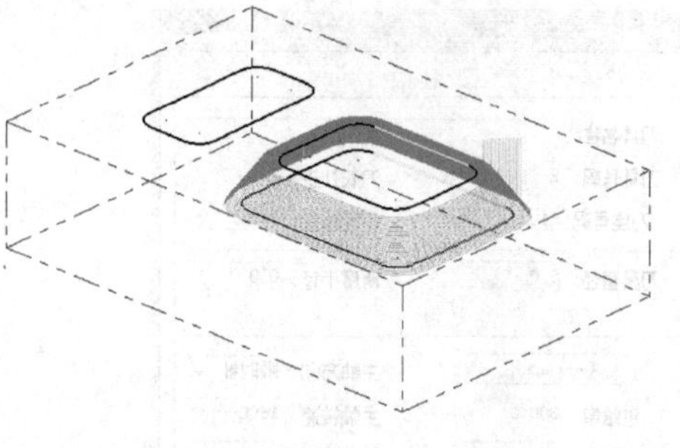

图 5-66 斜面精加工路径

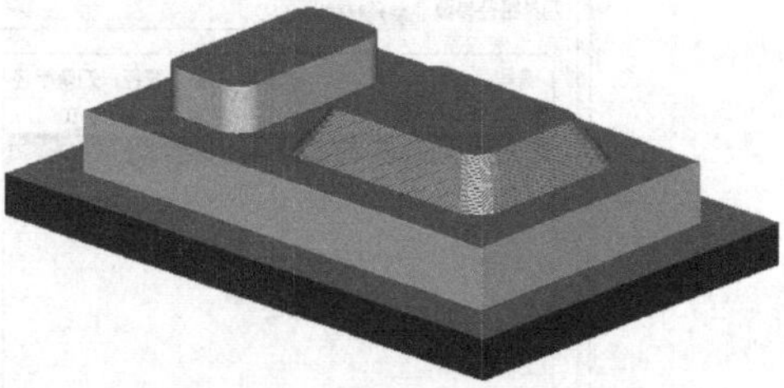

图 5-67 验证结果

步骤 6：执行后处理，生成加工程序(具体操作步骤参照加工工步 1)。

实体验证完成后就可以进行后处理了。关闭实体验证界面，退回到“刀具操作管理器”界面。在“刀具操作管理器”的“刀具路径”选项卡中单击“后处理已选择的操作”按钮 G1，弹出“后处理程序”对话框，接受默认选项，单击确定按钮 ✓。

在弹出的“另存为”对话框中选择 NC 文件的保存路径及文件名，单击确定按钮 ✓，即可打开 NC 程序，修改后保存，即可以传输加工。

工步 8：粗铣 10mm×30mm 矩形槽。

槽的加工需要考虑到刀具的大小，由于矩形槽需要倒半径 R3mm 的圆角，所以使用的刀具直径不能大于 ϕ6mm，同时还需要螺旋下刀。

步骤 1：隐藏前工步刀具路径。

单击 、 两个按钮，隐藏前面所有的加工刀具路径。

步骤 2：绘图。

根据图 5-1 所示零件图，在图层 4 俯视图上绘出图 5-68 所示的左图内侧图形，矩形四个角倒 R3mm 的圆角。

步骤 3：选择加工路径与刀具。

如图 5-69 所示，选择主菜单中的“刀具路径”→“2D 挖槽”命令，系统会弹出“串连选项”对话框，用串连的方式选取如图 5-70 所示的矩形，然后单击确定按钮 ✓，弹出“2D 刀具路径-2D 挖槽”对话框，选择一把直径 ϕ6mm 的平面立铣刀，如图 5-71 所示。

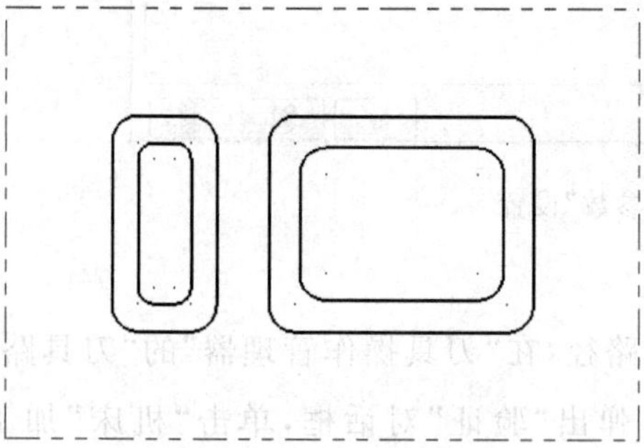

图 5-68 绘图线框

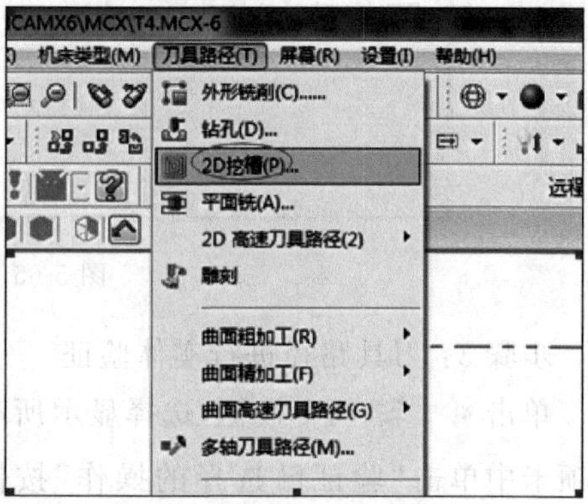

图 5-69 选择“2D 挖槽”铣削方式

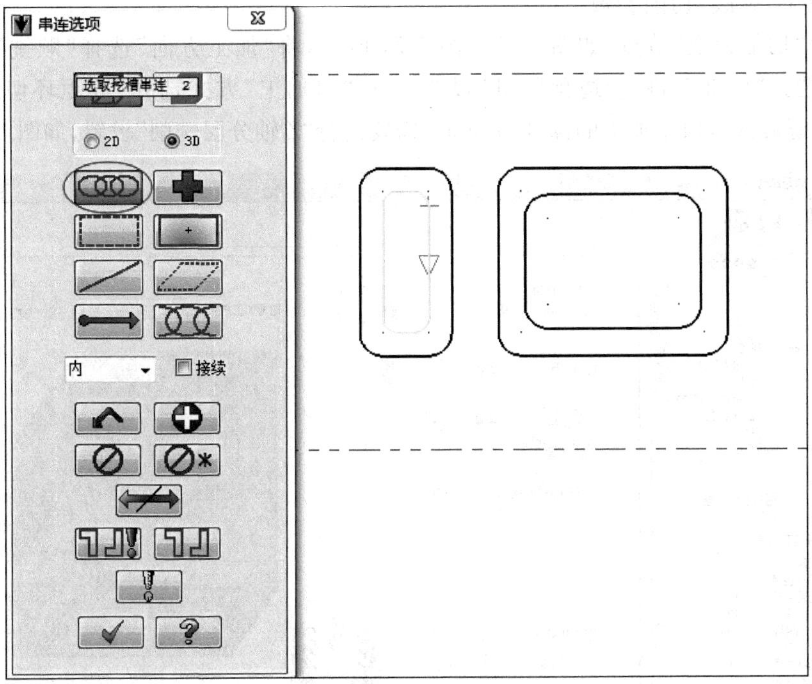

图 5-70 选择“串连”方式

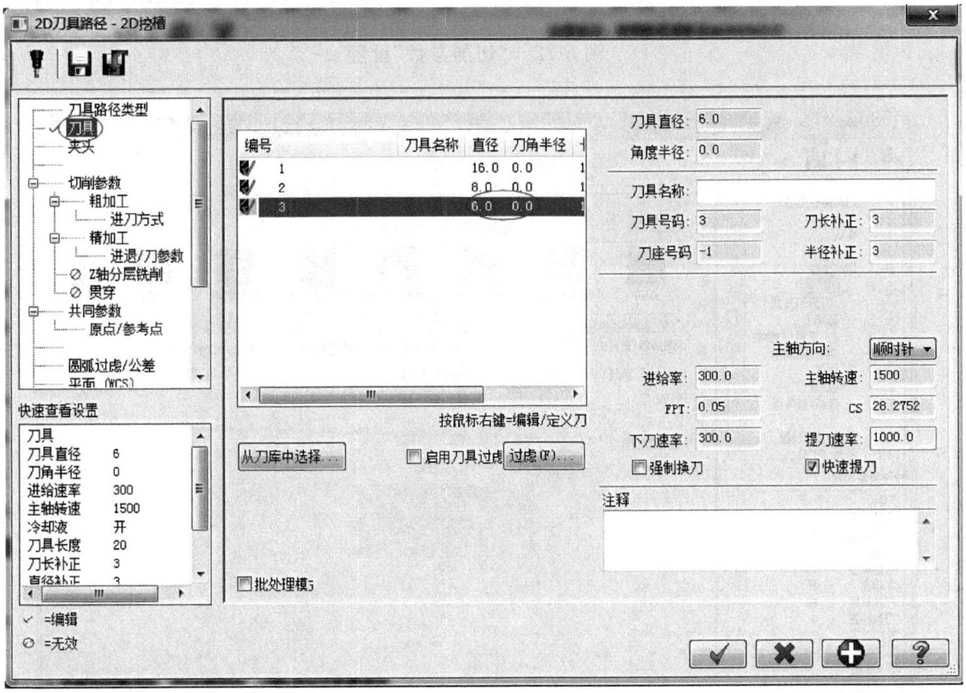

图 5-71 选择刀具

步骤 4：修改“切削参数”。

选中“切削参数”节点，如图 5-72～图 5-74 所示，将“加工方向”选择“顺铣”，“挖槽加工方式”选择“标准”，将“壁边预留量”设为 0.3，“粗加工”方式选择“等距环切”，“进刀方式”选择“螺旋式”，由于加工的深度为 5mm，需要进行“Z 轴分层铣削”设置，如图 5-75 所示。

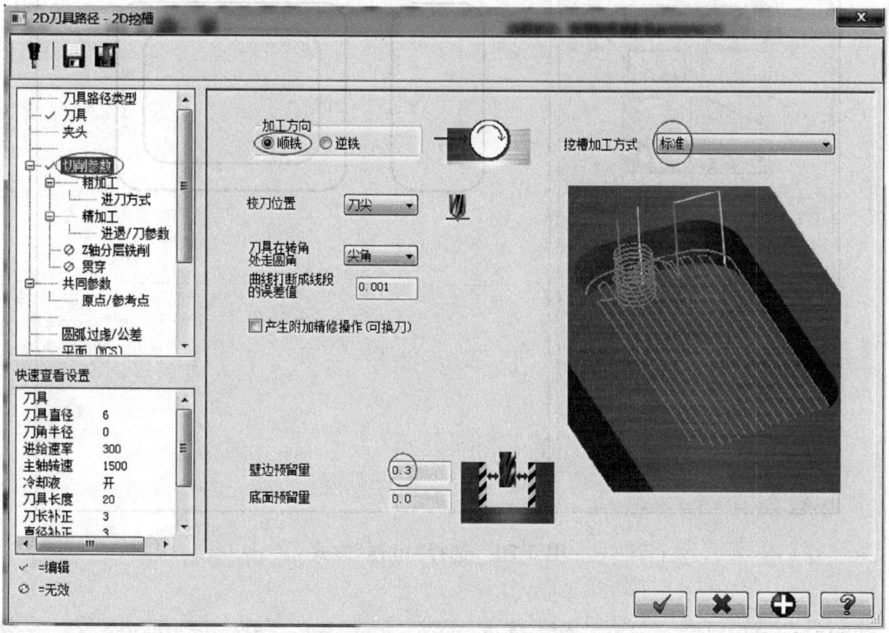

图 5-72 “切削参数”设置

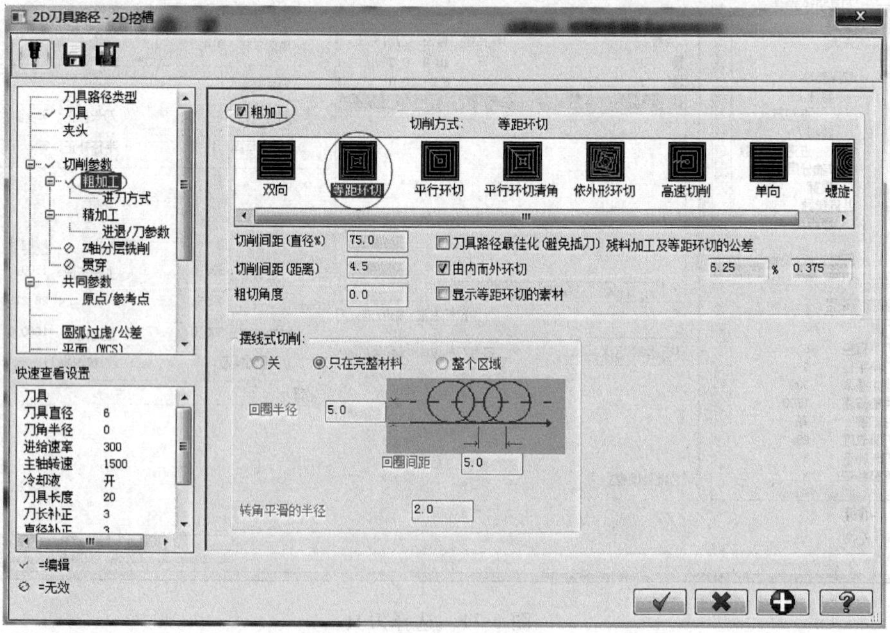

图 5-73 “粗加工”设置

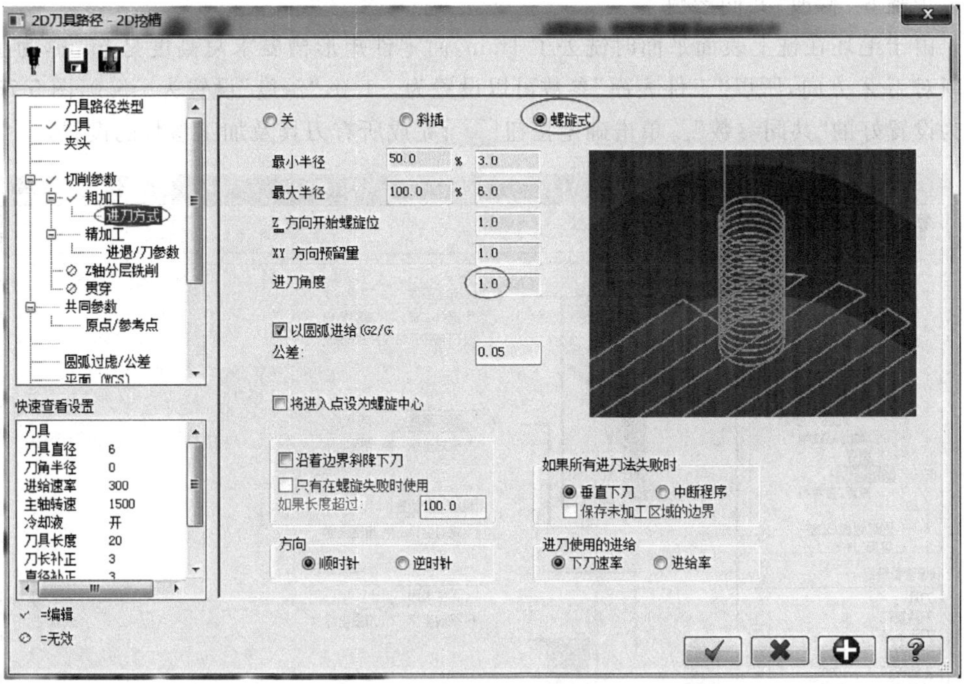

图 5-74 “进刀方式”设置

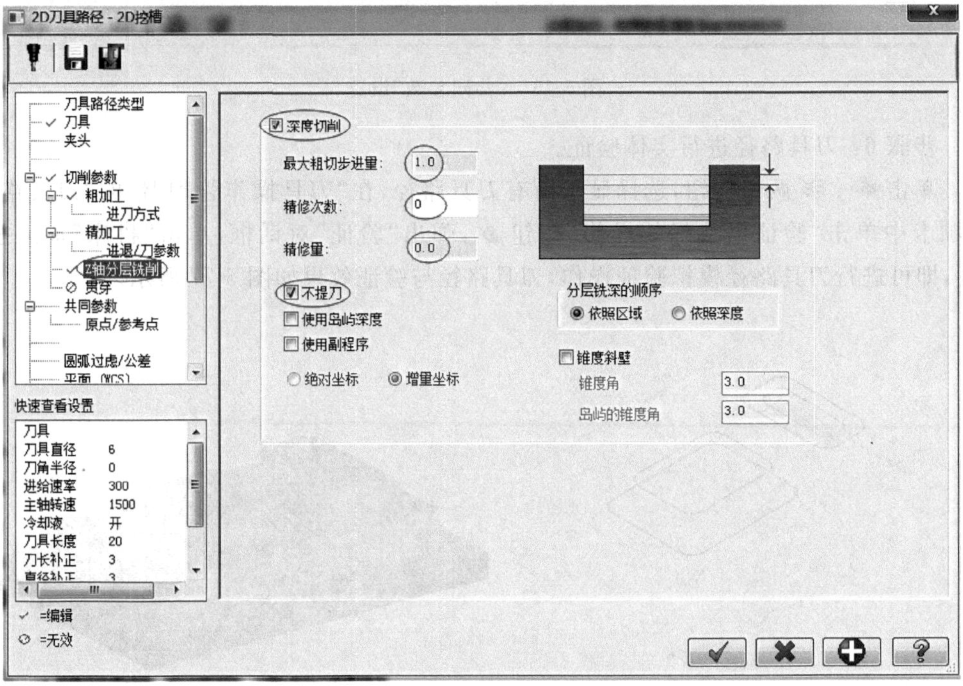

图 5-75 “Z 轴分层铣削”设置

步骤 5：修改“共同参数”。

由于毛坯在铣上表面平面时铣去了 1mm，而零件矩形槽要求总高度是 5mm，为了不重新对刀 Z 方向，所以“工件表面”参数可以设置为 −1.0，“深度”设置为 −5.0，图 5-76 所示为设置好的“共同参数”。单击确定按钮完成所有刀具及加工参数的设置。

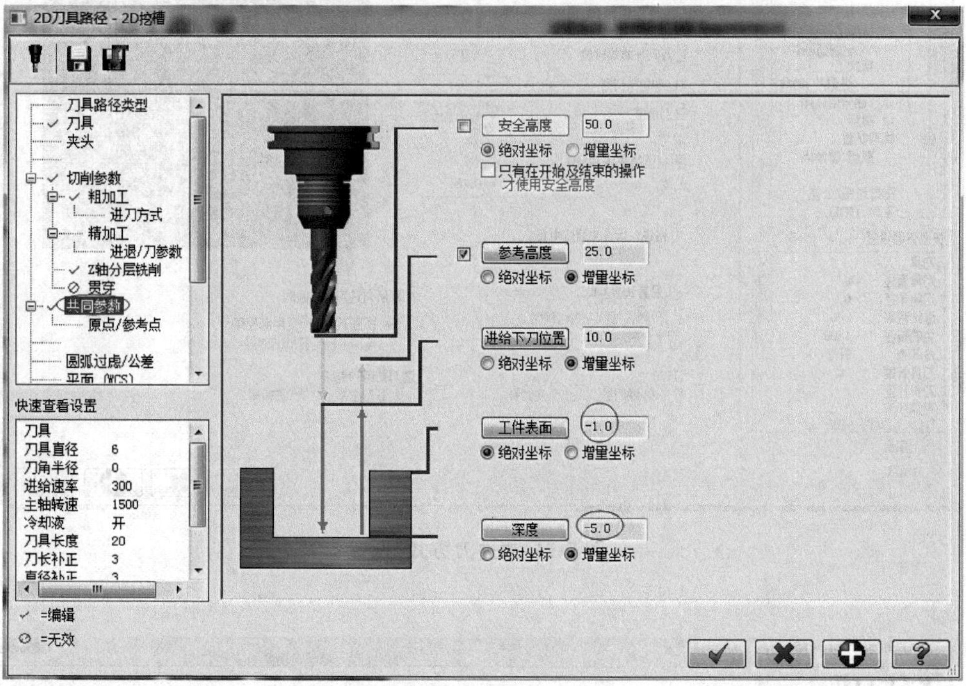

图 5-76 “共同参数”设置

步骤 6：刀具路径进行实体验证。

单击、两个按钮，选择显示所有刀具路径，在“刀具操作管理器”的“刀具路径”选项卡中单击“验证已选择的操作”按钮，弹出“验证”对话框，单击“机床”加工按钮，即可进行刀具路径模拟验证操作，刀具路径与验证效果如图 5-77 所示。

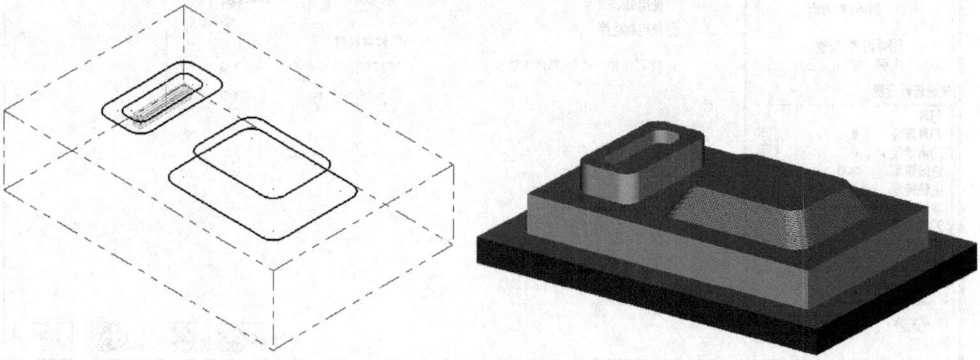

图 5-77 刀具路径与验证效果

步骤 7：执行后处理，生成加工程序（具体操作步骤参照加工工步 1）。

实体验证完成后就可以进行后处理了。关闭实体验证界面，退回到“刀具操作管理器”界面。在“刀具操作管理器”的“刀具路径”选项卡中单击“后处理已选择的操作”按钮 G1，弹出“后处理程序”对话框，接受默认选项，单击确定按钮 ✓。

在弹出的“另存为”对话框中选择 NC 文件的保存路径及文件名，单击确定按钮 ✓，即可打开 NC 程序，修改后保存，即可以传输加工。

工步 9：粗铣椭圆槽。

由于椭圆槽的最小曲率半径为 6.67mm，所以使用的刀具直径不能大于 ϕ6mm，同时还需要螺纹旋下刀。

步骤 1：隐藏前工步刀具路径。

单击 、 两个按钮，隐藏前面所有加工刀具路径。

步骤 2：绘图。

根据图 5-1 所示零件图，在图层 4 俯视图上绘制出图 5-78 所示右边内侧的椭圆槽线框。

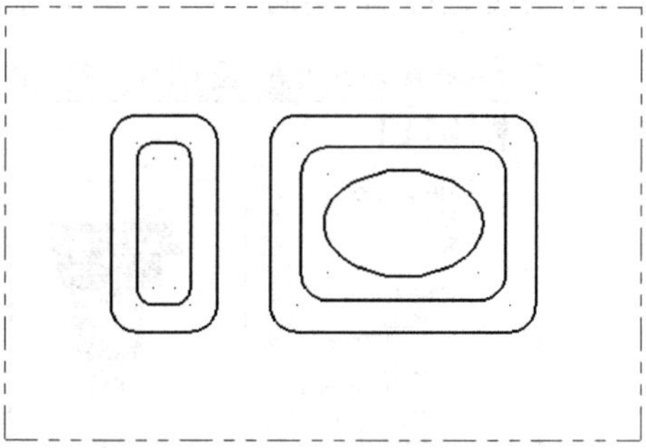

图 5-78　绘图椭圆槽线框

步骤 3：选择加工路径与刀具。

选择主菜单中的“刀具路径”→“2D 挖槽”命令，系统会弹出“串连选项”对话框，用串连的方式选取如图 5-79 所示的椭圆，然后单击确定按钮 ✓，弹出“2D 刀具路径-2D 挖槽”对话框，选择一把 ϕ6mm 的平面立铣刀。

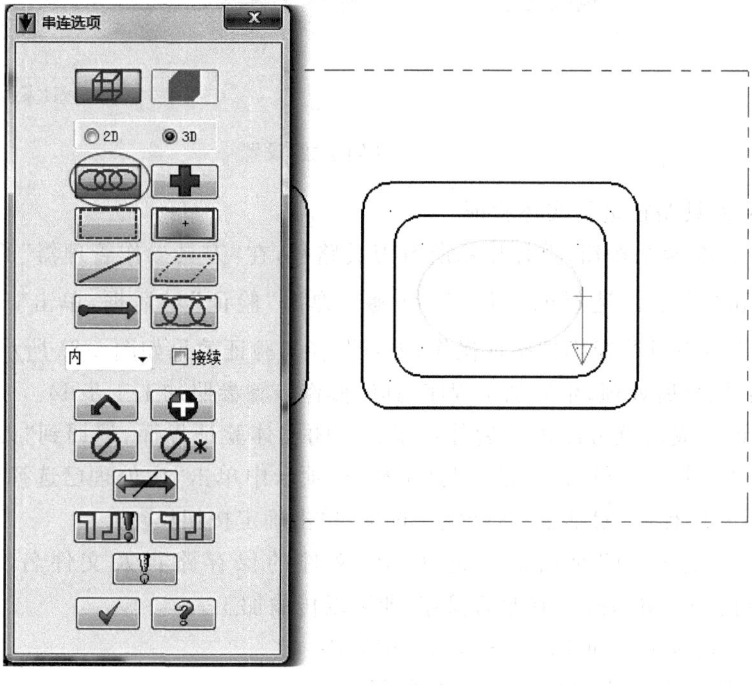

图 5-79　选择“串连”方式

步骤 4：修改“切削参数”。

参考工步 8，选中“切削参数”节点，将“加工方向”选择“顺铣”，“挖槽加工方式”选择“标准”，将“壁边预留量”设为 0.3。“粗加工”方式选择“等距环切”，“进刀方式”选择“螺旋式”，由于加工的深度为 5mm，需要进行“Z 轴分层铣削”设置，每层深度为 1mm。

步骤 5：修改“共同参数”。

由于毛坯在铣上表面平面时铣去了 1mm，而零件矩形槽要求总高度是 10mm，为了不重新对刀 Z 方向，所以“工件表面”参数可以设置为－1.0，“深度”设置为－10.0，图 5-80 所示为设置好的“共同参数”。单击确定按钮完成所有刀具及加工参数的设置。

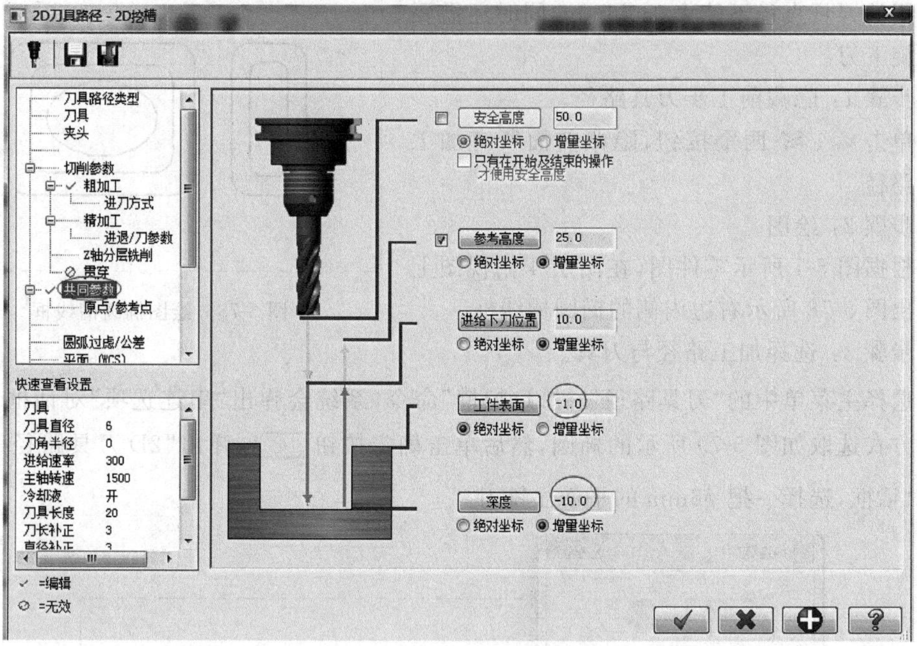

图 5-80 “共同参数”设置

步骤 6：刀具路径进行实体验证。

单击、两个按钮，选择显示所有刀具路径，在“刀具操作管理器”的“刀具路径”选项卡中单击“验证已选择的操作”按钮，弹出“验证”对话框，单击“机床”加工按钮，即可进行刀具路径模拟验证操作，刀具路径与验证效果如图 5-81 所示。

步骤 7：执行后处理，生成加工程序（具体操作步骤参照加工工步 1）。

实体验证完成后就可以进行后处理了。关闭实体验证界面，退回到“刀具操作管理器”界面。在“刀具操作管理器”的“刀具路径”选项卡中单击“后处理已选择的操作”按钮 G1，弹出“后处理程序”对话框，接受默认选项，单击确定按钮。

在弹出的“另存为”对话框中选择 NC 文件的保存路径及文件名，单击确定按钮，即可打开 NC 程序，修改后保存，即可以传输加工。

工步 10：精铣上表面 10mm×30mm 矩形槽。

步骤 1：隐藏前工步刀具路径及复制刀具路径。

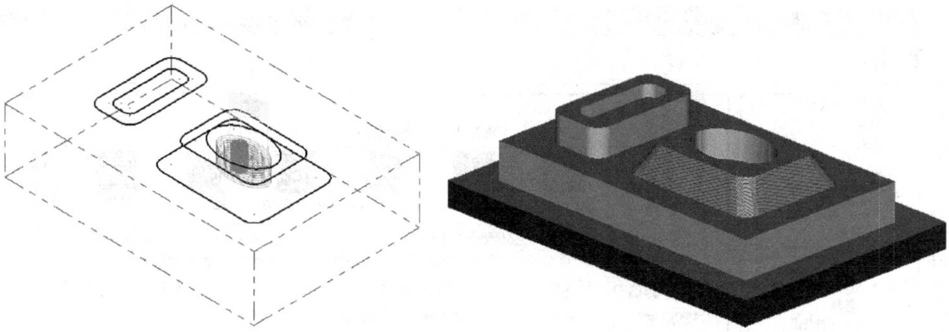

图 5-81　刀具路径与验证效果

单击 、 两个按钮，隐藏所有加工刀具路径。选择刀具路径 7，单击按钮，显示粗铣上表面 10mm×30mm 的矩形槽刀具路径，切换到图层 4。接着把光标放置在刀具路径 7 上，右击选择复制，在刀具路径页面空白处粘贴，然后在新建的精铣刀具路径 9 中做参数的修改。图 5-82 所示路径 9 就是复制出来的 10mm×30mm 矩形槽精加工路径。

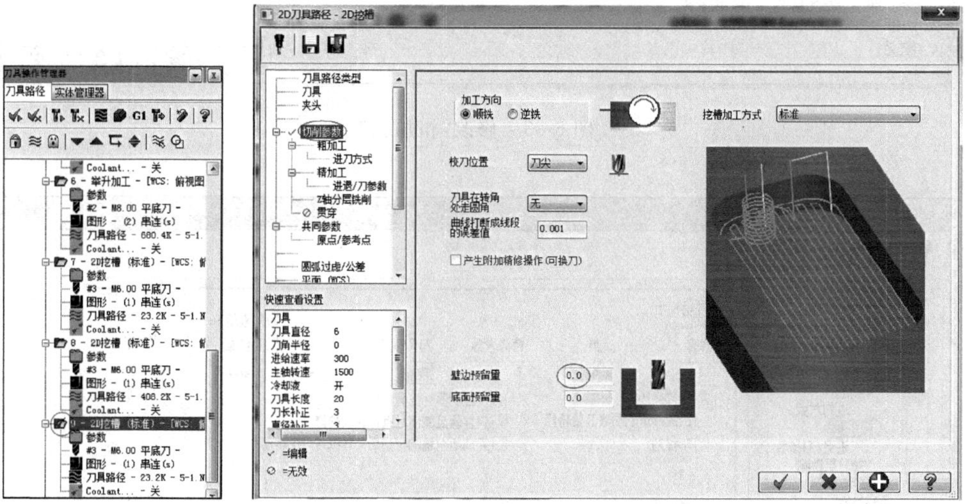

图 5-82　复制刀具路径、修改“切削参数”

步骤 2：修改“切削参数”。

修改“切削参数”加工参数，单击路径 9 中的“参数”文件，把“切削参数”中的“壁边预留量”中的 0.3 修改为 0.0，从而控制矩形槽 X、Y 方向尺寸（有时根据机床的精度或操作者加工能力的高低，还需经过多次修改“壁边预留量”，多次进行精加工），图 5-82 所示为设置好的“切削参数”。

步骤 3：修改“粗加工”。

取消选择“粗加工”复选框，如图 5-83 所示。

步骤 4：修改“精加工”。

切换到“精加工”复选框，选择“精加工”和“精修外边”，从而保证侧面的平整。图 5-84 所示为设置好的“精加工”参数。“进退/刀参数”如图 5-85 所示。

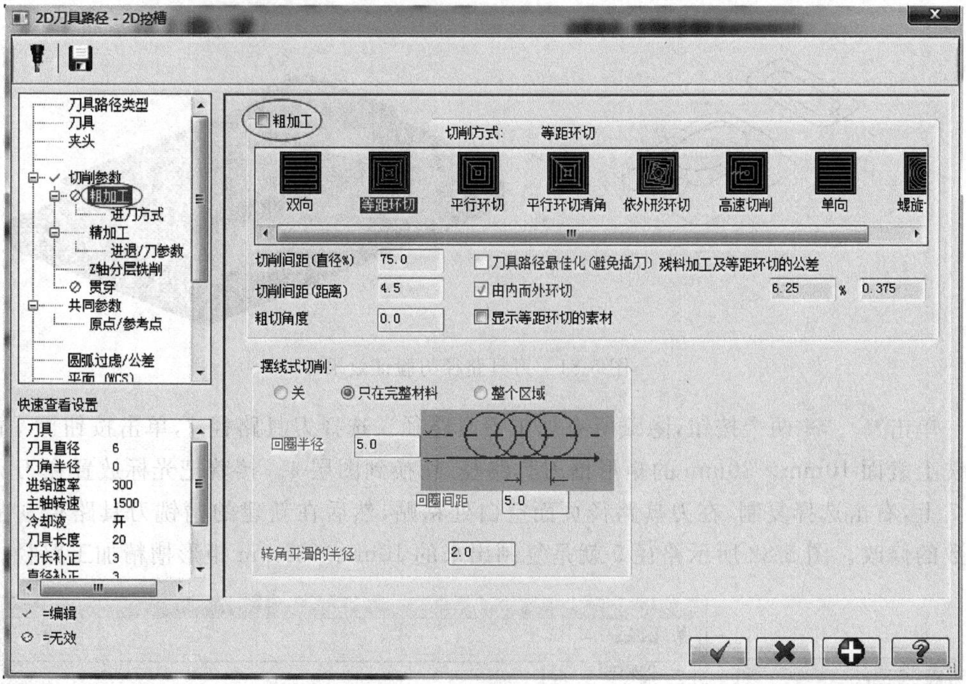

图 5-83 修改“粗加工”

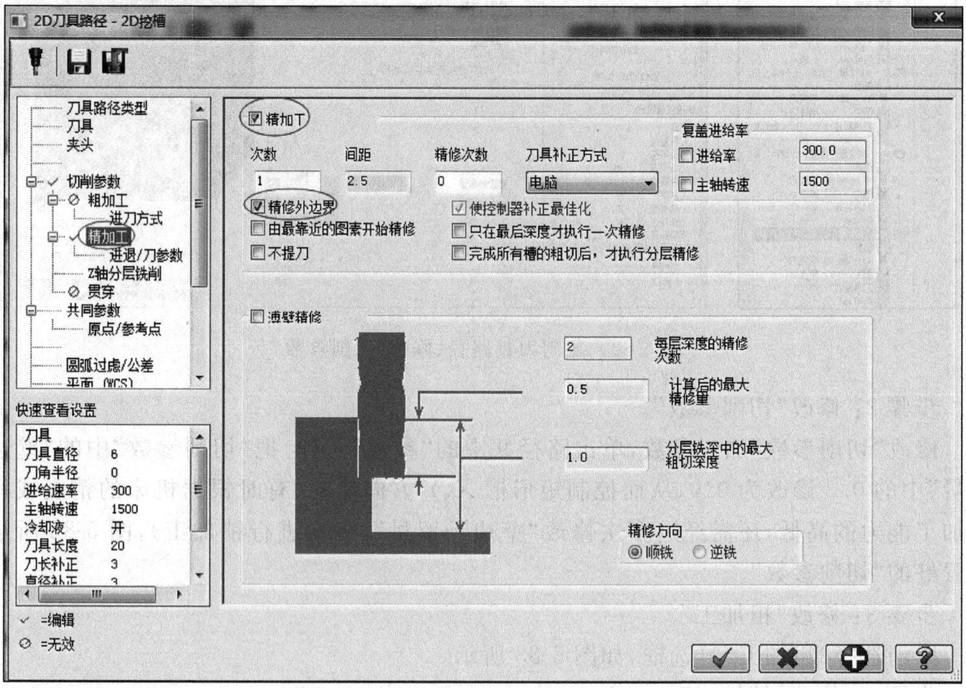

图 5-84 “精加工”设置

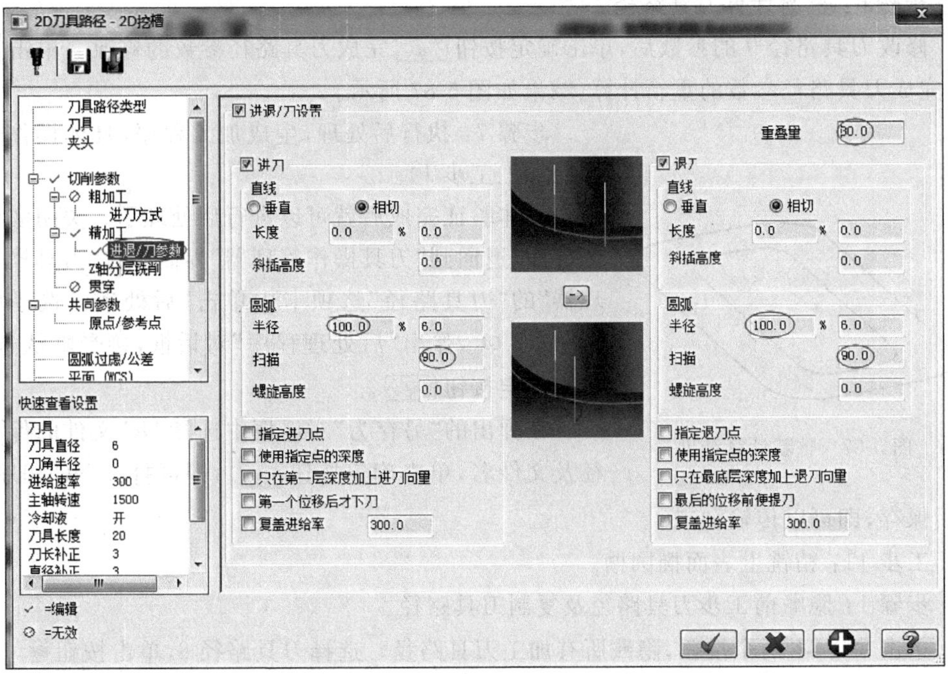

图 5-85　修改“进退/刀参数”

步骤 5：修改“Z 轴分层铣削”。

如图 5-86 所示，切换到“Z 轴分层铣削”复选框，取消选择“深度切削”复选框。

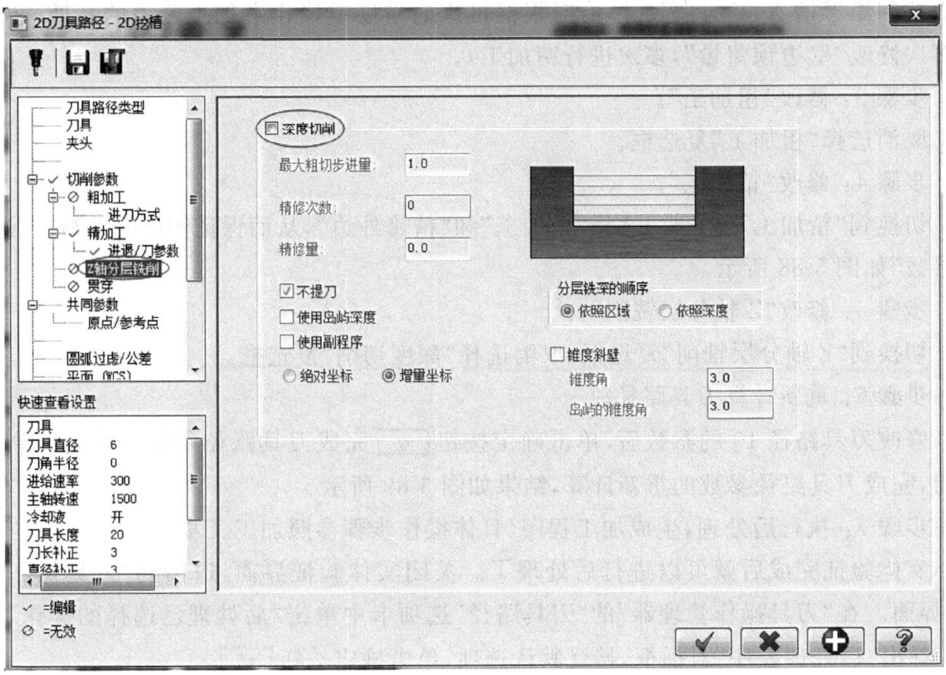

图 5-86　修改“Z 轴分层铣削”

步骤 6：重新计算刀具路径。

修改刀具路径 9 的参数后，单击确定按钮完成刀具路径参数的修改。单击按钮，完成刀具路径参数的重新计算，结果如图 5-87 所示。

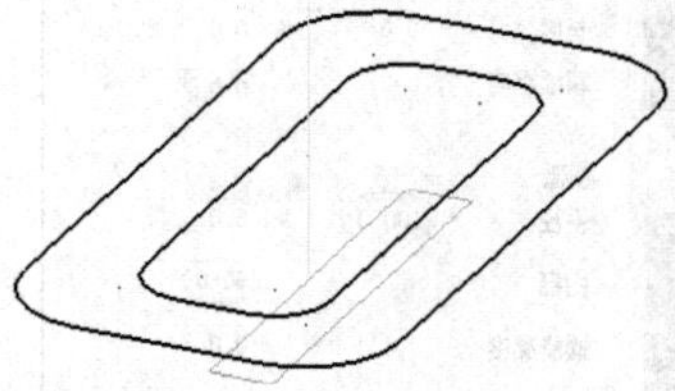

图 5-87 重新计算结果

步骤 7：执行后处理，生成加工程序(具体操作步骤参照加工工步 1)。

实体验证完成后就可以进行后处理了。关闭实体验证界面，退回到“刀具操作管理器”界面。在“刀具操作管理器”的“刀具路径”选项卡中单击“后处理已选择的操作”按钮，弹出“后处理程序”对话框，接受默认选项，单击确定按钮。

在弹出的“另存为”对话框中选择 NC 文件的保存路径及文件名，单击确定按钮，即可打开 NC 程序，修改后保存，即可以传输加工。

工步 11：精铣上表面椭圆槽。

步骤 1：隐藏前工步刀具路径及复制刀具路径。

单击、两个按钮，隐藏所有加工刀具路径。选择刀具路径 8，单击按钮，显示粗铣上表面椭圆槽刀具路径，切换到图层 4。接着把光标放置在刀具路径 8 上，右击选择复制，在刀具路径页面空白处粘贴，然后在新建的精铣刀具路径 10 中做参数修改。

步骤 2：修改“切削参数”。

单击路径 10 中的“参数”文件，把“切削参数”的“壁边预留量”中的 0.3 修改为 0.0，从而控制矩形槽 X、Y 方向尺寸(有时根据机床的精度或操作者加工能力的高低，还需经过多次修改“壁边预留量”，多次进行精加工)。

步骤 3：修改“粗加工”。

取消选择“粗加工”复选框。

步骤 4：修改“精加工”。

切换到“精加工”复选框，选择“精加工”和“精修外边”，从而保证侧面的平整。“进退/刀参数”如图 5-88 所示。

步骤 5：修改“Z 轴分层铣削”。

切换到“Z 轴分层铣削”复选框，取消选择“深度切削”复选框。

步骤 6：重新计算刀具路径。

修改刀具路径 10 的参数后，单击确定按钮完成刀具路径参数的修改。单击按钮，完成刀具路径参数的重新计算，结果如图 5-89 所示。

步骤 7：执行后处理，生成加工程序(具体操作步骤参照加工工步 1)。

实体验证完成后就可以进行后处理了。关闭实体验证界面，退回到“刀具操作管理器”界面。在“刀具操作管理器”的“刀具路径”选项卡中单击“后处理已选择的操作”按钮，弹出“后处理程序”对话框，接受默认选项，单击确定按钮。

在弹出的“另存为”对话框中选择 NC 文件的保存路径及文件名，单击确定按

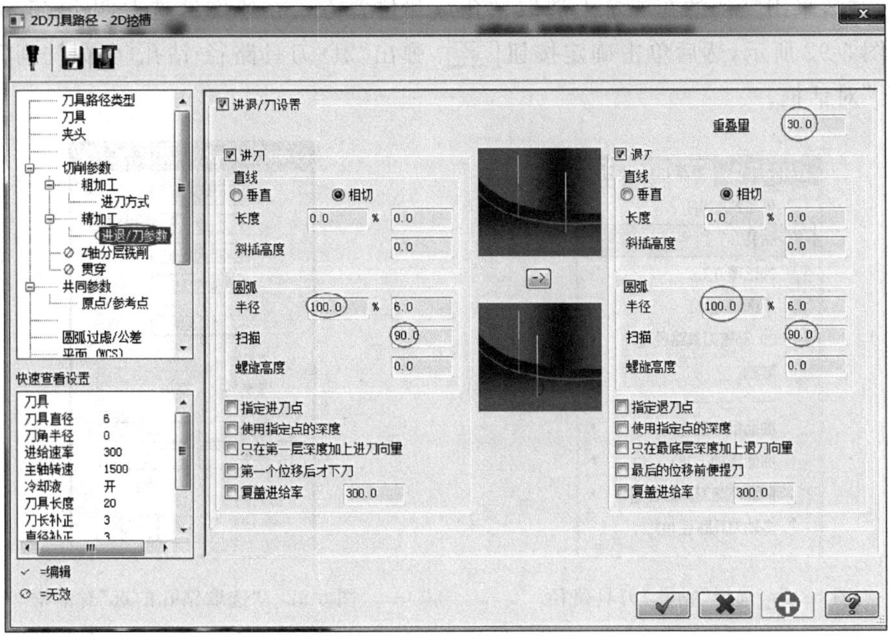

图 5-88　修改“进退/刀参数”

钮，即可打开 NC 程序，修改后保存，即可以传输加工。

工步 12：钻四个 ϕ5mm 的孔。

在加工尺寸较小、较深的孔时，可以先选择点钻进行定位，然后再用麻花钻进行钻削。对加工精度要求高的孔也可以在钻完之后进行铣孔、镗孔、铰孔等工序。现在直接采用 ϕ5mm 的麻花钻进行钻孔加工。

步骤 1：绘图。

单击按钮选择所有的刀具路径，单击按钮隐藏全部刀具路径，在图层 4 的俯视图上的相应位置绘制四个 ϕ5mm 的圆（或圆心），如图 5-90 所示。

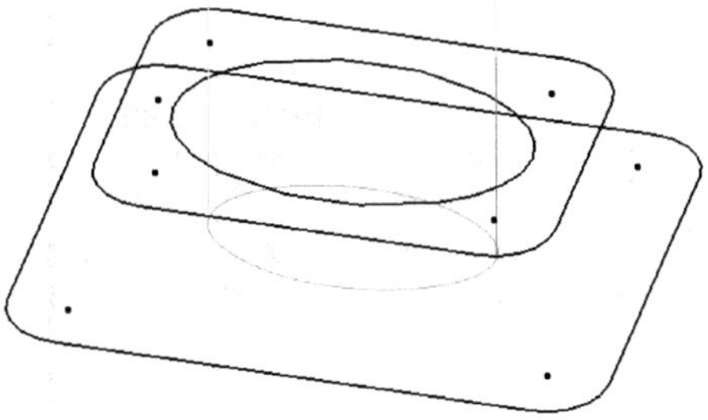

图 5-89　重新计算结果

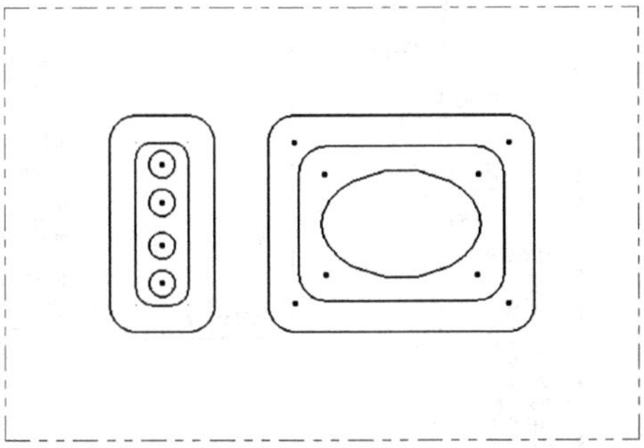

图 5-90　孔加工的外形

步骤 2：选择“钻孔”加工方式。

选择主菜单中的“刀具路径”→“钻孔”命令，如图 5-91 所示，系统会弹出“选取钻孔的点”对话框，采用默认的在屏幕上选取钻孔点和位置方式在绘图区选取四个 ϕ5mm 的圆心，如图 5-92 所示，然后单击确定按钮，弹出“2D 刀具路径-钻孔/全圆铣削深孔钻-无啄孔”对话框。

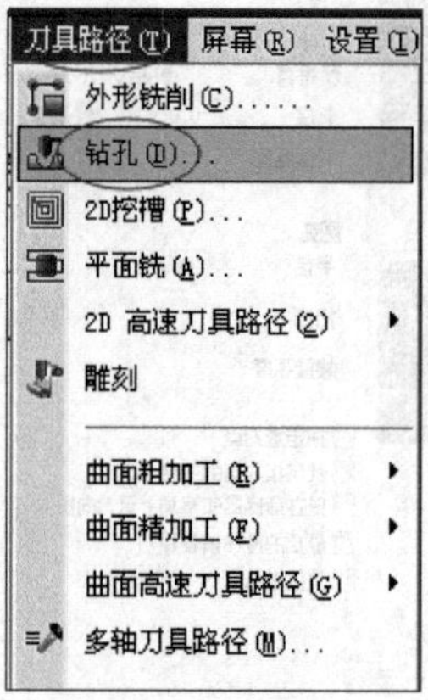

图 5-91 选择“钻孔”刀具路径

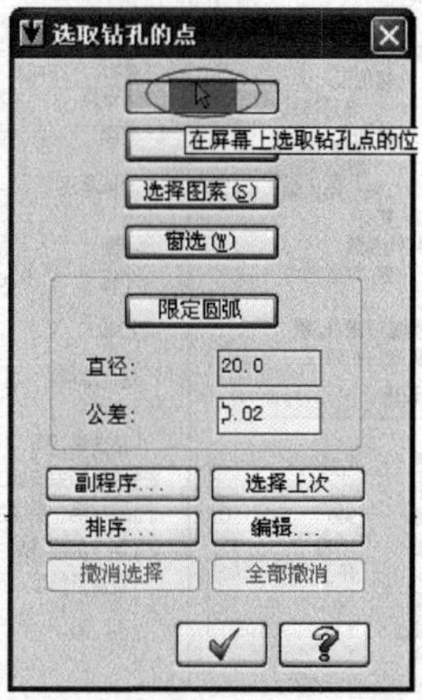

图 5-92 “选取钻孔的点”对话框

步骤 3：选择刀具及加工参数。

选中“刀具”节点，单击“选择刀库”按钮，从刀库中选择直径 ϕ5mm 的钻头（当孔的加工精度要求高时，要选用小于 ϕ5mm 的钻头进行钻削，然后再进行精加工孔内表面），如图 5-93 和图 5-94 所示，单击确定按钮，即可选定刀具。修改“进给率”为 100.0，“主轴转速”为 1500。设置好后如图 5-95 所示。

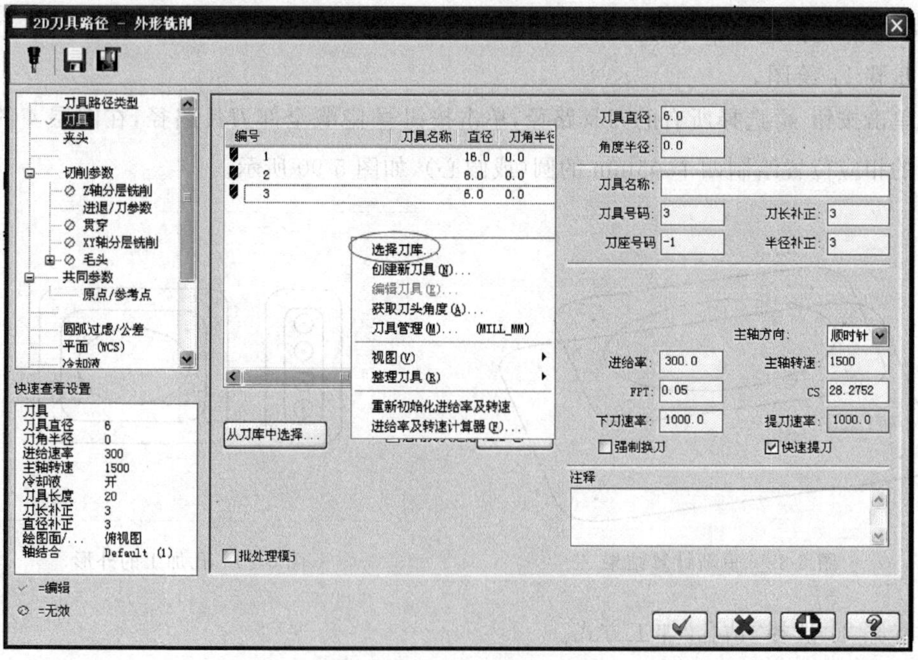

图 5-93 刀库选刀

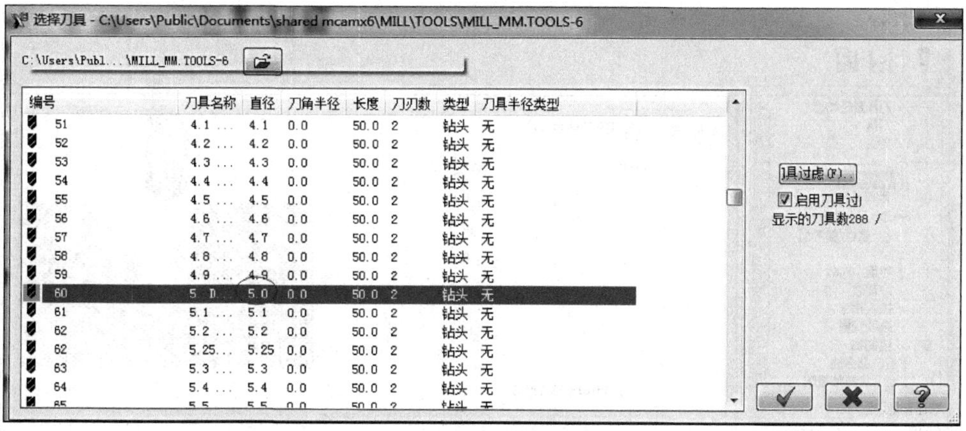

图 5-94　选择 $\phi5$ 钻头

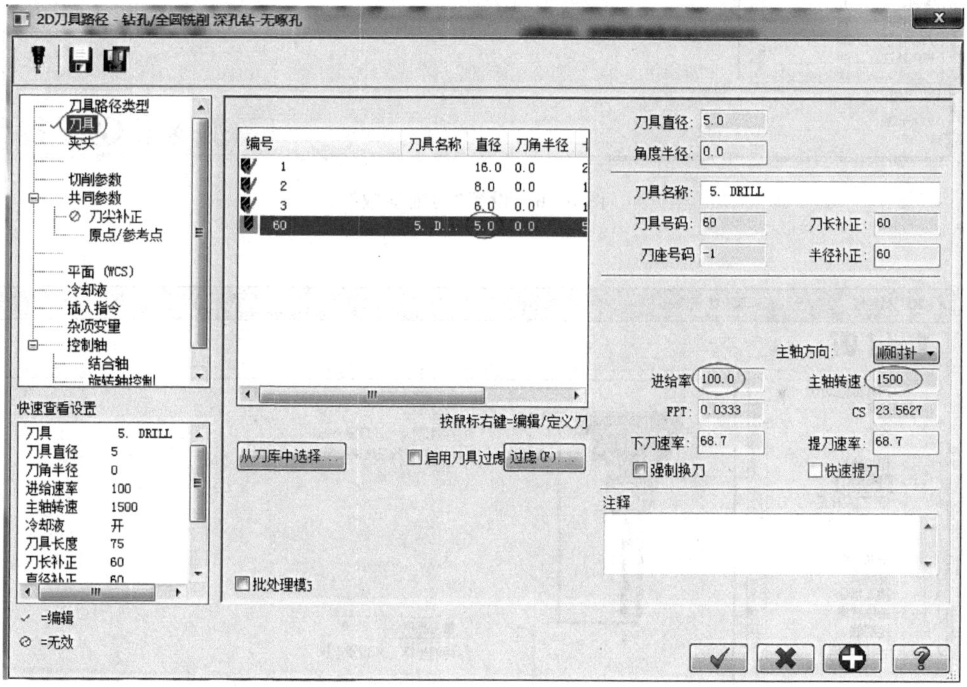

图 5-95　选择刀具

步骤 4：修改“切削参数”。

钻削的是通孔，钻削深度为 15mm，是刀具直径的 3 倍，所以采用深孔啄钻(G83)指令。设置 Peck 为 0.5(回退长度)，其设置如图 5-96 所示。

步骤 5：修改“共同参数”。

选中“共同参数”节点，由于是通孔，如图 5-97 所示，将“深度”设为 −17.0，再单击深度输入框的右边计算按钮 ，弹出“深度的计算”对话框，如图 5-98 所示。以刀具直径和刀具尖部包含角度可以计算出刀具尖角的深度为 −1.502152，单击确定按钮 ，系

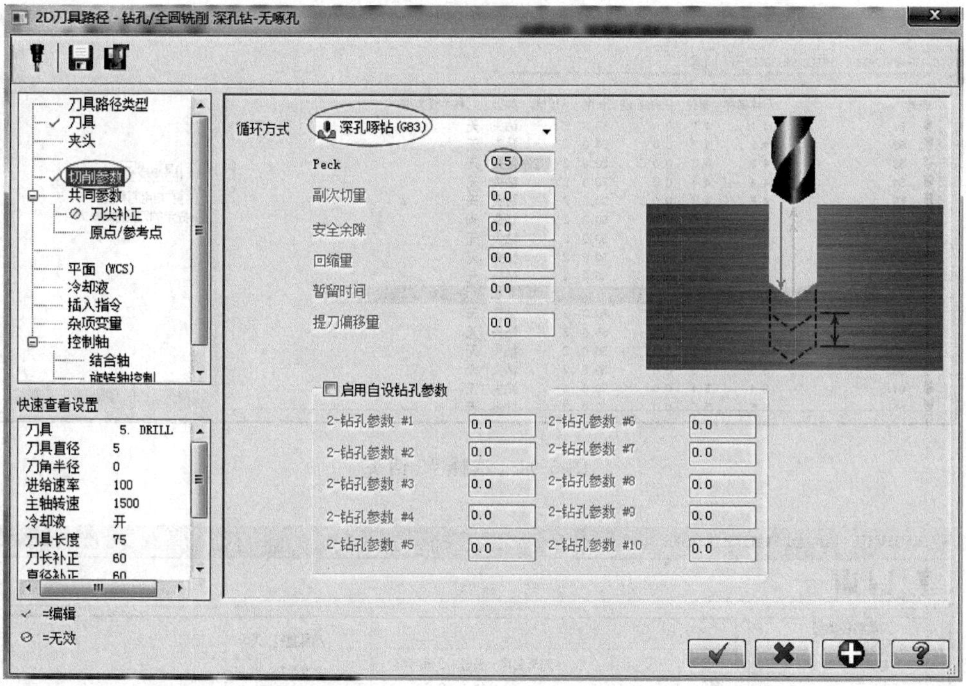

图 5-96 设置“切削参数”

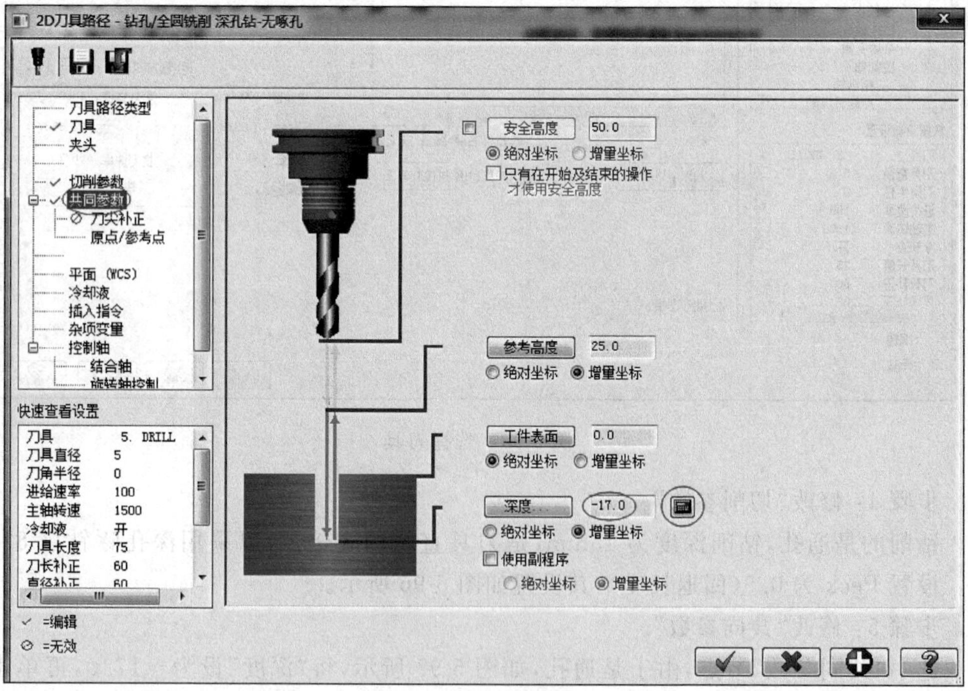

图 5-97 设置“共同参数”

统的钻孔深度即为－18.50215。设置好的“共同参数”如图 5-99 所示。其余的一些节点参数不做修改。单击确定按钮 ，完成所有刀具加工参数的设定。

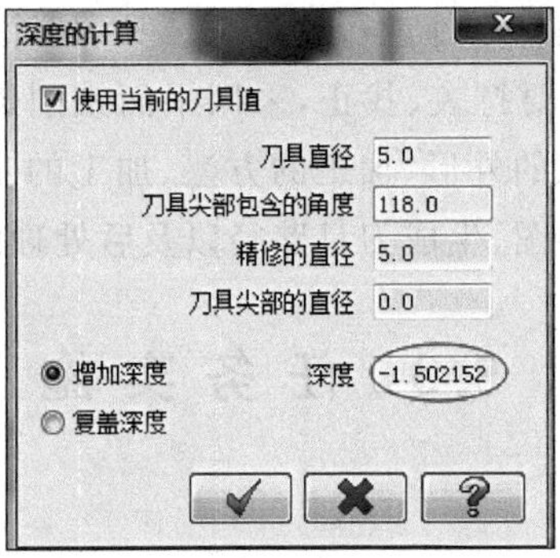

图 5-98 “深度的计算”对话框

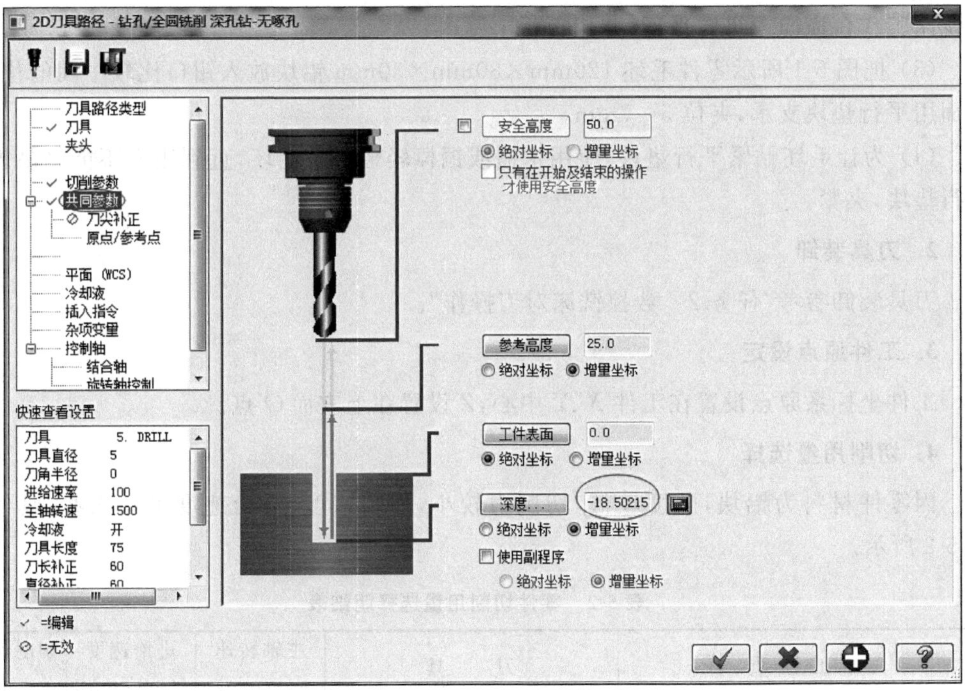

图 5-99 “共同参数”设置

步骤 6：刀具路径进行实体验证。

单击 、 两个按钮，选择显示所有刀具路径，在“刀具操作管理器”的“刀具路径”选项卡中单击“验证已选择的操作”按钮 ，弹出“验证”对话框，单击“机床”加工按钮 ，即可进行刀具路径模拟验证操作，验证结果如图 5-100 所示。

图 5-100 验证结果

2. 工序二

工序一完成了整个零件上表面的加工，由于装夹的需要，零件下表面还有 14mm 的厚度没有切除，所以工序二是将零件进行反过来装夹，切除工序一的装夹部分，并保证厚度是 15mm。反过来装夹时，要打表、找正，采用平面铣削进行深度的切除。装夹分为平面粗加工和平面精加工，加工的外形、加工的方法、加工的步骤与工序一中的工步 1 完全相同，在此请读者自行完成绘图、生成刀具路径以及后处理的全部过程。

5.3 任务实施

1. 毛坯装夹

(1) 将平口钳底面与铣床工作台面擦干净。

(2) 将平口钳放置在铣床工作台上，并用 T 形螺钉固定，用百分表校正平口钳，钳口与铣床工作台横向或纵向平行，并用扳手上紧。

(3) 把图 5-1 所示零件毛坯 120mm×80mm×30mm 铝块放入钳口比较中间的位置，下面用平行垫块支承，夹位 5～7mm。

(4) 为让毛坯贴紧平行垫块，应用木槌或铜棒轻轻敲平毛坯，直到用手不能轻易推动平行垫块，夹紧。

2. 刀具装卸

刀具装卸参考“任务 2　数控铣床对刀操作”。

3. 工件原点设定

工件坐标系原点设置在工件 X、Y 中心，Z 设置在上表面 O 点。

4. 切削用量选择

因零件材料为铝块，硬度较低，切削力较小，切削速度、进给速度可选大些，具体如表 5-2 所示。

表 5-2　零件切削用量选择明细表

加工性质	刀具	主轴转速/(r/min)	进给速度/(mm/min)	切削深度/mm
铣上表面	高速钢平面立铣刀 ϕ16mm	1500	500	1
粗铣上表面 100mm×60mm×22mm 侧面轮廓	高速钢平面立铣刀 ϕ16mm	1500	500	2
粗铣 80mm×40mm 侧面	高速钢平面立铣刀 ϕ16mm	1500	500	2
粗铣两台阶之间残留量	高速钢平面立铣刀 ϕ8mm	1500	300	2
精铣上表面 100mm×60mm×22mm 侧面	高速钢平面立铣刀 ϕ8mm	2000	300	22

续表

加 工 性 质	刀 具	主轴转速 /(r/min)	进给速度 /(mm/min)	切削深度 /mm
精铣上表面 20mm×40mm×10mm 凸台侧面	高速钢平面立铣刀 ϕ8mm	2000	300	10
精铣上表面 50mm×40mm×10mm 的 30°锥面凸台侧面	高速钢平面立铣刀 ϕ8mm	2000	300	0.1
粗铣 10mm×30mm 矩形槽	高速钢平面立铣刀 ϕ6mm	1500	300	1
粗铣椭圆槽	高速钢平面立铣刀 ϕ6mm	1500	300	1
精铣上表面 10mm×30mm 矩形槽	高速钢平面立铣刀 ϕ6mm	2000	300	5
精铣上表面椭圆槽	高速钢平面立铣刀 ϕ6mm	2000	300	10
钻 4 个 ϕ5mm 的孔	高速钢麻花钻 ϕ6mm	1500	200	2.5
铣下表面	高速钢平面立铣刀 ϕ16mm	1500	500	2

5. 工、夹、刀、量具准备

工、夹、刀、量具清单如表 5-3 所示。

表 5-3 工、夹、刀、量具清单

类 型	型 号	规 格	数 量
机床	数控铣床	FANUC 0i-MD	10 台
刀具	高速钢平面立铣刀	ϕ16mm	每台 1 把
	高速钢平面立铣刀	ϕ8mm	每台 1 把
	高速钢平面立铣刀	ϕ6mm	每台 1 把
量具	钢直尺	0～300mm	每台 1 把
	两用游标卡尺	0～150mm	每台 1 把
	磁力表座及表	0～5mm	每台 1 套
加工材料	铝块	120mm×80mm×30mm	每台 1 块
工具、夹具	扳手、木槌	—	每台 1 把
	平行垫块、薄铜皮等	—	每台若干

6. 对刀操作

对刀操作参考“任务 2 数控铣床对刀操作”。

7. 自动运行操作

自动运行操作参考“任务 2 数控铣床对刀操作”。

8. 操作注意事项

(1) 要做到安全操作、文明生产，在操作中发现有错，应立即停铣。

(2) 加工时，要随时查看程序中实际的剩余距离和剩余坐标值是否相符。

(3) 为保证测量的准确性,最好是游标卡尺与千分尺配合使用。

(4) 锁住空运行之后,机床应先回到参考点。

(5) 在对刀的过程中,可通过改变微调进给试切提交对刀数据。

(6) 在手动(JOG)或手轮模式中,移动方向不能错,否则会损坏刀具和机床。

(7) 刀具路径编写好后,要进行认真检查与验证,以确保无误。

(8) X、Y 与 Z 方向的对刀验证步骤分开进行,以防验证时因对刀失误造成刀具撞刀。

中级工零件训练二

6.1 任务描述

如图 6-1 数控铣工中级考证零件工程图所示，采用 MasterCAM X6 编程软件编写程序并加工。该零件材料为硬铝，毛坯尺寸为 60mm×60mm×40mm。

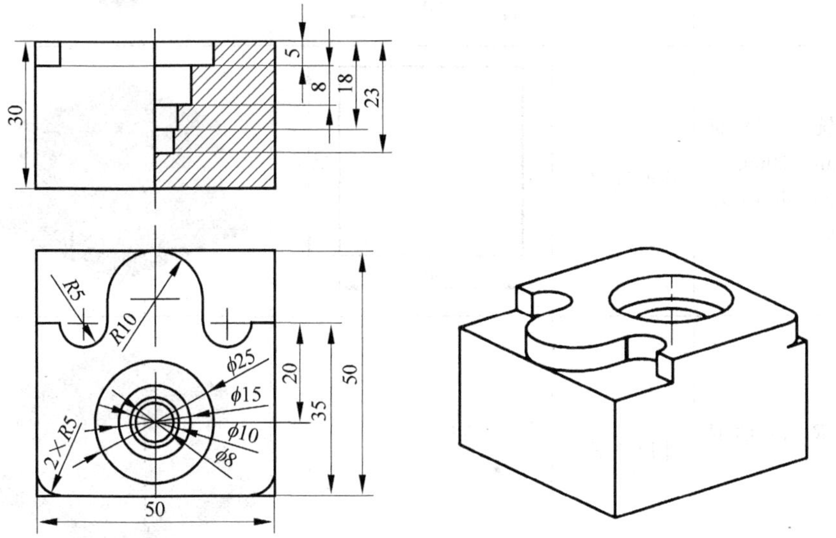

图 6-1 中级工零件图

6.2 知识学习

6.2.1 加工分析

根据图 6-1 所示，该零件编程加工需要分两道工序进行。工序一是铣上表面，由 11 个工步组成；工序二是铣下表面，保证零件总高，由两个工步组成。选择的刀具路径为二维刀具路径，零件加工的外形及效果如表 6-1 所示。具体加工将分工序、分工步、分步骤介绍。

表 6-1　零件加工的外形及效果

工序号	工　步	加工方法	选 择 外 形	加 工 效 果
一	1. 铣上表面	平面铣	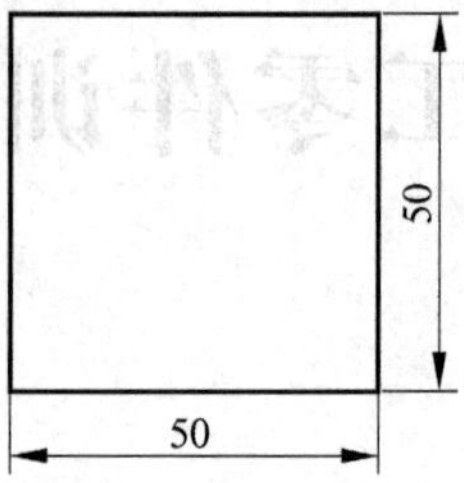	
	2. 粗铣上表面 50mm×50mm×32mm 矩形外轮廓	外形铣削	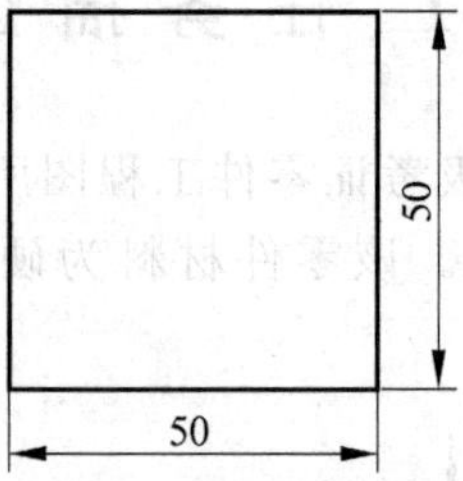	
	3. 精铣上表面 50mm×50mm×32mm 矩形外轮廓	外形铣削	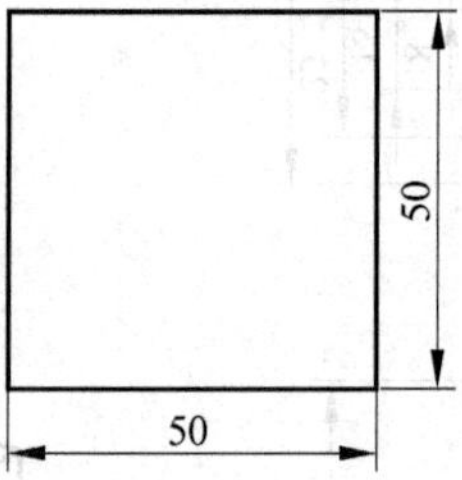	
	4. 铣削 *R*5mm 的倒圆角轮廓	外形铣削		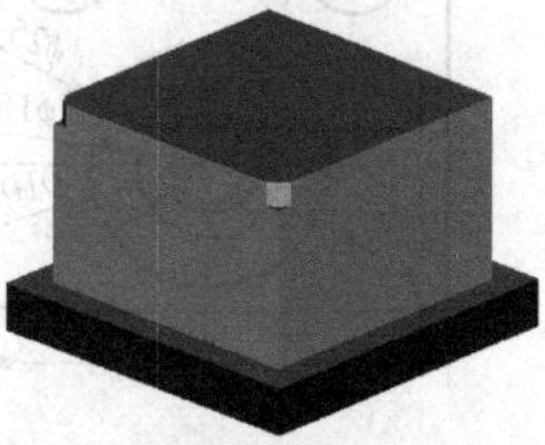
	5. 粗铣削 *R*10mm 与 *R*5mm 的圆弧轮廓	外形铣削	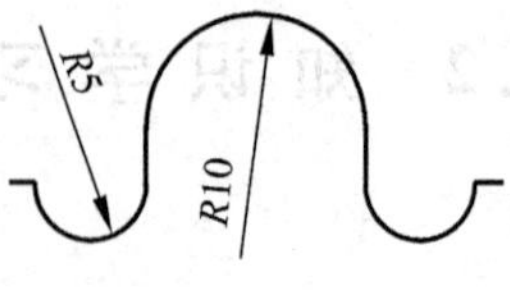	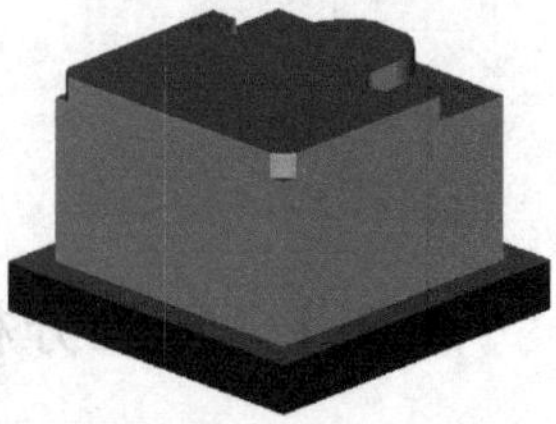

续表

工序号	工　　步	加工方法	选 择 外 形	加 工 效 果
一	6. 精铣 $R10$mm 与 $R5$mm 的圆弧轮廓	外形铣削	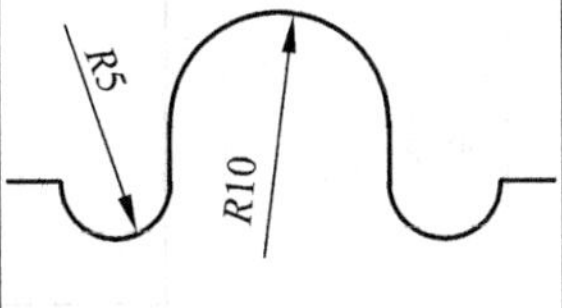	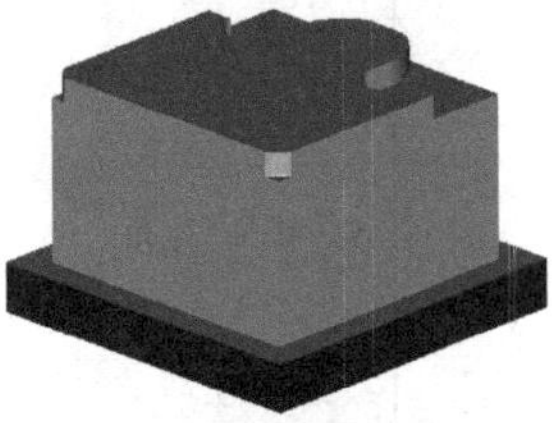
	7. 粗铣 $\phi25$mm 的孔	2D 挖槽		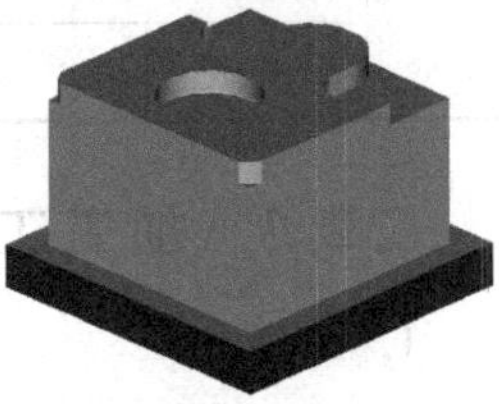
	8. 精铣 $\phi25$mm 的孔	2D 挖槽		
	9. 铣削 $\phi15$mm 的孔	2D 挖槽	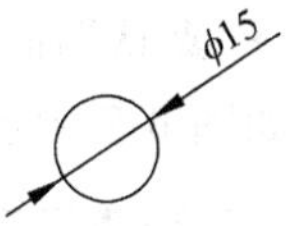	
	10. 铣削 $\phi10$mm 的孔	2D 挖槽	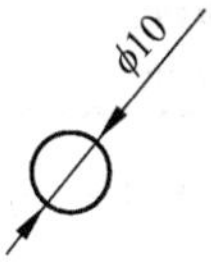	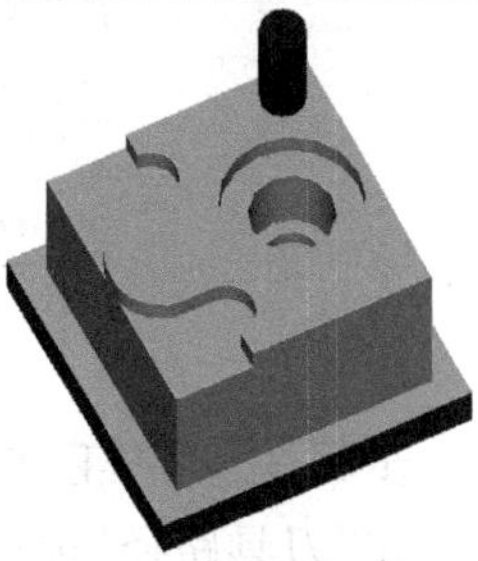
	11. 铣削 $\phi8$mm 的孔	2D 挖槽		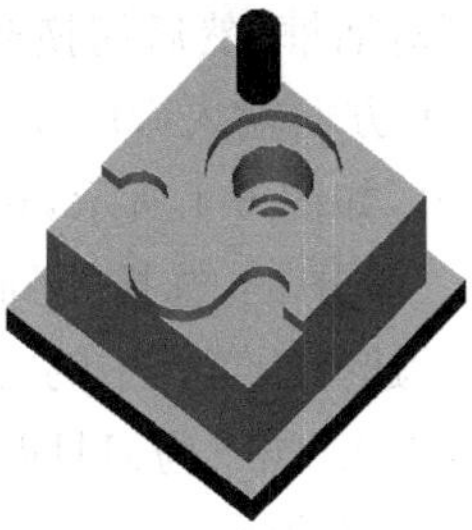

续表

工序号	工　步	加工方法	选择外形	加工效果
二	1. 铣下表面	平面铣	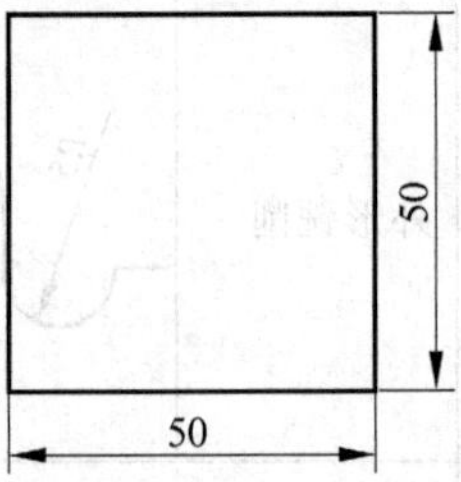	
	2. 去毛刺	手工去毛刺		

6.2.2 加工工序

1. 工序一

工步 1：铣上表面。

步骤 1：绘图。

根据图 6-1 所示的尺寸，在图层 1 俯视图上绘制出如图 6-2 所示的零件矩形线框(50mm×50mm)加工零件上表面，图形的中心落在坐标原点。

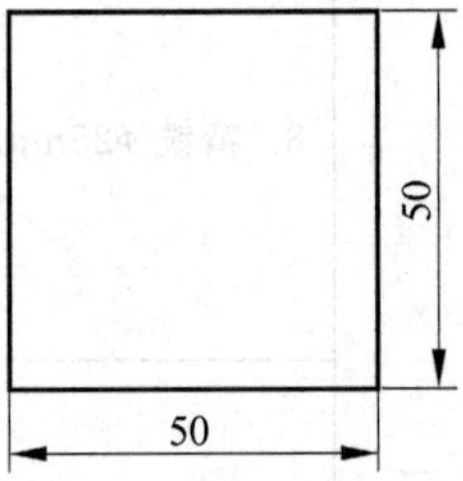

图 6-2 矩形线框

步骤 2：选择铣削加工模块。

激活 MasterCAM X6 软件，打开绘制好的模型文件，选择主菜单中的“机床类型”→“铣床”→“默认”命令，系统进入铣削加工模块，并自动初始化加工环境，如图 6-3 所示。

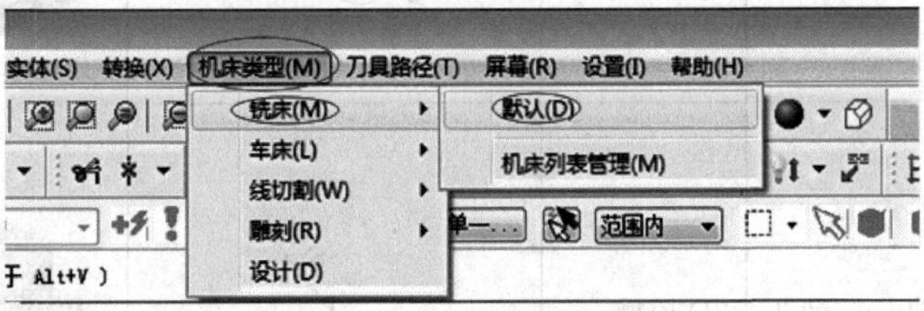

图 6-3 选择铣削加工模块

步骤 3：设置毛坯。

在“刀具路径”选项卡中展开“属性”节点，单击“素材设置”子节点，弹出“机器群组属性”对话框，然后切换到“素材设置”选项卡。选择工件的形状为“立方体”，在工件尺寸中的 X 方向输入 60.0，Y 方向输入 60.0，Z 方向输入 40.0，选中“显示”复选框，其余接受默认值，如图 6-4 所示，单击确定按钮 ✓ 完成毛坯设置。

步骤 4：选择“平面铣”加工方式。

选择主菜单中的“刀具路径”→“平面铣(A)”命令，系统弹出“输入新的 NC 名称”对话框，输入 T6-1 为刀具路径的新名称(也可以采用默认名称)，单击确定按钮 ✓，如图 6-5 和图 6-6 所示。

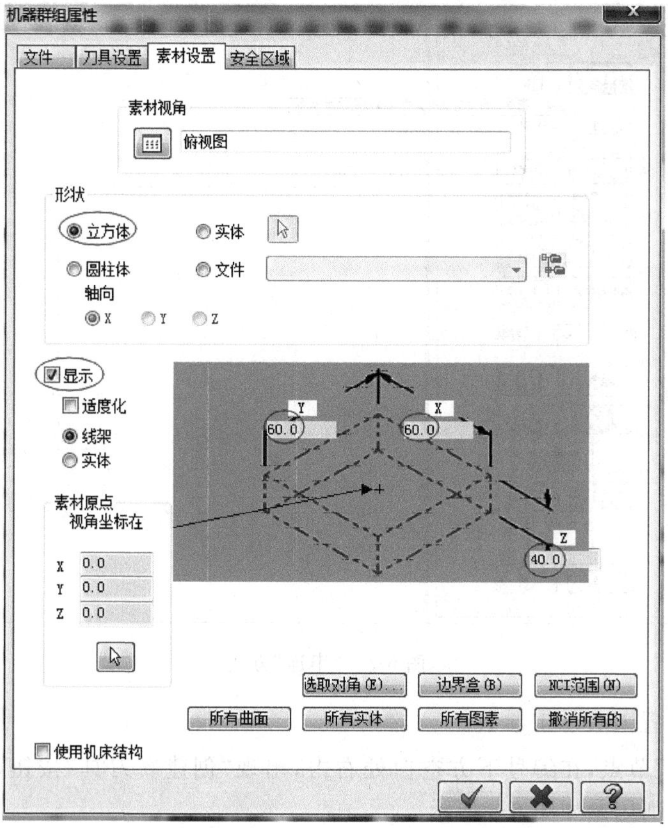

图 6-4 设置毛坯

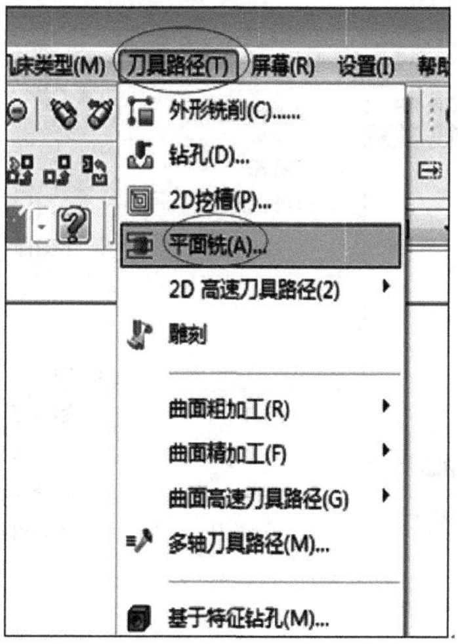

图 6-5 选择刀具路径

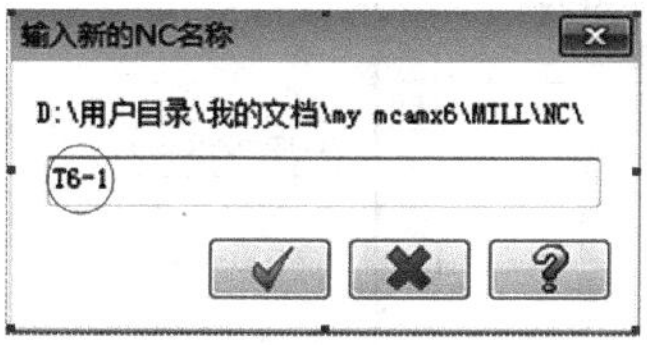

图 6-6 输入新的 NC 名称

NC 文件的名称取好之后，系统会弹出“串连选项”对话框，如图 6-7 所示，用串连的方式选取绘制的矩形，然后单击确定按钮 ✓，弹出“2D 刀具路径-平面铣削”对话框。

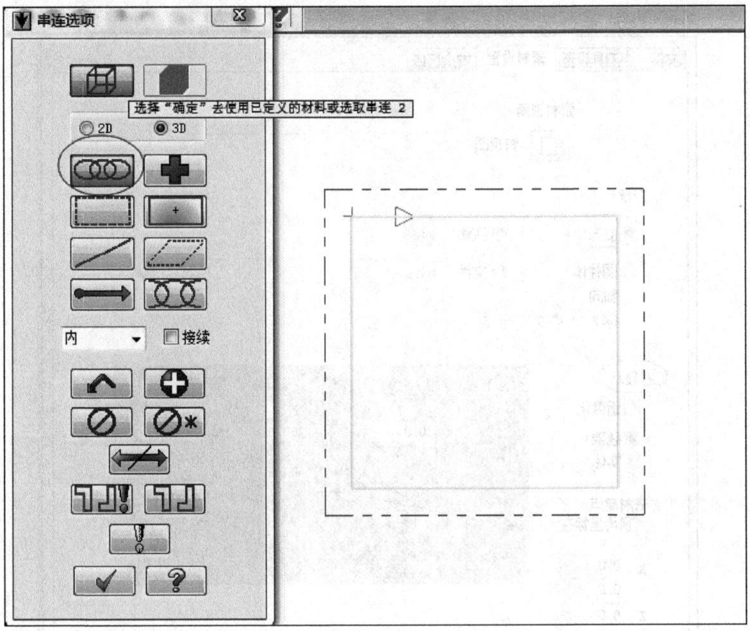

图 6-7 “串连”方式

步骤 5：设置刀具加工参数。

选中“刀具”节点，在编号下方空白处右击，出现“创建新刀具”按钮，选择 ϕ16mm 的平面立铣刀，切削用量如图 6-8 所示。

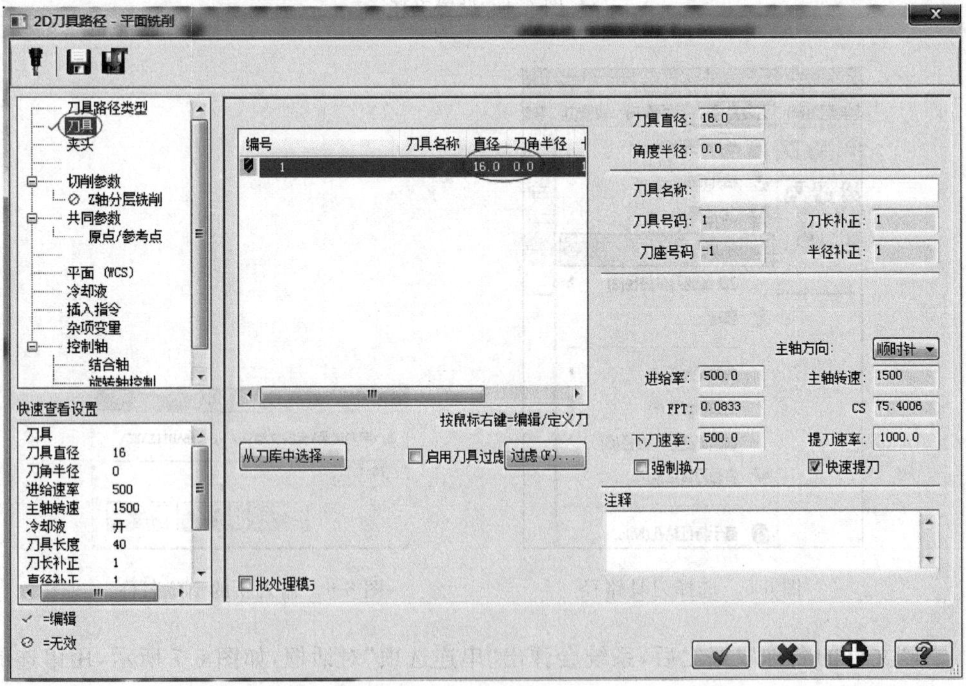

图 6-8 刀具设置结果

步骤 6：修改“切削参数”。

选中“切削参数”，“类型”选择“双向”，“加工方式”选择“顺铣”，“刀具在转角处走圆角”选择“无”，其他选项均接受默认值。图 6-9 为所示设置好的“切削参数”。

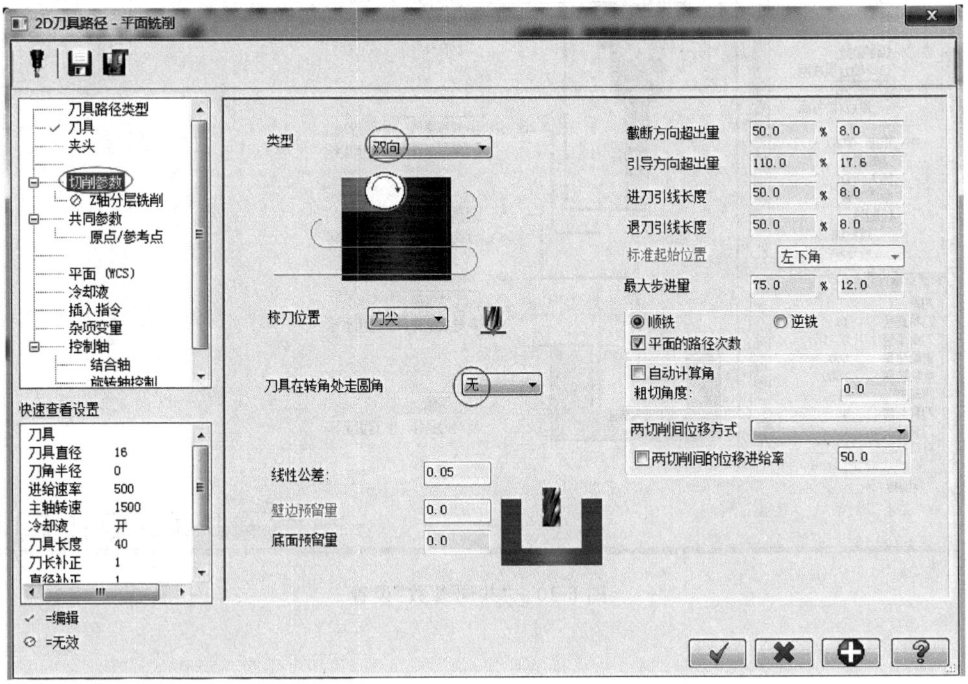

图 6-9 “切削参数”设置

步骤 7：修改“共同参数”。

选中“共同参数”，将“深度”设为－1.0。其余接受默认值。设置好的“共同参数”如图 6-10 所示。其余的一些节点参数不作修改。单击确定按钮 完成所有加工参数的设定。

步骤 8：刀具路径进行实体验证。

为了验证刀具路径的正确性，用户可以选择刀具路径模拟验证功能对已经生成的刀具路径进行检验。选择刀具路径，在“刀具操作管理器”的“刀具路径”选项卡中单击“验证已选择的操作”按钮 ，弹出“验证”对话框，单击“机床”加工按钮 ，即可进行刀具路径模拟验证操作，验证结果如图 6-11(b)所示。

步骤 9：执行后处理，生成加工程序。

实体验证完成后就可以进行后处理了。关闭实体验证界面，退回到“刀具操作管理器”界面。在“刀具操作管理器”的“刀具路径”选项卡中单击“后处理已选择的操作”按钮 G1，弹出“后处理程序”对话框，接受默认选项，单击确定按钮 。

在弹出的“另存为”对话框中选择 NC 文件的保存路径及文件名，单击确定按钮 。

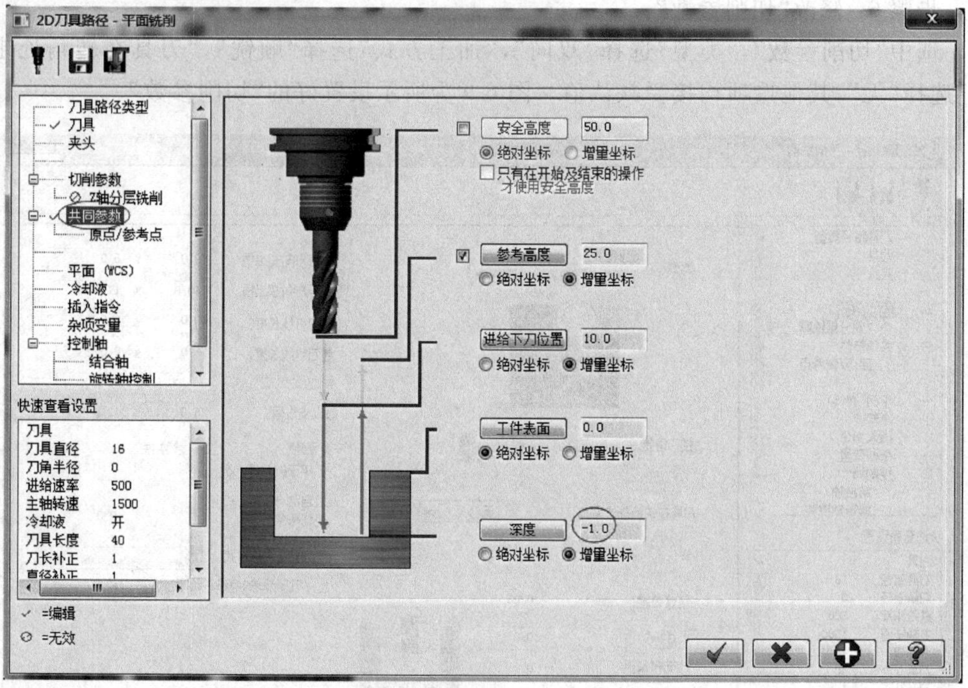

图 6-10 “共同参数”设置

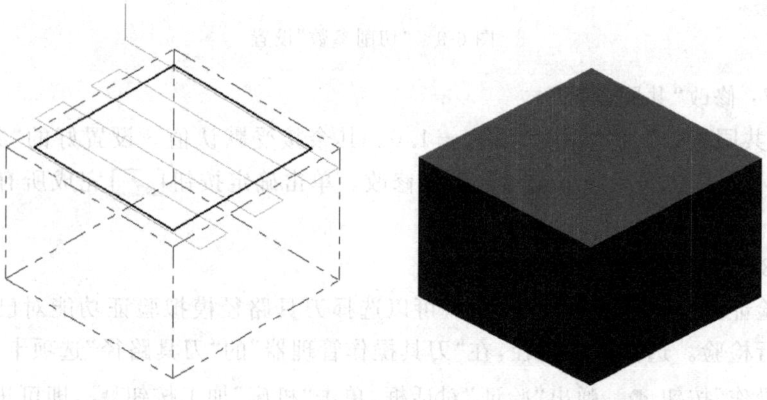

(a) (b)

图 6-11 验证结果

步骤 10：传输加工。

机床对好刀后，按接收按钮，就可以进行加工了。

工步 2：粗铣上表面 50mm×50mm×32mm 矩形外轮廓（为方便掉头找正，深度方向总高铣至 32mm）。

步骤 1：隐藏刀具路径。

在进行下一步工序之前可以隐藏上一步的刀具路径，以方便下一步的操作。选择前工步刀具路径文件，单击按钮≋，隐藏工步1的刀具路径。

步骤2：选择加工路径与刀具。

选择主菜单中的“刀具路径”→“外形铣削”命令，选择串连方式，选取前面已经绘制的50mm×50mm矩形线框，使矩形上产生顺时针的箭头，然后单击确定按钮✓。弹出“2D刀具路径-外形铣削”对话框，单击加工上表面的ϕ16mm的平面立铣刀，由于前面选择该刀具时已把该刀加工参数设定好了，并做了保存，所以只要后面加工选定该刀，就能同时调出该刀保存的切削用量，结果如图6-12所示。

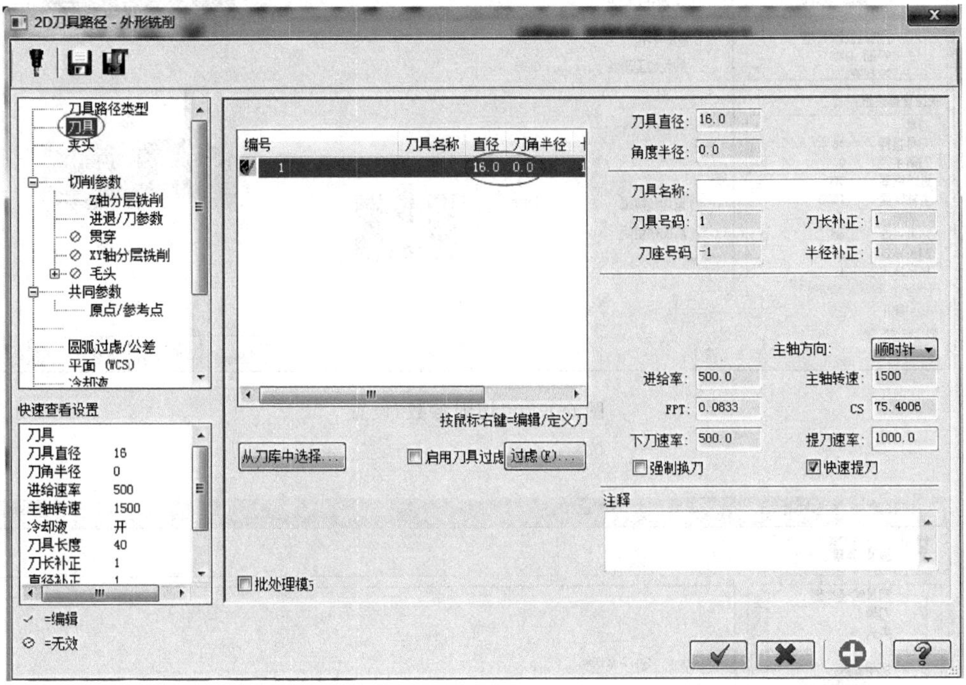

图6-12 选择刀具

步骤3：修改“切削参数”。

刀具在外形的外侧进刀，要考虑补正。选中“切削参数”节点，选择“补正方式”为“电脑”补正，“补正方向”为“左”，“刀具在转角处走圆角”设置为“无”，“壁边预留量”为0.8，设置好的参数如图6-13所示。

步骤4：修改“Z轴分层铣削”。

轮廓要加工的深度为32mm，要进行Z轴分层铣削，选中“切削参数”下的“Z轴分层铣削”，勾选“深度切削”复选框，“最大粗切步进量”设为2.0，“精修次数”设为0，“精修量”设为0.0。选择“不提刀”复选框，图6-14所示为设置好的“Z轴分层铣削”参数。

步骤5：修改“进退/刀参数”。

由于刀具不能在毛坯内垂直下刀和保证工件侧面间的垂直，刀具必须从毛坯外面进刀。合理的进刀方式是在工件侧面采用直线切入进刀和直线切出退刀，图6-15所示为设置好的“进退/刀参数”。

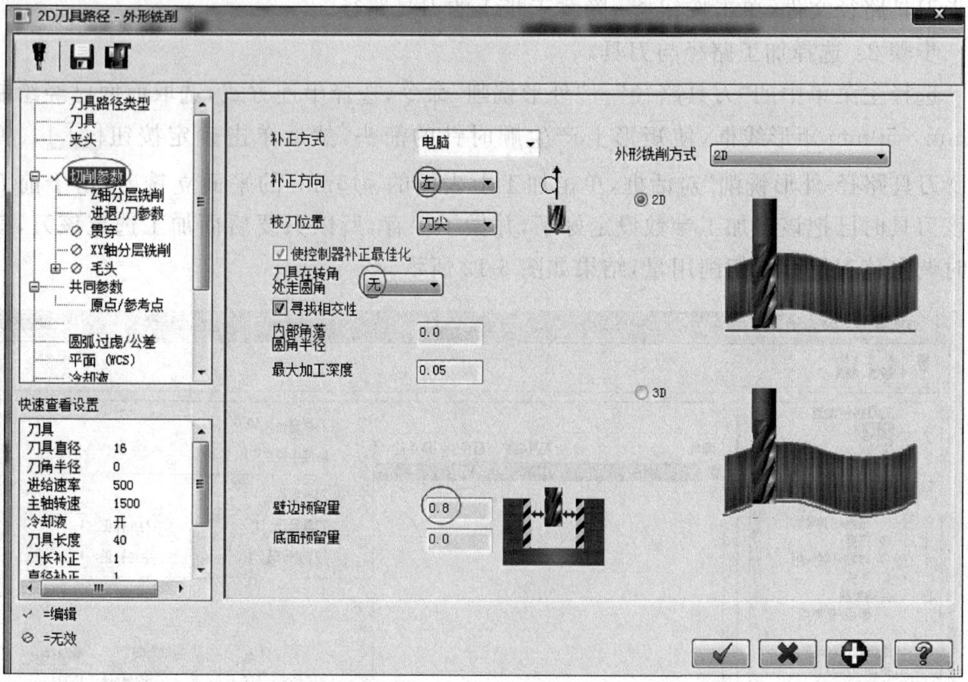

图 6-13 “切削参数”设置

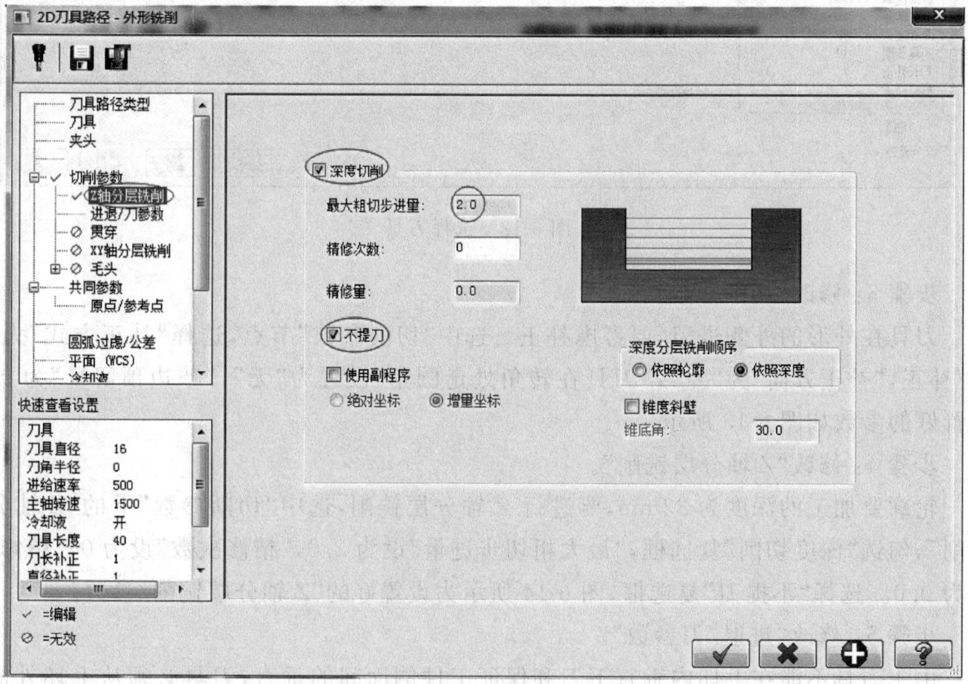

图 6-14 “Z 轴分层铣削”设置

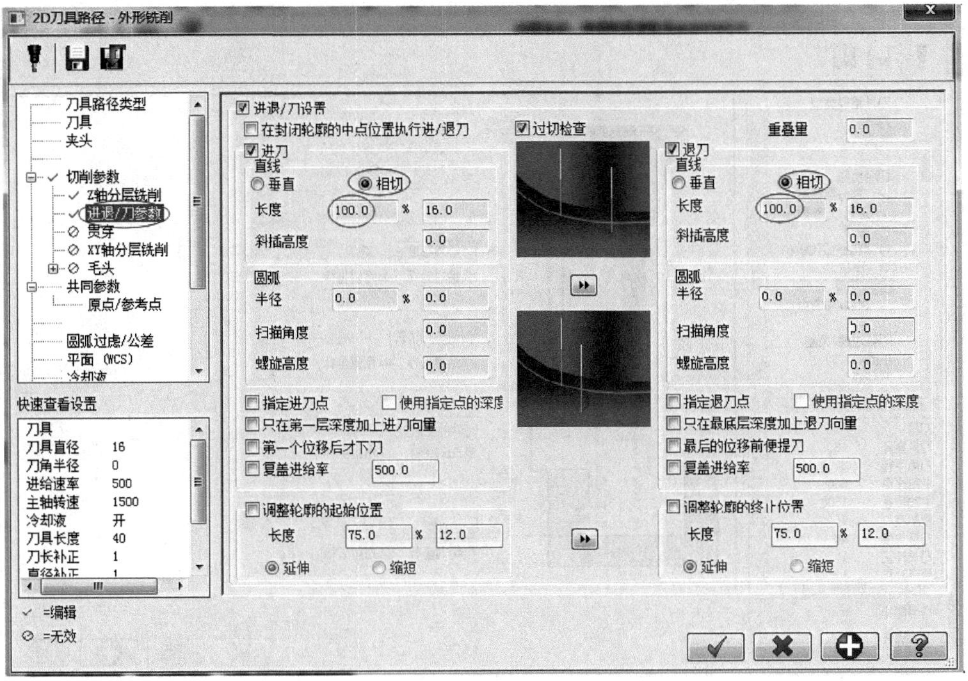

图 6-15 “进退/刀参数”设置

步骤 6：修改“共同参数”。

由于毛坯在铣上表面平面时铣去了 1mm，目前毛坯剩下的厚度约 39mm，而零件要求总厚度是 30mm，为了不重新对刀 Z 方向和方便掉头找正，侧面总高铣至 32mm，所以“工件表面”参数可以设置为−1.0，“深度”设置为−32.0，图 6-16 所示为设置好的“共同参数”，单击确定按钮 完成所有刀具及加工参数的设置。

步骤 7：刀具路径进行实体验证。

单击 、 两个按钮，选择显示所有刀具路径。在“刀具操作管理器”的“刀具路径”选项卡中单击“验证已选择的操作”按钮 ，弹出“验证”对话框，单击“机床”加工按钮 ，即可进行刀具路径模拟验证操作，验证结果如图 6-17 所示。

步骤 8：执行后处理，生成加工程序(具体操作步骤参照加工工步 1)。

实体验证完成后就可以进行后处理了。关闭实体验证界面，退回到“刀具操作管理器”界面。在“刀具操作管理器”的“刀具路径”选项卡中单击“后处理已选择的操作”按钮 G1，弹出“后处理程序”对话框，接受默认选项，单击确定按钮 。

在弹出的“另存为”对话框中选择 NC 文件的保存路径及文件名，单击确定按钮 ，即可打开 NC 程序，修改后保存，即可以传输加工。

工步 3：精铣上表面 50mm×50mm×32mm 矩形外轮廓。

50mm×50mm 的矩形外轮廓在粗铣过程中，由于 Z 方向分层切削，以致侧面留有接刀痕，为了保证加工尺寸与表面光洁，应用进行侧面精加工。精加工也就是 30mm 高的 50mm×50mm 的矩形外轮廓在 Z 方向一刀切出。由于该侧面的精加工只需修改该侧面

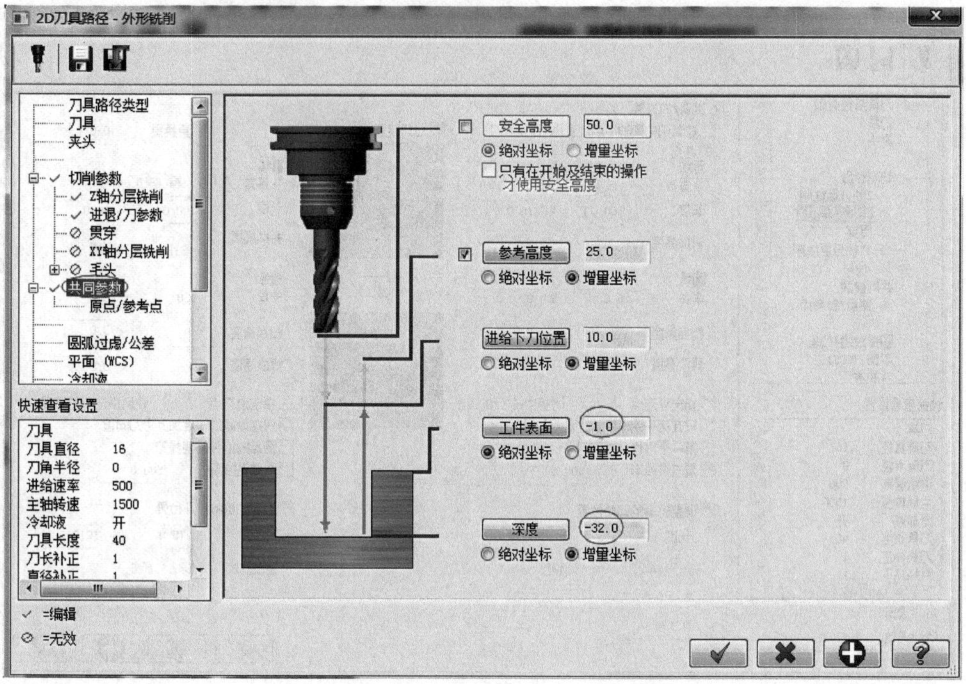

图 6-16 “共同参数”设置

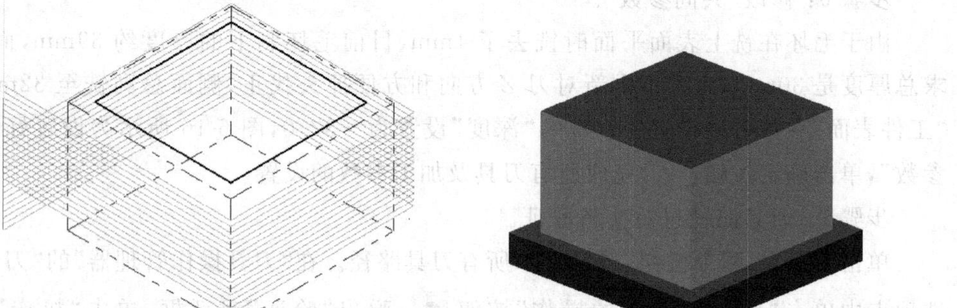

(a) (b)

图 6-17 验证结果

粗加工路径的壁边加工余量与 Z 轴分层铣削两个参数，所以这里不新建精加工路径，只在粗加工路径中做修改即可；另外，现在的数控机床都有实时调速功能，所以刀具切削用量大小也不做修改；再者，由于是单件生产，所以这里用粗铣选用 ϕ16mm 的平面立铣刀。

步骤 1：显示刀具路径。

选择 50mm×50mm 的矩形外轮廓粗加工路径，单击按钮≋，显示工步 2 的 50mm×50mm 的矩形外轮廓刀具路径，其他工步路径暂时先隐藏。

步骤 2：修改“切削参数”。

单击工步 2 刀具路径“参数”文件，把“切削参数”中的“壁边预留量”中的 0.8 修改为 0.0，从而控制台阶 X、Y 方向尺寸（有时根据机床的精度或操作者加工能力的高低，还需经过多次修改“壁边预留量”，多次进行精加工），图 6-18 为设置好的“切削参数”。

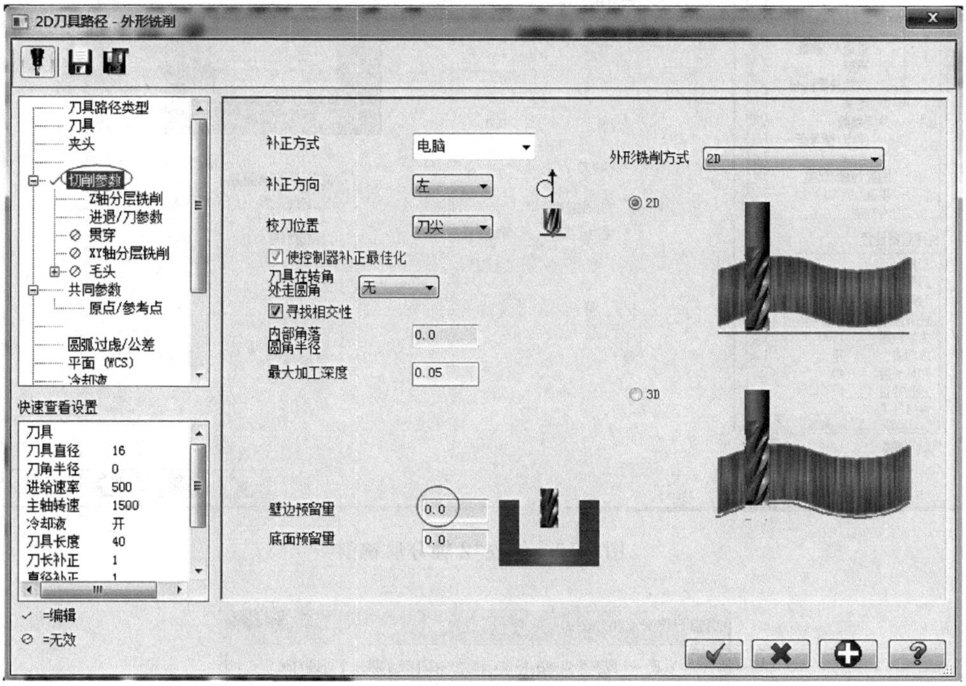

图 6-18 修改“切削参数”

步骤 3：修改“Z 轴分层铣削”。

切换到“Z 轴分层铣削”复选框，取消选择“深度切削”，让刀具在 Z 方向一刀切至总深，从而保证侧面的平整。图 6-19 所示为设置好的“Z 轴分层铣削”。

步骤 4：重新计算刀具路径。

修改工步 2“切削参数”“Z 轴分层铣削”参数后，单击确定按钮完成刀具路径参数的修改。这时刀具路径需要重新计算，单击会出现“警告:已选择无效的操作”方框，如图 6-20 所示，单击确定按钮完成刀具路径参数的重新计算。

步骤 5：刀具路径进行实体验证。

单击、两个按钮，选择显示所有刀具路径。在“刀具操作管理器”的“刀具路径”选项卡中单击“验证已选择的操作”按钮，弹出“验证”对话框，单击“机床”加工按钮，即可进行刀具路径模拟验证操作，验证结果如图 6-21 所示。

步骤 6：执行后处理，生成加工程序（具体操作步骤参照加工工步 1）。

实体验证完成后就可以进行后处理了。关闭实体验证界面，退回到“刀具操作管理器”界面。在“刀具操作管理器”的“刀具路径”选项卡中单击“后处理已选择的操作”按钮，弹出“后处理程序”对话框，接受默认选项，单击确定按钮。

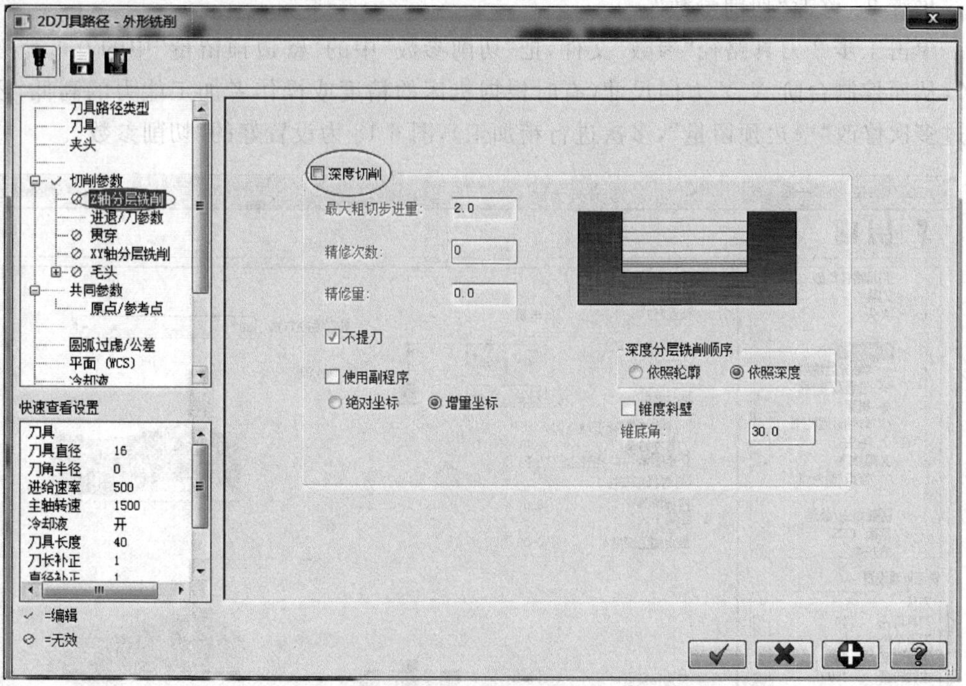

图 6-19　修改“Z 轴分层铣削”

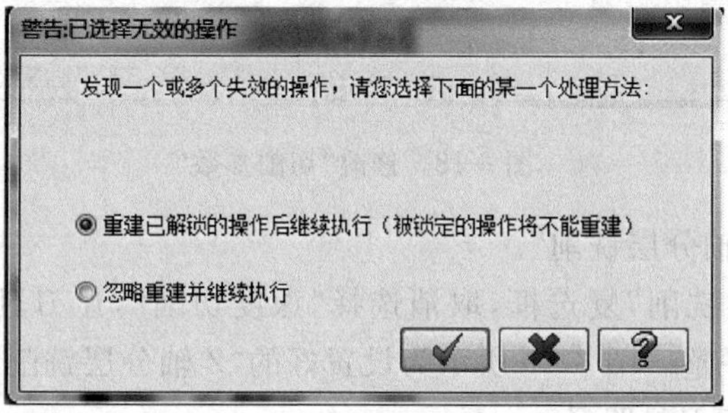

图 6-20　重新计算结果

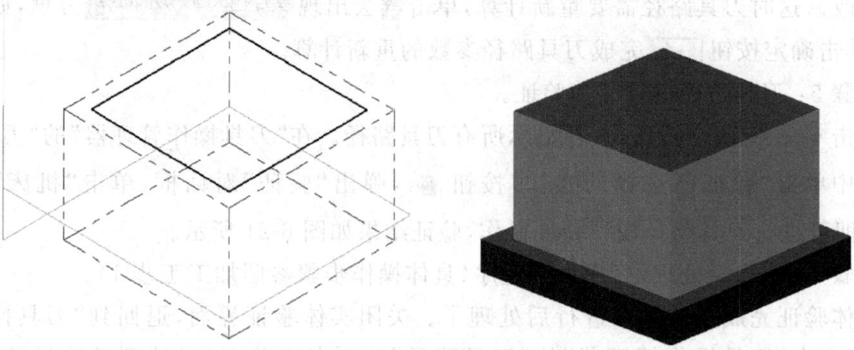

图 6-21　验证结果

在弹出的“另存为”对话框中选择 NC 文件的保存路径及文件名，单击确定按钮 ，即可打开 NC 程序，修改后保存，即可以传输加工。

工步 4：铣削 *R*5mm 的倒圆角轮廓。

步骤 1：隐藏前工步刀具路径及新建图层。

单击 、 两个按钮，隐藏前面所有加工刀具的路径，单击按钮 层别，出现“层别管理”对话框，把 层别号码: 改为 2，单击方框上方的 号码 突显 中的“X”，把图层 1 隐藏，单击确定按钮 ，即建立了图层 2。

步骤 2：绘图。

根据图 6-1 所示的零件图，在 MasterCAM X6 俯视图上绘出图 6-22 所示的 50mm×50mm 矩形倒圆角轮廓（*R*5 两段圆弧）。

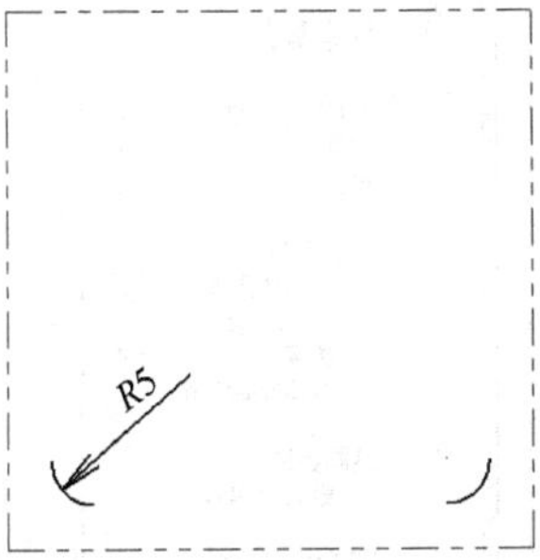

图 6-22 *R*5 圆弧倒角

步骤 3：选择加工路径与刀具。

选择主菜单中的“刀具路径”→“外形铣削”命令，选择串连方式，选取已经绘制的圆弧倒角，使圆弧倒角产生顺时针的箭头，如图 6-23 所示。然后单击确定按钮 ，弹出“2D 刀具路径-外形铣削”对话框，单击选定加工上表面的 ϕ16mm 的平面立铣刀，由于前面选择该刀具时已把该刀的加工参数设定好了，并做了保存，所以只要后面加工选定该刀，就能同时调出该刀保存的切削用量。

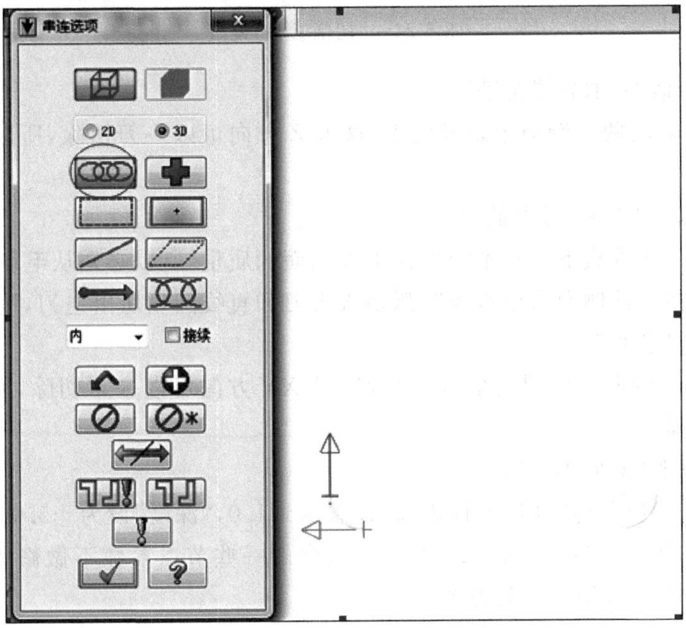

图 6-23 “串连”选择

步骤 4：修改“切削参数”。

刀具在毛坯的外侧进刀，要考虑补正。选中“切削参数”节点，选择“补正方式”为“电脑”,“补正方向”为“左”,“刀具在转角处走圆角”设置为“无”,“壁边预留量”为 0.0,设置好的参数如图 6-24 所示。

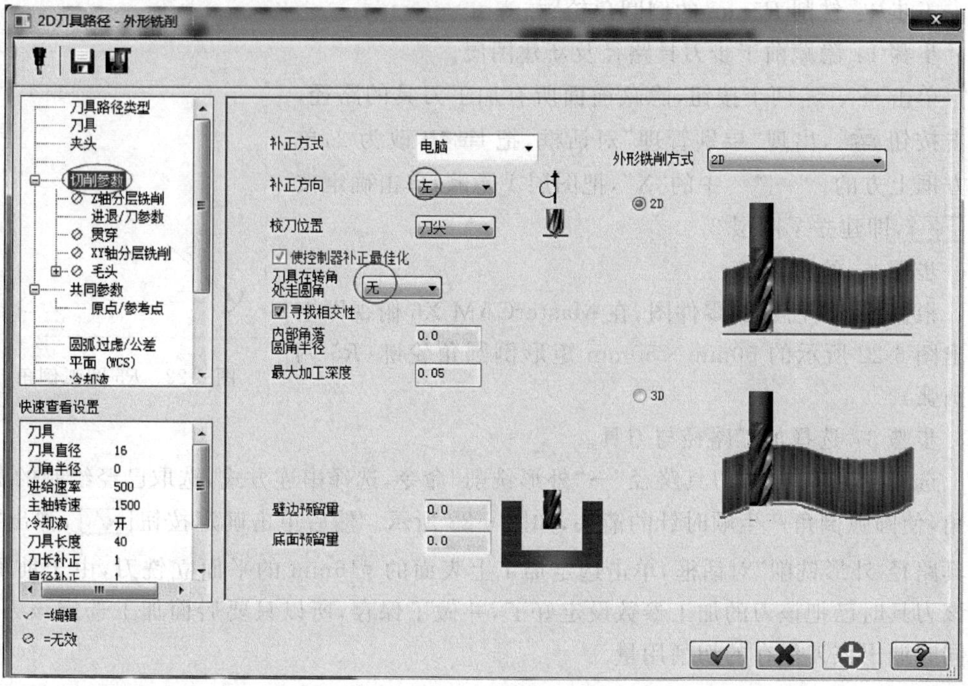

图 6-24 “切削参数”设置

步骤 5:修改“Z 轴分层铣削”。

由于 $R5$mm 的两个倒圆角余量较小,这里 Z 方向可以一刀切除,所以 Z 方向不需要分层铣削。

步骤 6:修改“进退/刀参数”。

由于刀具不能垂直下刀且不能保证工件侧面的质量,所以必须从毛坯外面进刀,合理的进刀方式是在工件侧面采用直线圆弧切入进刀和直线圆弧切出退刀,图 6-25 所示为设置好的“进退/刀参数”。

由于 $R5$mm 的两个倒圆角余量较小,这里 XY 方向可以一刀切除,所以 XY 方向也不需要分层铣削。

步骤 7:修改“共同参数”。

选中“共同参数”节点,将“工件表面”设置为−1.0,“深度”设为−5.0。其余接受默认值。设置好的“共同参数”如图 6-26 所示。其余的一些节点参数不做修改。单击确定按钮 完成所有刀具加工参数设置。

步骤 8:刀具路径进行实体验证。

单击 、 两个按钮,选择显示所有刀具路径,在“刀具操作管理器”的“刀具路径”选项卡中单击“验证已选择的操作”按钮 ,弹出“验证”对话框,单击“机床”加工按钮 ,即可进行刀具路径模拟验证操作,验证结果如图 6-27 所示。

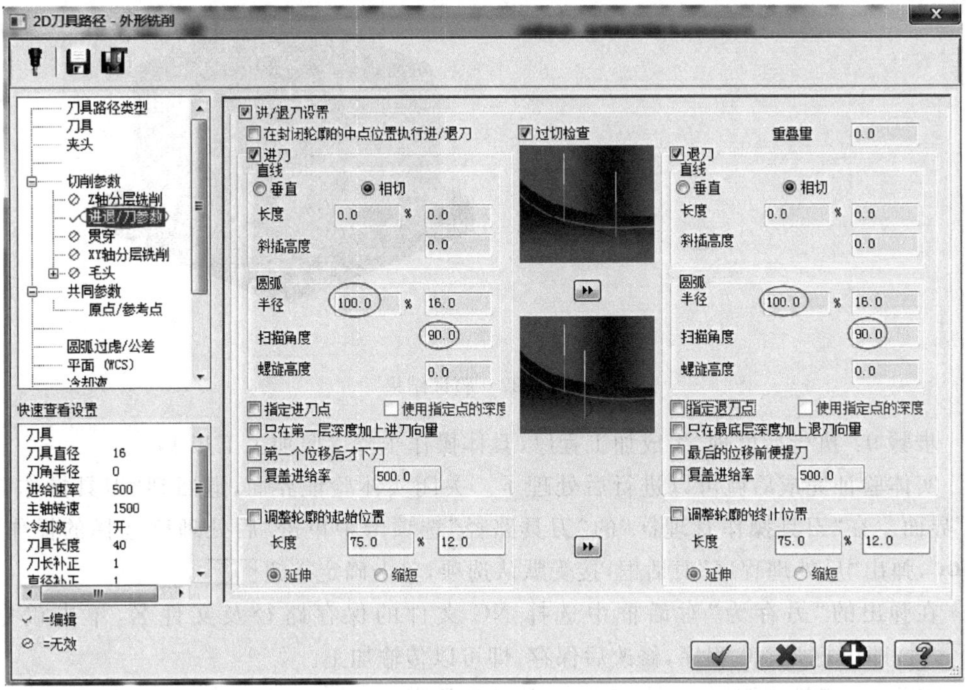

图 6-25　“进退/刀参数”设置

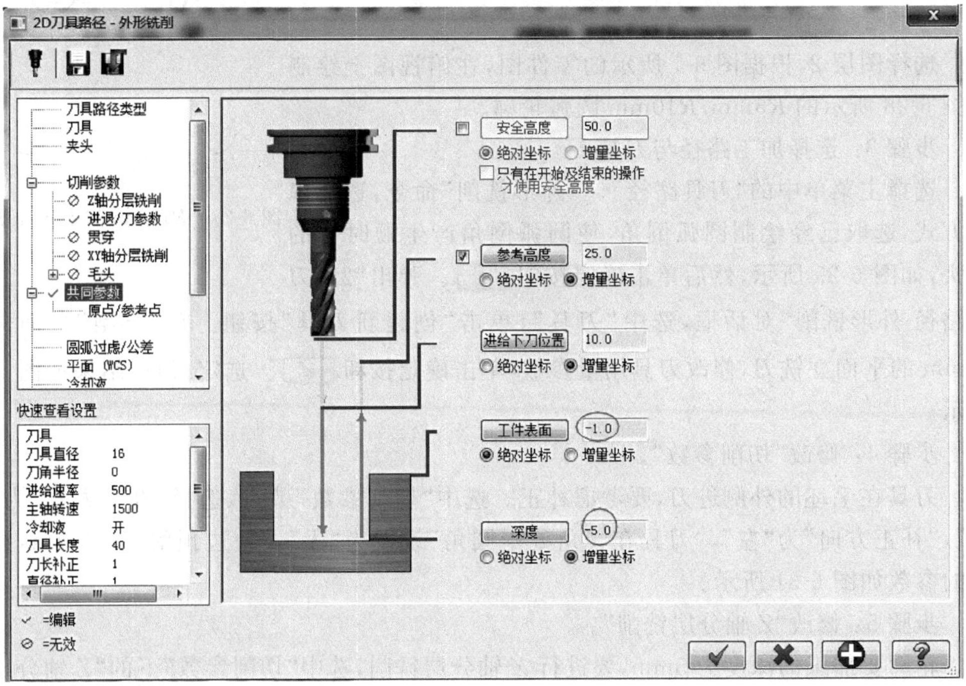

图 6-26　“共同参数”设置

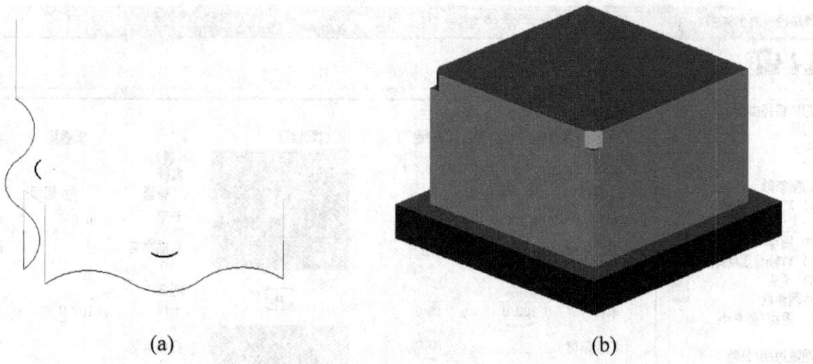

图 6-27　验证结果

步骤 9：执行后处理，生成加工程序（具体操作步骤参照加工工步 1）。

实体验证完成后就可以进行后处理了。关闭实体验证界面，退回到“刀具操作管理器”界面。在“刀具操作管理器”的“刀具路径”选项卡中单击“后处理已选择的操作”按钮 G1，弹出“后处理程序”对话框，接受默认选项，单击确定按钮 ✔。

在弹出的“另存为”对话框中选择 NC 文件的保存路径及文件名，单击确定按钮 ✔，即可打开 NC 程序，修改后保存，即可以传输加工。

工步 5：粗铣削 $R10$mm 与 $R5$mm 的圆弧轮廓。

步骤 1：隐藏前工步刀具路径。

单击 ✔、≋ 两个按钮，隐藏前面所有加工刀具路径。

步骤 2：绘图。

选择图层 2，根据图 6-1 所示的零件图，在俯视图上绘制如图 6-28 所示的 $R5$mm/$R10$mm 圆弧轮廓。

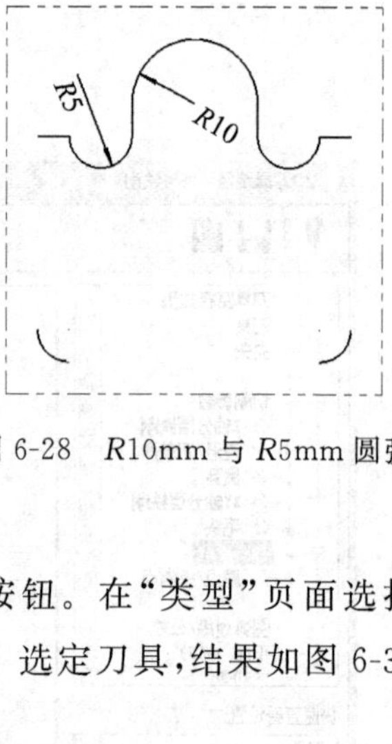

图 6-28　$R10$mm 与 $R5$mm 圆弧

步骤 3：选择加工路径与刀具。

选择主菜单中的“刀具路径”→“外形铣削”命令，选择串连方式，选取已经绘制圆弧倒角，使圆弧倒角产生顺时针的箭头，如图 6-29 所示，然后单击确定按钮 ✔。弹出“2D 刀具路径-外形铣削”对话框，选中“刀具”，单击“创建新刀具”按钮。在“类型”页面选择 ϕ8mm 的平面立铣刀，修改刀具用量参数，单击确定按钮 ✔。选定刀具，结果如图 6-30 所示。

步骤 4：修改“切削参数”。

刀具在毛坯的外侧进刀，要考虑补正。选中“切削参数”节点，选择“补正方式”为“电脑”，“补正方向”为“左”，“刀具在转角处走圆角”设置为“无”，“壁边预留量”为 0.4，设置好的参数如图 6-31 所示。

步骤 5：修改“Z 轴分层铣削”。

轮廓要加工的深度为 5mm，要进行 Z 轴分层铣削，选中“切削参数”下的“Z 轴分层铣削”，选中“深度切削”复选框，“最大粗切步进量”设为 2.0，“精修次数”设为 0，“精修量”设为 0.0，选择“不提刀”复选框，图 6-32 所示为设置好的“Z 轴分层铣削”参数。

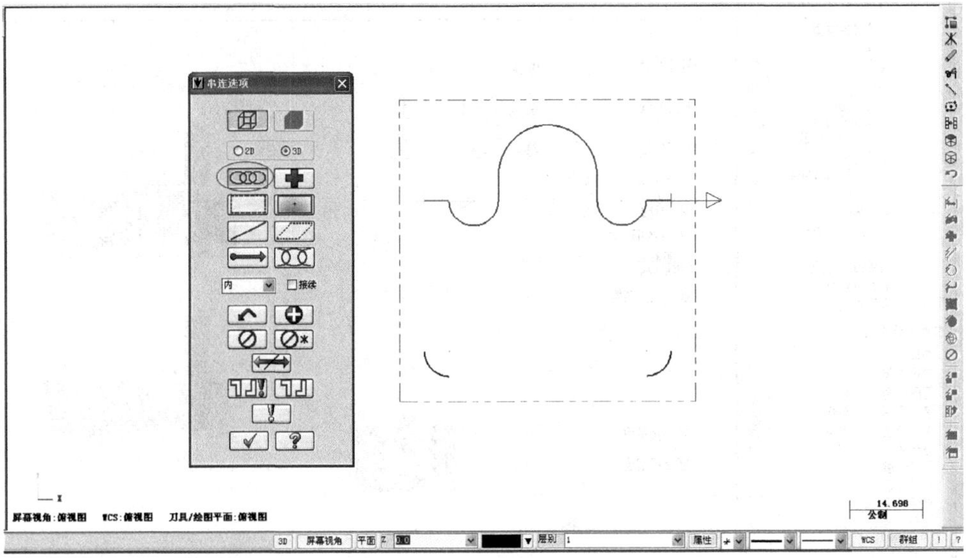

图 6-29　选择“串连”

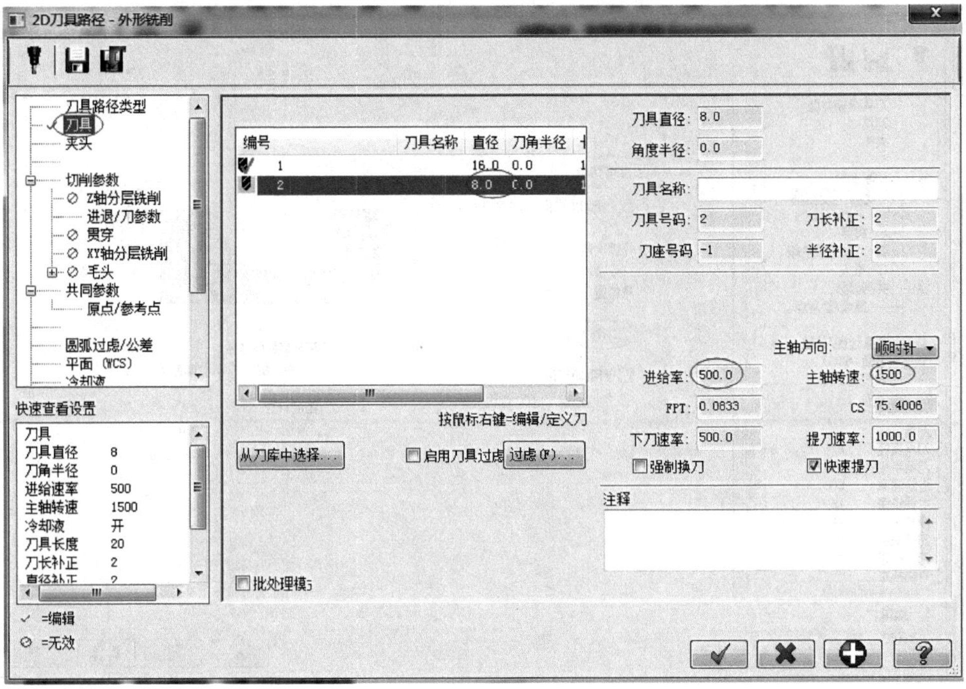

图 6-30　选择刀具

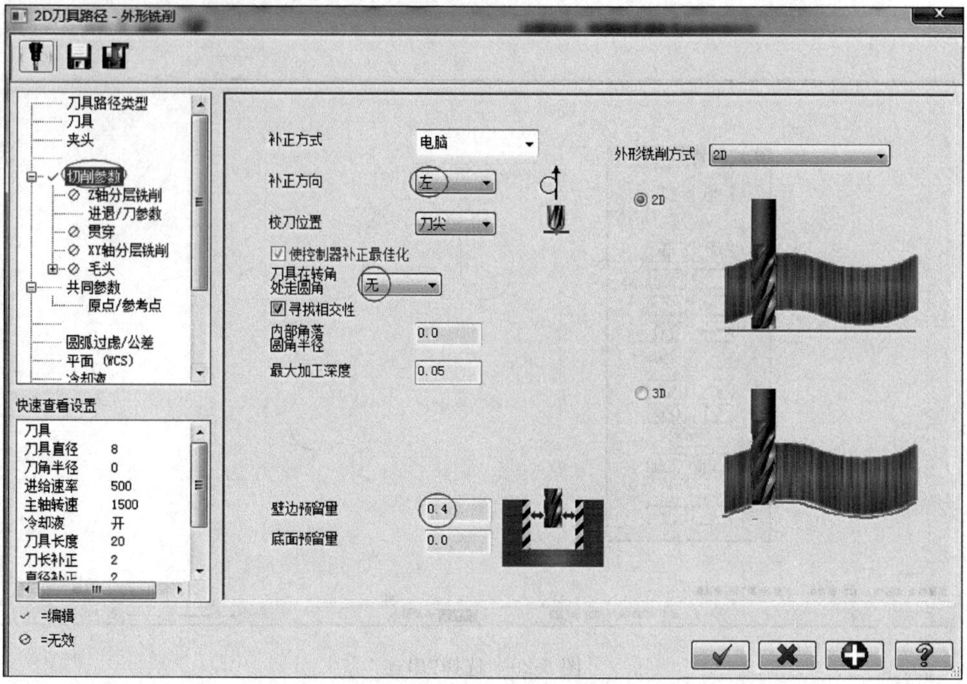

图 6-31 “切削参数”设置

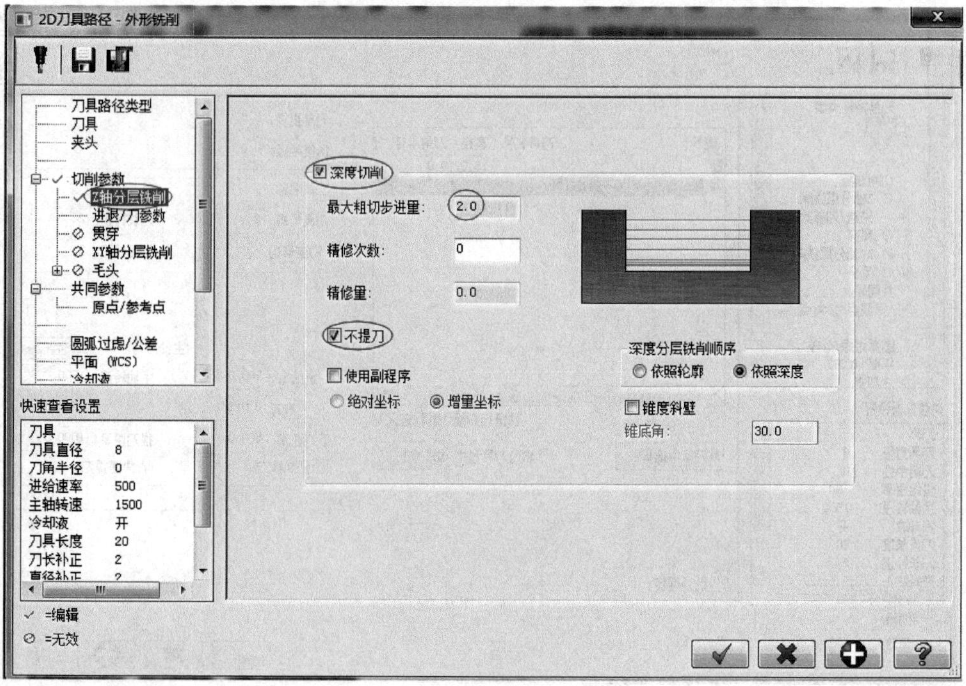

图 6-32 “Z 轴分层铣削”设置

步骤 6：修改“进退/刀参数”。

由于刀具不能垂直下刀且不能保证工件侧面的质量，必须从毛坯外面进刀，合理的进刀方式是在工件侧面采用直线切入进刀和直线切出退刀，图 6-33 所示为设置好的“进退/刀参数”。

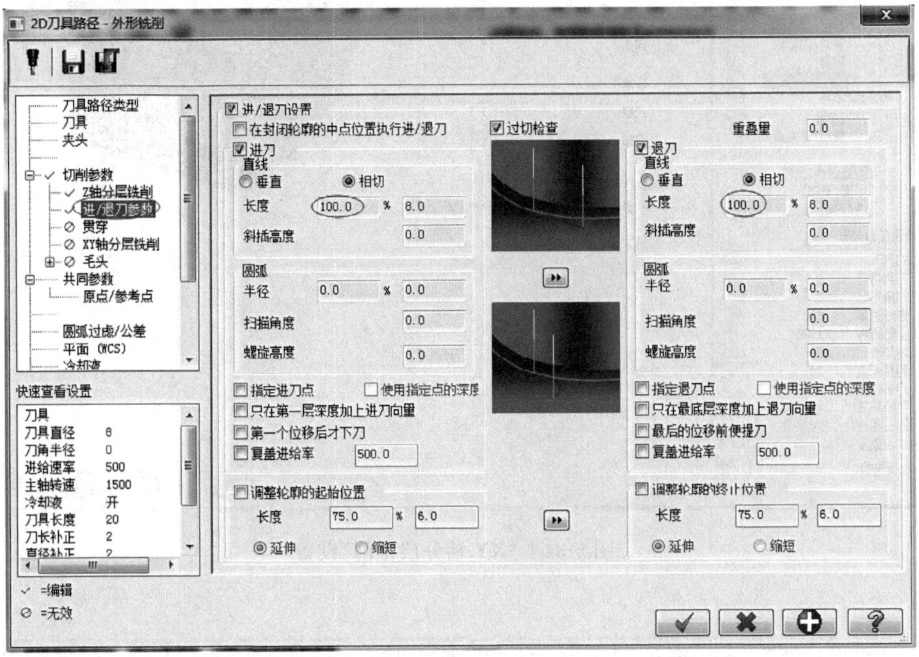

图 6-33 “进退/刀参数”设置

步骤 7：修改“XY 轴分层铣削”。

由于 XY 方向余量较大，所以须在粗铣中分层且执行精铣。粗加工“次数”设置为 3，“间距”设置为 7。精加工“次数”设置为 1，“间距”设置为 5，“执行精修时”选“最后深度”单选按钮，设置好的参数如图 6-34 所示。

步骤 8：修改“共同参数”。

选中“共同参数”节点，将“工件表面”设置为−1.0，“深度”设为−5.0。其余接受默认值。设置好的“共同参数”如图 6-35 所示。其余的一些节点参数不做修改。单击确定按钮 ✔ 完成所有刀具加工参数设置。

步骤 9：刀具路径进行实体验证。

单击 、 两个按钮，选择显示所有刀具路径，在“刀具操作管理器”的“刀具路径”选项卡中单击“验证已选择的操作”按钮 ，弹出“验证”对话框，单击“机床”加工按钮 ，即可进行刀具路径模拟验证操作，验证结果如图 6-36 所示。

步骤 10：执行后处理，生成加工程序(具体操作步骤参照加工工步 1)。

实体验证完成后就可以进行后处理了。关闭实体验证界面，退回到“刀具操作管理器”界面。在“刀具操作管理器”的“刀具路径”选项卡中单击“后处理已选择的操作”按钮 G1，弹出“后处理程序”对话框，接受默认选项，单击确定按钮 ✔ 。

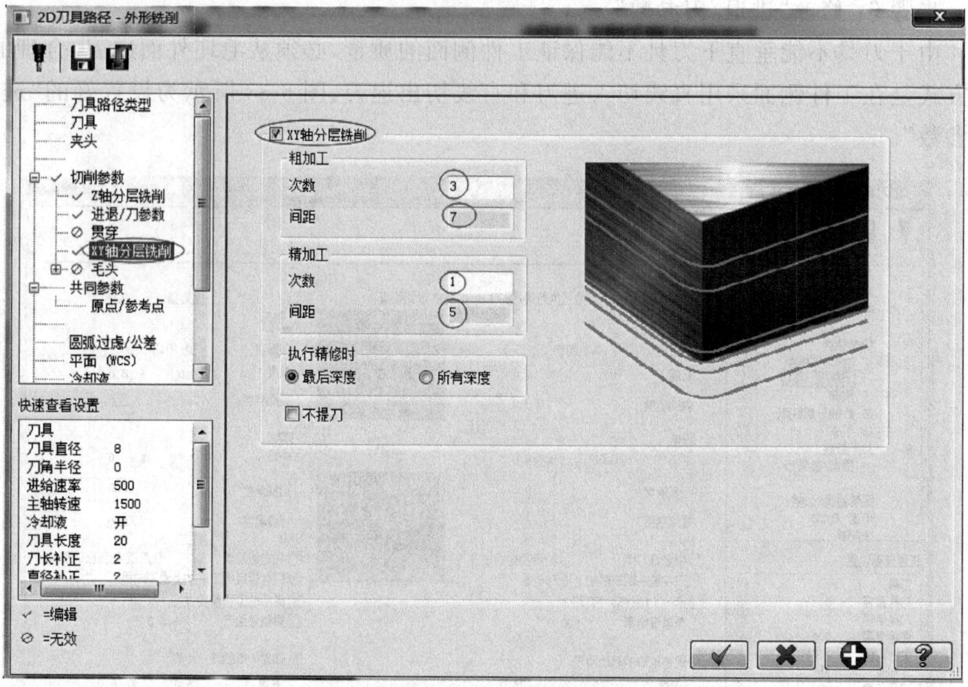

图 6-34 “XY 轴分层铣削”设置

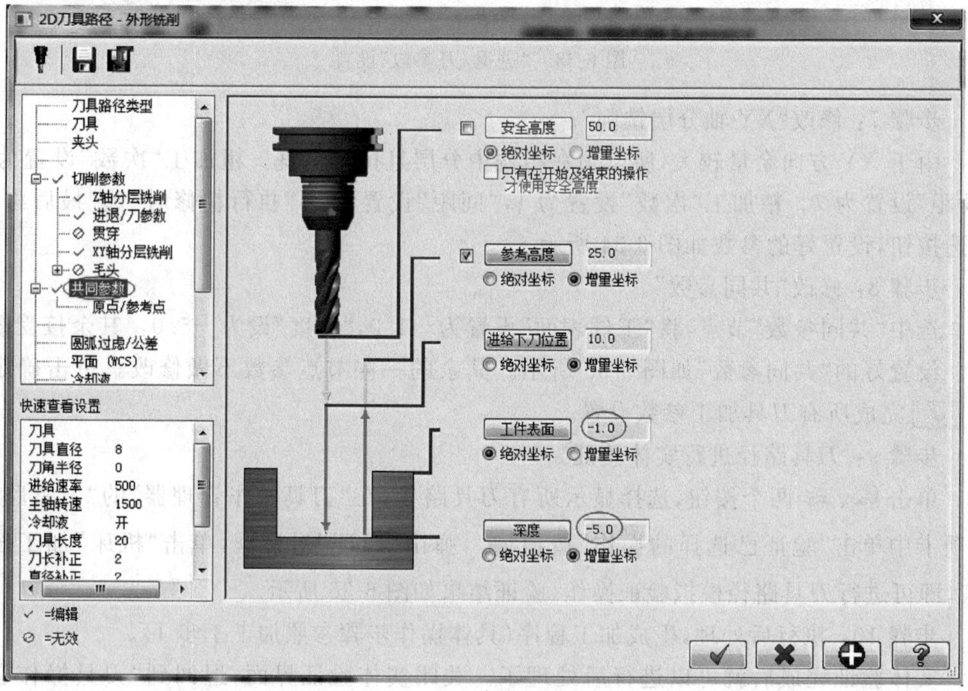

图 6-35 “共同参数”设置

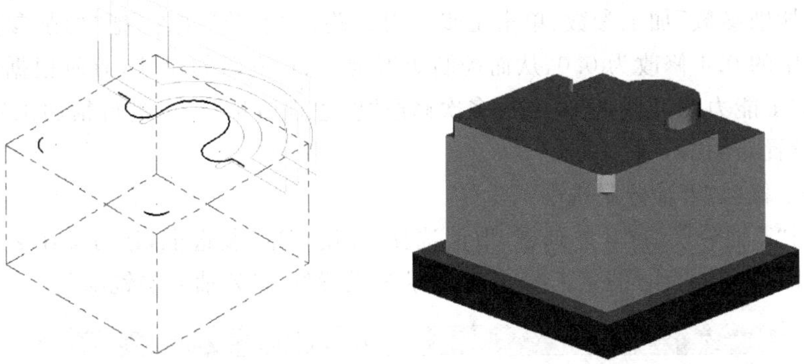

(a)　　　　(b)

图 6-36　验证结果

在弹出的“另存为”对话框中选择 NC 文件的保存路径及文件名，单击确定按钮，即可打开 NC 程序，修改后保存，即可以传输加工。

工步 6：精铣 $R10$mm 与 $R5$mm 的圆弧轮廓。

$R10$mm 与 $R5$mm 的圆弧特征轮廓在粗铣过程中，由于 Z 方向分层切削，以至侧面留有接刀痕，为了保证加工尺寸与表面光洁，应用进行侧面精加工。精加工也就是 Z 方向一刀切出，仍然选择 ϕ8mm 的平面立铣刀作为精铣刀。

步骤 1：隐藏前工步刀具路径及复制刀具路径。

单击 、 两个按钮，隐藏所有加工刀具路径。选择工步 4 粗铣 $R10$mm 与 $R5$mm 的圆弧轮廓刀具路径，单击 按钮，切换到图层 2。接着把光标放置在工步 4 刀具路径上，右击选择复制，在刀具路径页面空白处粘贴，然后在新建的精铣刀具路径中修改参数。如图 6-37 所示，路径 5 就是复制出来的精铣 $R10$mm 与 $R5$mm 的圆弧轮廓加工路径。

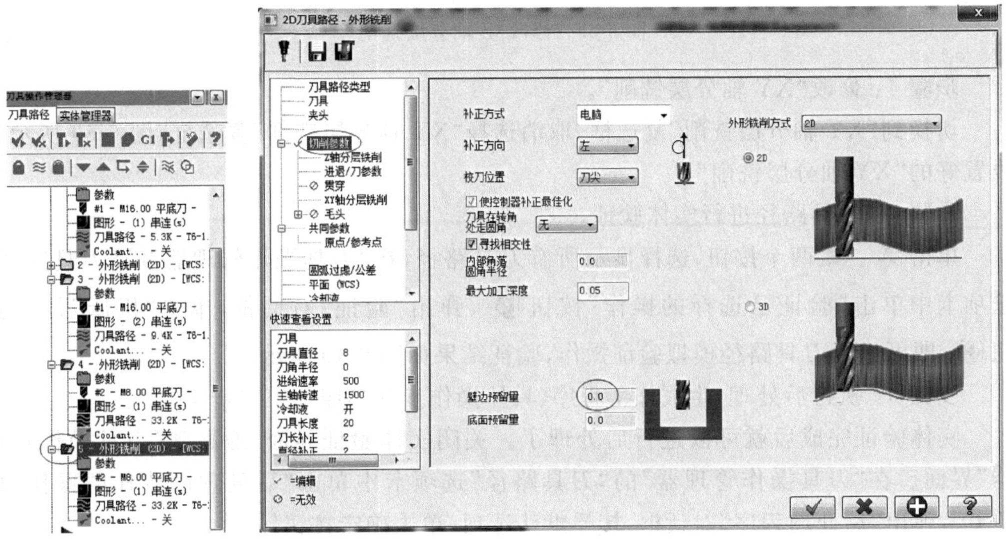

图 6-37　复制刀具路径、修改“切削参数”

步骤 2：修改“切削参数”。

修改“切削参数”加工参数，单击工步 6 刀具路径“参数”文件，把“切削参数”中的“壁边预留量”中的 0.4 修改为 0.0，从而控制矩形槽 X、Y 方向的尺寸（有时根据机床的精度或操作者加工能力的高低，还需经过多次修改“壁边预留量”多次进行精加工），图 6-37 右图所示为设置好的“切削参数”。

步骤 3：修改“Z 轴分层铣削”。

切换到“Z 轴分层铣削”复选框，取消选择“深度切削”复选框，让刀具在 Z 方向一刀切至总深，从而保证侧面的平整。图 6-38 所示为设置好的“Z 轴分层铣削”。

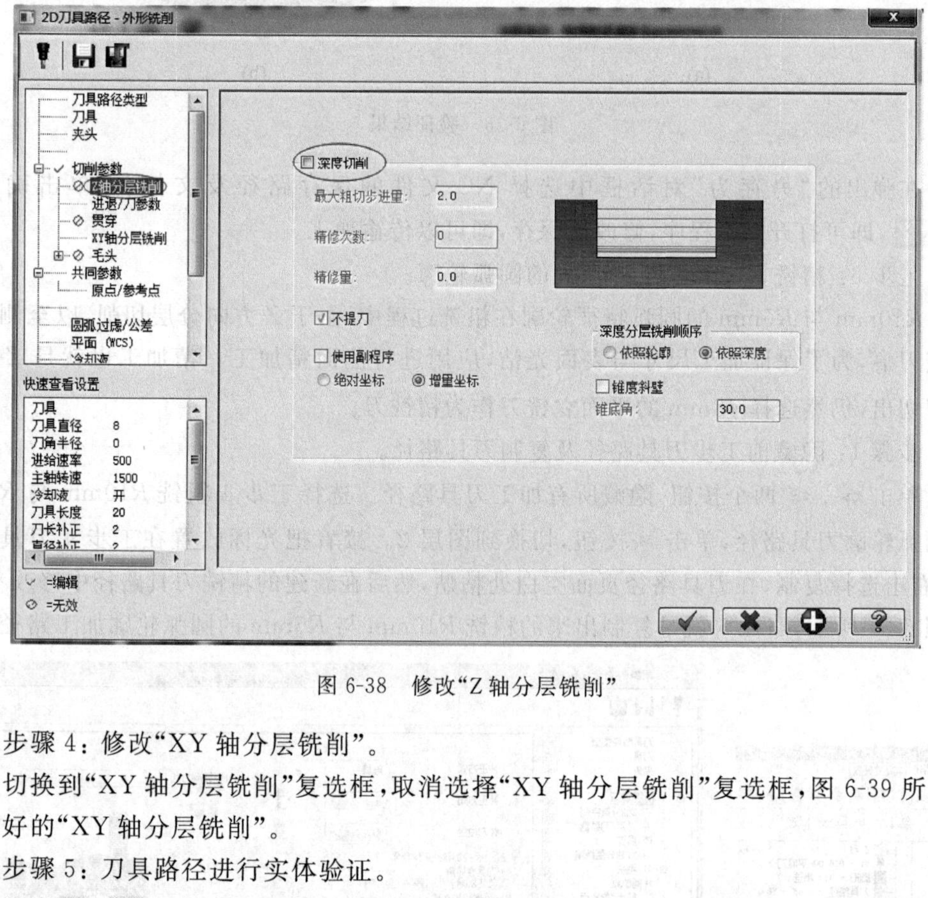

图 6-38　修改“Z 轴分层铣削”

步骤 4：修改“XY 轴分层铣削”。

切换到“XY 轴分层铣削”复选框，取消选择“XY 轴分层铣削”复选框，图 6-39 所示为设置好的“XY 轴分层铣削”。

步骤 5：刀具路径进行实体验证。

单击 、 两个按钮，选择显示所有刀具路径，在“刀具操作管理器”的“刀具路径”选项卡中单击“验证已选择的操作”按钮 ，弹出“验证”对话框，单击“机床”加工按钮 ，即可进行刀具路径模拟验证操作，验证结果如图 6-40 所示。

步骤 6：执行后处理，生成加工程序（具体操作步骤参照加工工步 1）。

实体验证完成后就可以进行后处理了。关闭实体验证界面，退回到“刀具操作管理器”界面。在“刀具操作管理器”的“刀具路径”选项卡中单击“后处理已选择的操作”按钮 G1，弹出“后处理程序”对话框，接受默认选项，单击确定按钮 。

在弹出的“另存为”对话框中选择 NC 文件的保存路径及文件名，单击确定按

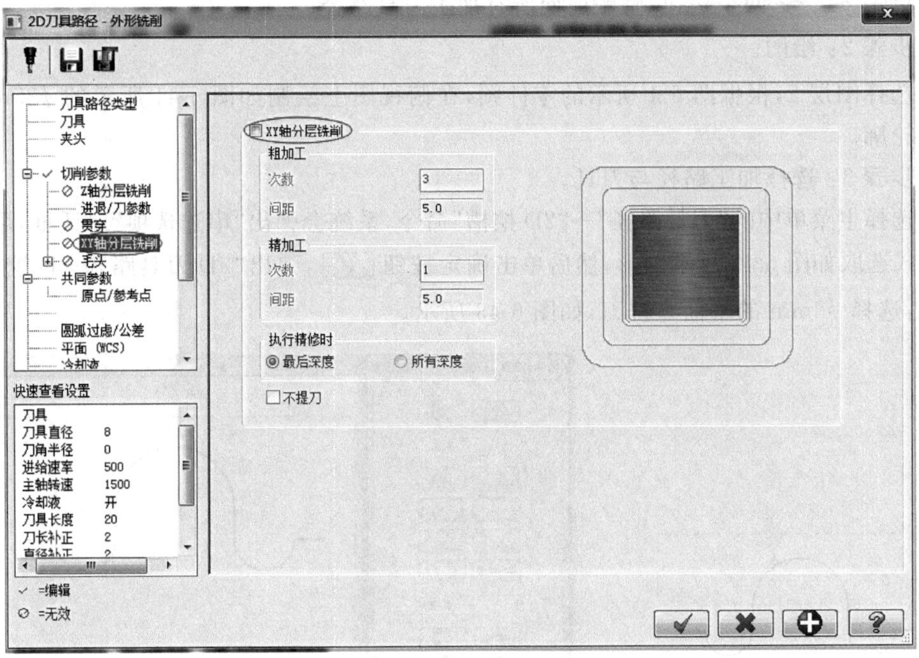

图 6-39 修改“XY 轴分层铣削”

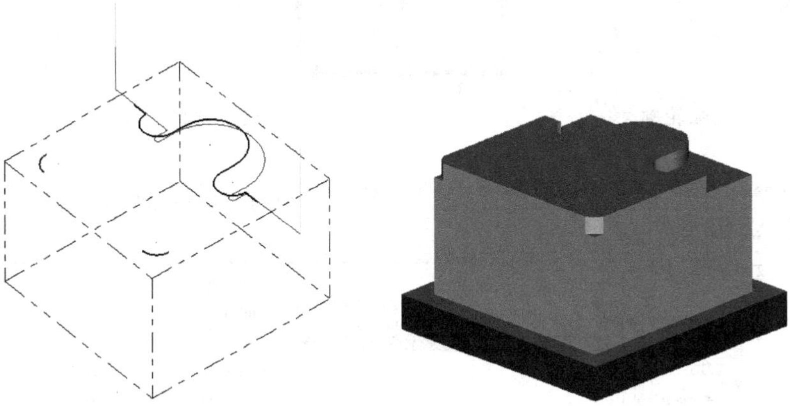

(a) (b)

图 6-40 验证结果

钮[✓]，即可打开 NC 程序，修改后保存，即可以传输加工。

工步 7：粗铣 ϕ25mm 的孔。

该零件有 ϕ25mm、ϕ15mm、ϕ10mm、ϕ8mm 的孔，为提高效率，ϕ25mm、ϕ15mm 两孔用直径 ϕ8mm 的平面立铣刀，ϕ10mm、ϕ8mm 的孔用直径 ϕ6mm 的平面立铣刀，采用螺旋下刀方式。这里只介绍 ϕ25mm 孔的加工过程，其他孔可以参照 ϕ25mm 孔的加工过程自行编辑。

步骤 1：隐藏前工步刀具路径。

单击 、 两个按钮，隐藏前面所有加工刀具路径。

步骤 2：绘图。

选择图层 2，根据图 6-1 所示的零件图，在俯视图上绘制如图 6-41 所示的 ϕ25mm 圆弧的轮廓。

步骤 3：选择加工路径与刀具。

选择主菜单中的“刀具路径”→“2D 挖槽”命令，系统会弹出“串连选项”对话框，用串连的方式选取如图 6-42 所示图形，然后单击确定按钮 ✓，弹出“2D 刀具路径-2D 挖槽”对话框，选择 ϕ8mm 的平面立铣刀，如图 6-43 所示。

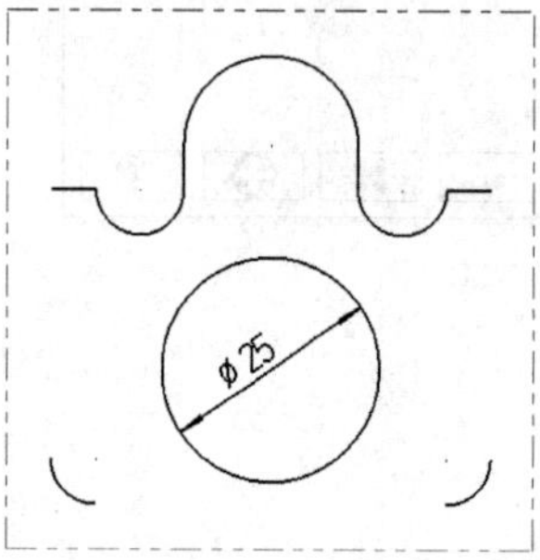

图 6-41 圆弧轮廓

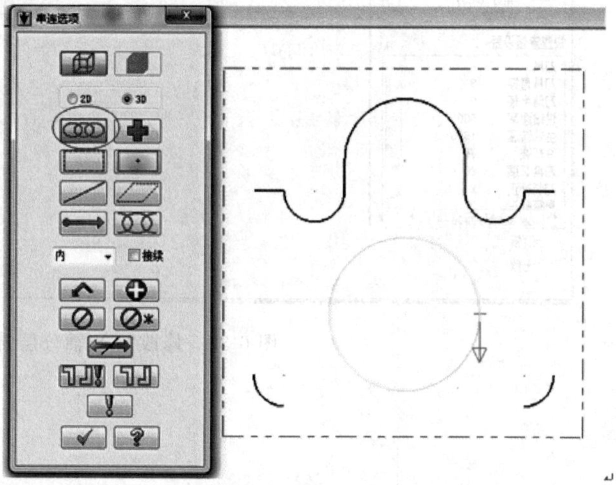

图 6-42 选择“串连”

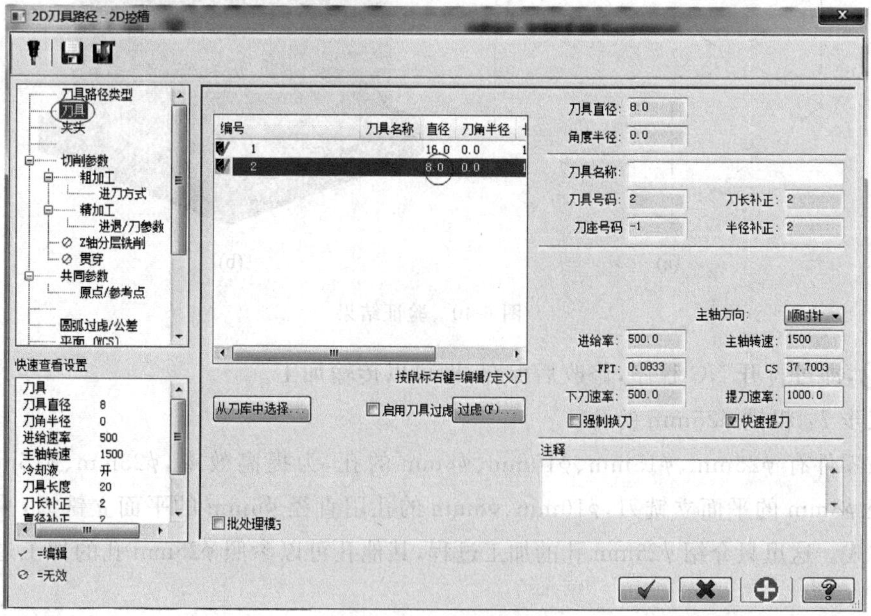

图 6-43 选择刀具

步骤 4：修改“切削参数”。

选中“切削参数”节点，如图 6-44～图 6-47 所示，将“加工方向”选为“顺铣”，“挖槽加工方式”选择“标准”，将“壁边预留量”设为 0.3。“粗加工”方式选择“等距环切”，“进刀方式”选择“螺旋式”，由于加工的深度为 5mm，需要进行“Z 轴分层铣削”设置。

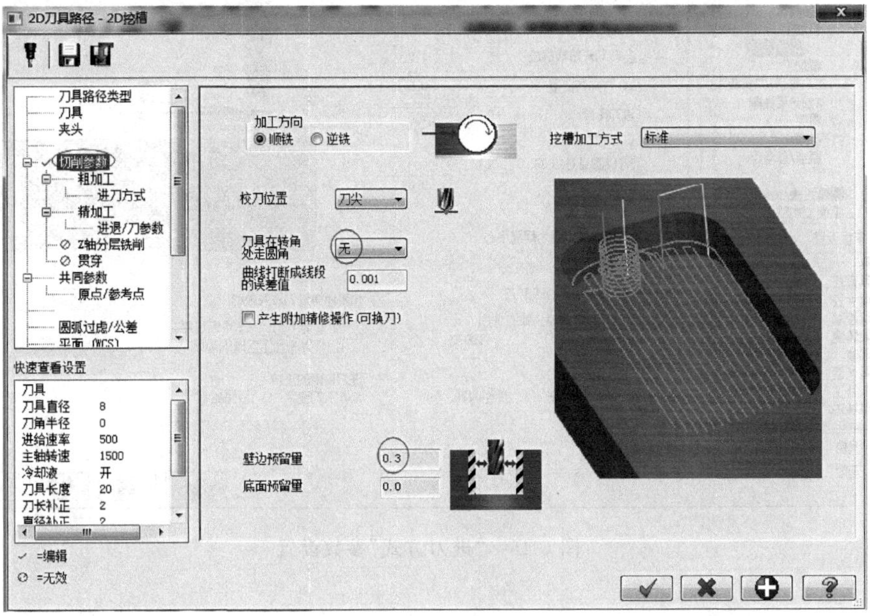

图 6-44 “切削参数”设置

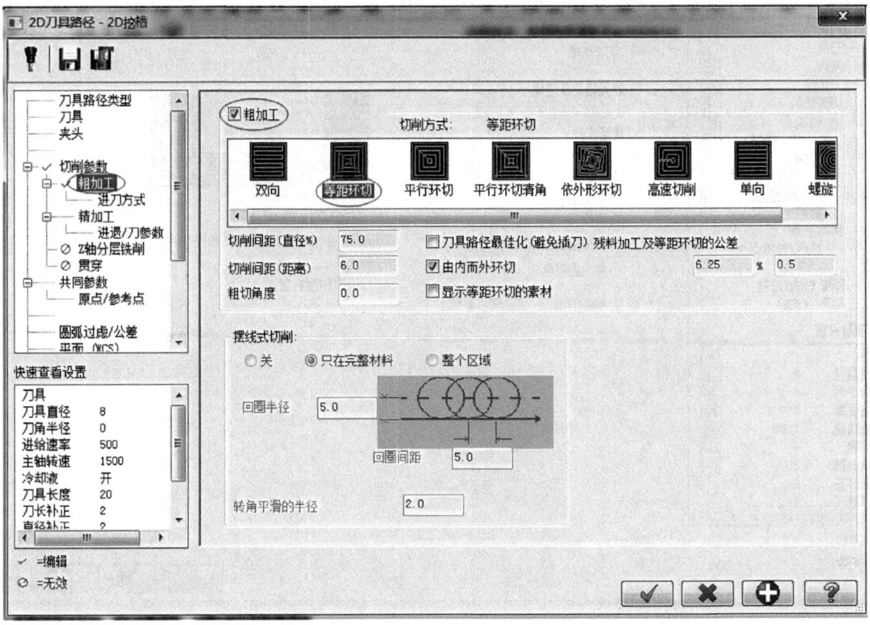

图 6-45 “粗加工”设置

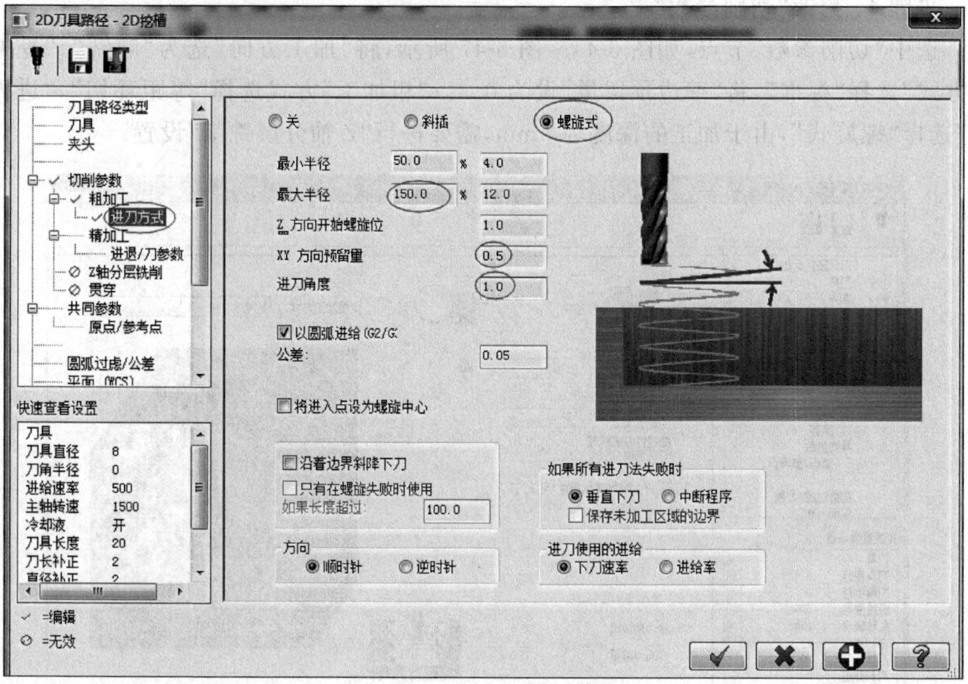

图 6-46 “进刀方式”参数设置

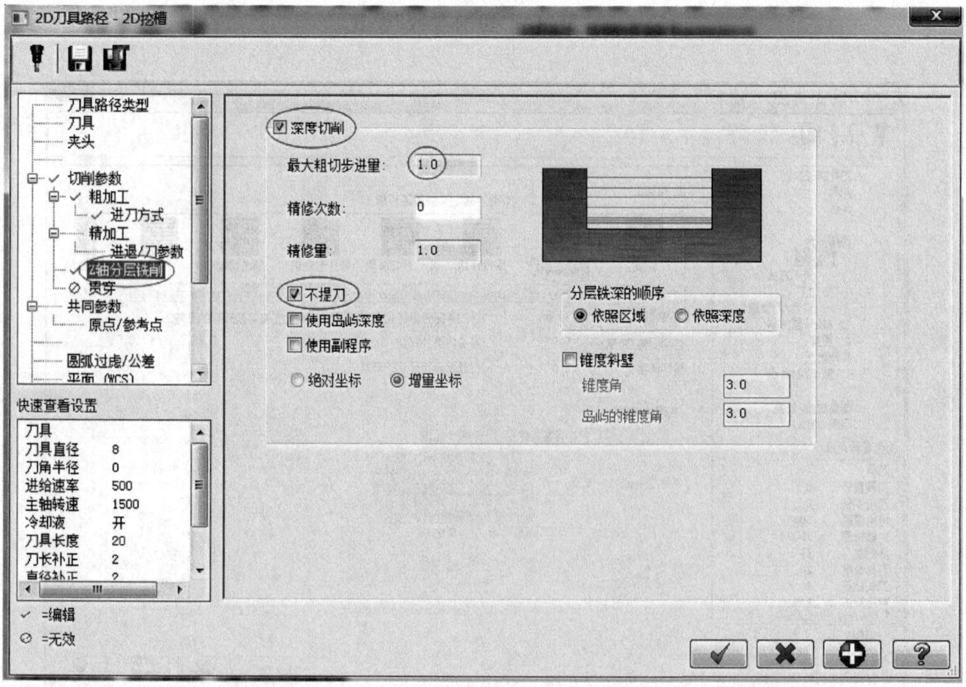

图 6-47 “Z 轴分层铣削”参数设置

步骤 5：修改“共同参数”。

由于毛坯在铣上表面平面时铣去了 1mm，而零件矩形槽要求总高度是 5mm，为了不需重新对刀 Z 方向，所以“工件表面”参数可以设置为−1.0，“深度”设置为−5.0，图 6-48 为设置好的“共同参数”。单击确定按钮 完成所有刀具及加工参数的设置。

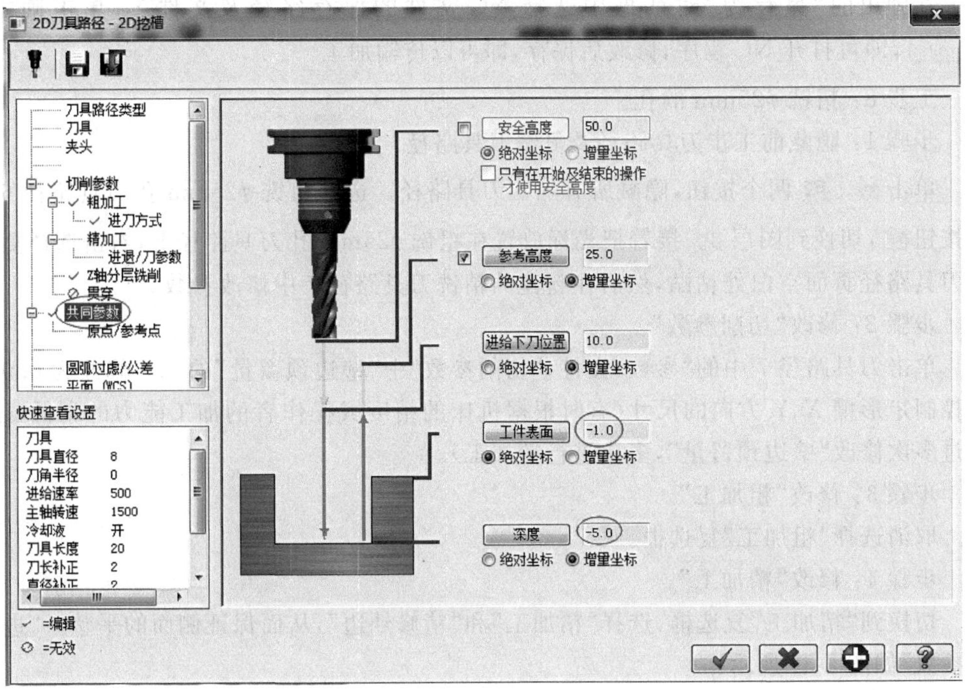

图 6-48　“共同参数”设置

步骤 6：刀具路径进行实体验证。

单击 、 两个按钮，选择显示所有刀具路径，在“刀具操作管理器”的“刀具路径”选项卡中单击“验证已选择的操作”按钮 ，弹出“验证”对话框，单击“机床”加工按钮 ，即可进行刀具路径模拟验证操作，验证结果如图 6-49 所示。

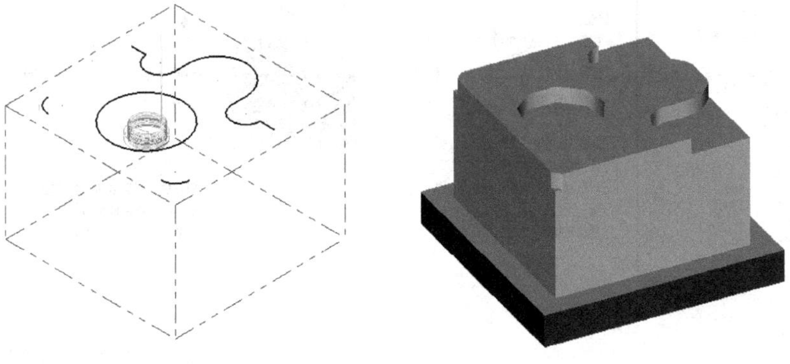

(a)　(b)

图 6-49　验证效果

步骤 7：执行后处理，生成加工程序（具体操作步骤参照加工工步 1）。

实体验证完成后就可以进行后处理了。关闭实体验证界面，退回到“刀具操作管理器”界面。在“刀具操作管理器”的“刀具路径”选项卡中单击“后处理已选择的操作”按钮 G1，弹出“后处理程序”对话框，接受默认选项，单击确定按钮 ✓。

在弹出的“另存为”对话框中选择 NC 文件的保存路径及文件名，单击确定按钮 ✓，即可打开 NC 程序，修改后保存，即可以传输加工。

工步 8：精铣 ϕ25mm 的孔。

步骤 1：隐藏前工步刀具路径及复制刀具路径。

单击 、 两个按钮，隐藏所有加工刀具路径。选择粗铣 ϕ25mm 孔刀具路径 6，单击按钮 ，切换到图层 2。接着把光标放置在粗铣 ϕ25mm 孔刀具路径上，右击选择复制，在刀具路径页面空白处粘贴，然后在新建的精铣刀具路径 7 中修改参数。

步骤 2：修改“切削参数”。

单击刀具路径 7 中的“参数”文件，“切削参数”中“壁边预留量”的 0.3 修改为 0.0，从而控制矩形槽 X、Y 方向的尺寸（有时根据机床的精度或操作者的加工能力的高低，还需经过多次修改“壁边预留量”，多次进行精加工）。

步骤 3：修改“粗加工”。

取消选择“粗加工”复选框。

步骤 4：修改“精加工”。

切换到“精加工”复选框，选择“精加工”和“精修外边”，从而保证侧面的平整。“进退/刀参数”如图 6-50 所示。

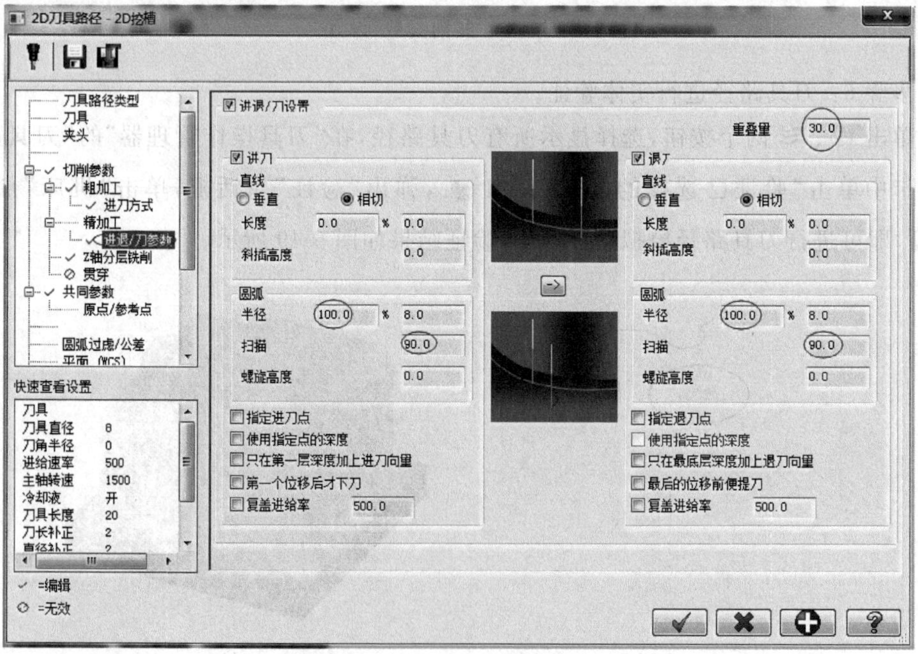

图 6-50 修改“进退/刀参数”

步骤5：修改“Z轴分层铣削”。

切换到“Z轴分层铣削”复选框，取消选择“深度切削”复选框。

步骤6：重新计算刀具路径。

修改刀具路径7的参数后，单击确定按钮完成刀具路径参数的修改。单击按钮，完成刀具路径参数的重新计算，结果如图6-51所示。

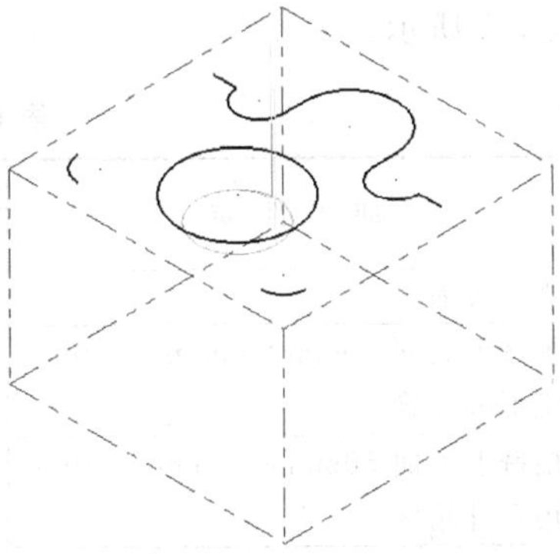

图6-51 重新计算结果

步骤7：执行后处理，生成加工程序(具体操作步骤参照加工工步1)。

实体验证完成后就可以进行后处理了。关闭实体验证界面，退回到“刀具操作管理器”界面。在“刀具操作管理器”的“刀具路径”选项卡中单击“后处理已选择的操作”按钮G1，弹出“后处理程序”对话框，接受默认选项，单击确定按钮。

在弹出的“另存为”对话框中选择NC文件的保存路径及文件名，单击确定按钮，即可打开NC程序，修改后保存，即可以传输加工。

2. 工序二

工序一完成了整个零件上表面的加工，由于装夹的需要，零件下表面还有9mm的厚度没有切除，所以工序二是将零件进行反过来装夹，切除工序一的装夹部分，并保证厚度是30mm。反过来装夹时，要打表、找正，采用平面铣削进行深度的切除。装夹分为平面粗加工和平面精加工，加工的外形、加工的方法、加工的步骤与工序一中的工步1完全相同，在此请读者自行完成绘图、生成刀具路径以及后处理的全部过程。

6.3 任务实施

1. 毛坯装夹

(1) 将平口钳底面与铣床工作台面擦干净。

(2) 将平口钳放置在铣床工作台上，并用T形螺钉固定，用百分表校正平口钳，钳口与铣床工作台横向或纵向平行，并用扳手上紧。

(3) 把图6-1所示零件毛坯60mm×60mm×40mm铝块放入钳口比较中间的位置，下面用平行垫块支承，夹位5～7mm。

(4) 为让毛坯贴紧平行垫块，应用木槌或铜棒轻轻敲平毛坯，直到用手不能轻易推动平行垫块，夹紧。

2. 刀具装卸

刀具装卸参考“任务2 数控铣床对刀操作”。

3. 工件原点设定

工件坐标系原点设置在工件 X、Y 中心，Z 设置在上表面 O 点。

4. 切削用量选择

因零件材料为铝块,硬度较低,切削力较小,切削速度、进给速度可选大些,具体如表 6-2 所示。

表 6-2 零件切削用量选择明细表

加工性质	刀具	主轴转速/(r/min)	进给速度/(mm/min)	切削深度/mm
铣上表面	高速钢平面立铣刀 ϕ16mm	1500	500	1
粗铣上表面 50mm×50mm×32mm 矩形外轮廓	高速钢平面立铣刀 ϕ16mm	1500	500	2
精铣上表面 50mm×50mm×32mm 矩形外轮廓	高速钢平面立铣刀 ϕ16mm	2000	300	32
铣削 R5mm 的倒圆角轮廓	高速钢平面立铣刀 ϕ16mm	1500	300	2
铣削 R10mm 与 R5mm 的圆弧轮廓	高速钢平面立铣刀 ϕ8mm	1500	500	2
精铣 R10mm 与 R5mm 的圆弧轮廓	高速钢平面立铣刀 ϕ8mm	2000	300	5
粗铣削 ϕ25mm 的孔	高速钢平面立铣刀 ϕ8mm	1500	300	2
粗铣削 ϕ15mm 的孔	高速钢平面立铣刀 ϕ8mm	1500	300	2
精铣削 ϕ25mm 的孔	高速钢平面立铣刀 ϕ8mm	2000	200	5
精铣削 ϕ15mm 的孔	高速钢平面立铣刀 ϕ8mm	2000	200	8
粗铣削 ϕ8mm 的孔	高速钢平面立铣刀 ϕ6mm	1500	300	1
粗铣削 ϕ6mm 的孔	高速钢平面立铣刀 ϕ6mm	1500	300	1
精铣削 ϕ8mm 的孔	高速钢平面立铣刀 ϕ6mm	2000	300	5
精铣削 ϕ6mm 的孔	高速钢平面立铣刀 ϕ6mm	2000	300	5
铣下表面	高速钢平面立铣刀 ϕ16mm	1500	500	2

5. 工、夹、刀、量具准备

工、夹、刀、量具清单如表 6-3 所示。

表 6-3 工、夹、刀、量具清单

类 型	型 号	规 格	数 量
机床	数控铣床	FANUC 0i-MD	10 台
刀具	高速钢平面立铣刀	ϕ16mm	每台 1 把
	高速钢平面立铣刀	ϕ8mm	每台 1 把
	高速钢平面立铣刀	ϕ6mm	每台 1 把
量具	钢直尺	0～300mm	每台 1 把
	两用游标卡尺	0～150mm	每台 1 把
	磁力表座及表	0～5mm	每台 1 套
加工材料	铝块	60mm×60mm×40mm	每台 1 块
工具、夹具	扳手、木槌	—	每台 1 把
	平行垫块、薄铜皮等	—	每台若干

6. 对刀操作

对刀操作参考"任务 2　数控铣床对刀操作"。

7. 自动运行操作

自动运行操作参考"任务 2　数控铣床对刀操作"。

8. 操作注意事项

(1) 要做到安全操作、文明生产,在操作中发现有错,应立即停铣。

(2) 加工时,要随时查看程序中实际的剩余距离和剩余坐标值是否相符。

(3) 为保证测量的准确性,最好是游标卡尺与千分尺配合使用。

(4) 对刀之前,机床应先回到参考点。

(5) 在对刀的过程中,可通过改变微调进给试切提交对刀数据。

(6) 在手动(JOG)或手轮模式中,移动方向不能错,否则会损坏刀具和机床。

(7) 刀具路径编写好后,要进行认真检查与验证,以确保无误。

(8) X、Y 与 Z 方向的对刀验证步骤分开进行,以防验证时因对刀失误造成刀具撞刀。

7

任务

数控铣床宏程序

7.1 任务描述

本任务是学习数控铣床宏程序编程。试编写图 7-1 所示零件的加工程序并加工，从而掌握数控铣床宏程序指令的应用，毛坯尺寸为 120mm×80mm×30mm，毛坯材料为硬铝。要求完成程序的编辑、输入、校验、手动装刀、装毛坯、对刀、加工的任务。

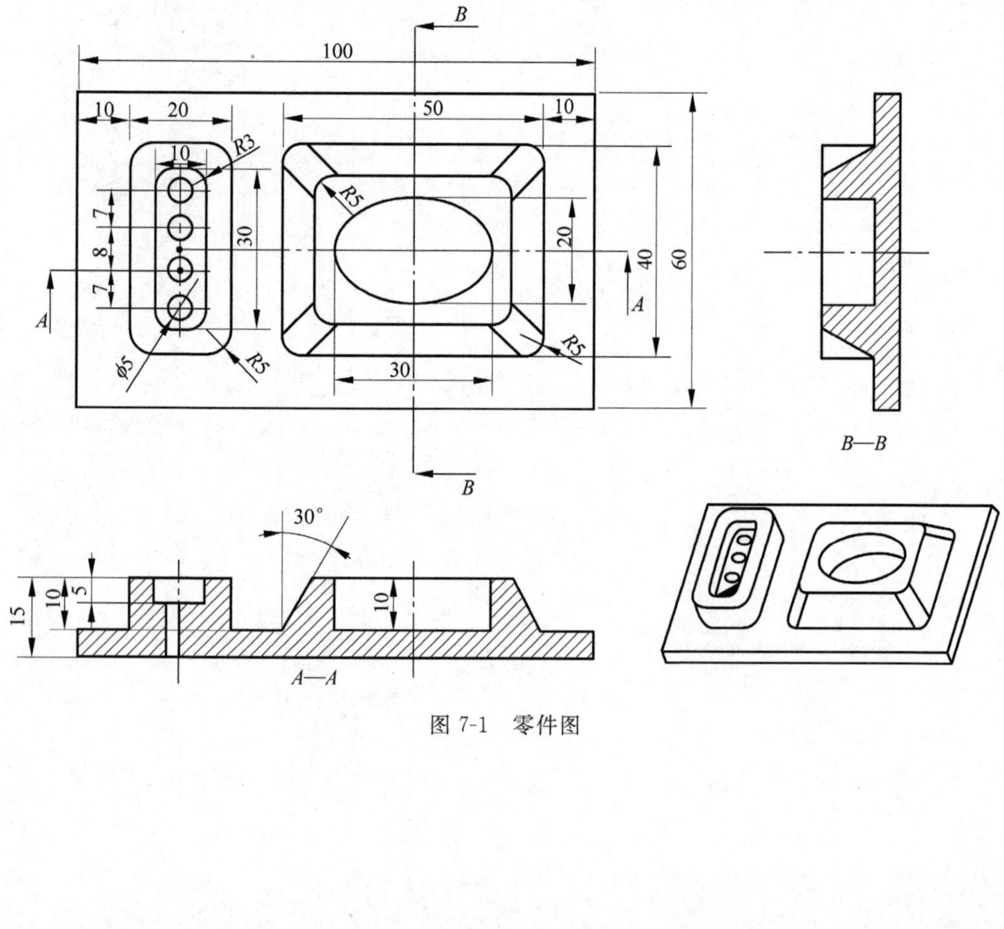

图 7-1　零件图

7.2 知识学习

宏程序其实说起来就是用数学公式以及变量来编写加工零件的程序，通过输入数学公式以及循环语句改变变量的赋值，可以简化手动编程，同时还可以实现椭圆、抛物线、正余弦曲线等非圆曲线的编程。

7.2.1 宏程序编程基础知识（FANUC 0i 系统）

宏一般分为A类宏和B类宏。A类宏程序是以G65 H#×× P#×× Q#×× R#××的格式输入的，其表达方式不直观；而B类宏程序则是以直接的公式和语言输入的，和C语言很相似，在FANUC 0i系统中应用比较广，所以我们主要介绍B类宏程序的相关知识。

1. 变量的表示

宏程序的变量用变量符号#和后面的变量号指定，如#1。变量分为四类：空变量(#0)；局部变量(#1～#33)；公共变量(#100～#199)，(#500～#999)；系统变量(#1000～)。

2. 变量的赋值

(1) 赋值。

赋值是指将一个数据赋予一个变量。如#1=10，则表示将10这个数值赋给变量#1。

(2) 赋值规则。

① 等号两边内容不能互换，左边只能是变量，右边只能是数字或者表达式。

② 一个赋值语句只能给一个变量赋值。

③ 可以多次向同一个变量赋值，新变量值取代原变量值。

④ 赋值语句也可以具有运算功能，它的一般形式为#1=#2+#3。

⑤ 在赋值运算中，表达式可以是变量自身与其他数据的运算结果，如#1=#1+0.1。

⑥ 赋值表达式的运算顺序与数学运算顺序相同。

3. 变量的运算

宏程序可以进行加、减、乘、除的运算，如#i=#j+#k，#i=#j-#k，#i=#j*#k，#i=#j/#k，也可以用到三角函数、平方根函数、取整函数等，具体的函数如表7-1所示。

表7-1 各函数及含义

函数名称	函数表达方式	示例
正弦	#i=SIN[#j]	若#1=SIN[30]，则#1=0.5
余弦	#i=COS[#j]	若#2=COS[60]，则#2=0.5
正切	#i=TAN[#j]	若#3=TAN[45]，则#3=1
反正切	#i=ATAN[#j]	若#4=ATAN[1]，则#4=45
平方根	#i=SQRT[#j]	若#5=SQRT[4]，则#5=2

续表

函数名称	函数表达方式	示例
绝对值	#i=ABS[#j]	若#6=ABS[-3],则#6=3
上取整	#i=FIX[#j]	若#7=FIX[4.2],则#7=4
下取整	#i=FUP[#j]	若#8=FUP[4.2],则#8=5
四舍五入化整	#i=ROUND[#j]	若#9=ROUND[4.7],则#9=5

在一些条件表达式中,还要用到逻辑运算用于两个值的比较,如表7-2所示。

表7-2 逻辑运算符含义

EQ(等于)	NE(不等于)	GT(大于)
GE(大于且等于)	LT(小于)	LE(小于且等于)
AND(与)	OR(或)	NOT(非)

4. 转移与循环

在程序中,可以有三种转移与循环操作可供使用,即GOTO语句、IF语句和WHILE语句。

1)无条件转移(GOTO语句)

GOTO语句表示转移到标有顺序号N(俗称的行号)的程序段。其格式为

```
GOTO N:(N为顺序号)
```

例如GOTO 20,即表示程序的运行顺序转移至N20的程序段。

2)条件转移(IF语句)

IF语句有两种表示方法,如表7-3所示。

表7-3 IF语句格式及含义

IF语句格式	含义	示例
IF[条件表达式] THEN	表示当条件式满足时,则执行指定的宏程序语句,而且只执行一个宏程序语句	IF[#1 EQ #2] THEN #3=20,表示如果#1和#2的值相同,则将20赋值给#3
IF[条件表达式] GOTO N	表示当条件式满足时,则转移到标有顺序号N(俗称的行号)的程序段;如果条件不满足,则按顺序执行下一个程序段	IF[#1 LT #2] GOTO 20,表示如果#1小于#2,则转移到N20的程序段

3)循环(WHILE语句)

在WHILE后指定一个条件表达式,当指定条件满足时,则执行从程序段DO至END之间的程序,否则,直接转到END后的程序段。其格式如下。

```
WHILE [条件表达式] DO m (其中 m = 1,2,3)
…
END m
```

注意：WHILE DO m 和 END m 必须成对使用；DO 后面的号是指定程序执行的范围标号，标号值为 1、2、3，DO 语句只允许有最多三层嵌套，DO 语句范围不允许交叉。例如：

```
WHILE [条件表达式] DO 1
…
WHILE [条件表达式] DO 2
…
WHILE [条件表达式] DO 3
…
END 3
…
END 2
…
END 1
```

7.2.2 宏程序加工应用

1. 矩形平面加工宏程序编制

在数控加工中，平面的加工是最基本、最简单的加工方式。在实际生产中，毛坯一般是矩形，在正式加工前通常要将上表面整个进行切削，以保证零件表面的尺寸精度。宏程序在矩形平面加工中的应用非常普遍。

编程实例：如图 7-2 所示，毛坯上表面的尺寸为 100mm×60mm，刀具选择直径为 ϕ20mm 平面立铣刀，毛坯材料为硬铝，要求加工平面，加工深度为 1mm。

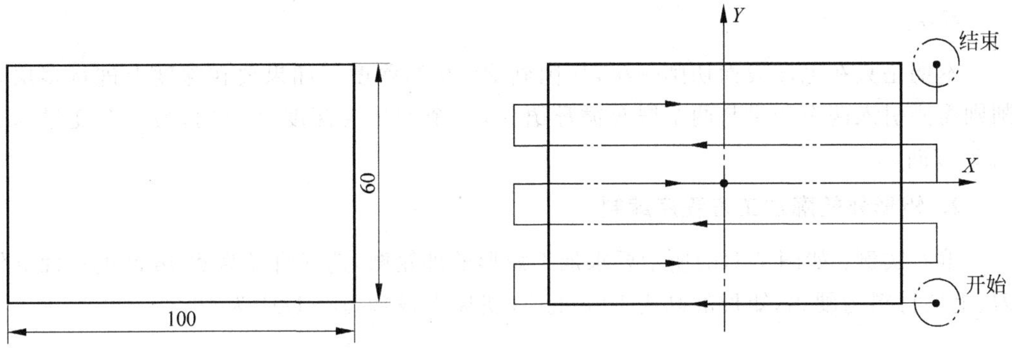

(a) 矩形尺寸　　(b) 平面刀具路径走刀路线

图 7-2　矩形平面

图 7-2 矩形平面参考程序(常量编程)如下。

```
O7010(主程序)
G54 G90 G40;
S1500 M03;
G0 Z50;
X62 Y-30;
Z10;
G1 Z0 F500;
```

```
O0107(子程序)
G91;
G1 X-124 F500;
Y12;
X124;
Y12;
M99;
```

```
M98 P30107;
G0 Z100;
M5;
M30;
```

图 7-2 的参考程序(变量编程)如下。

```
O7012
G54 G90 G40;
S1500 M3;
G0 Z50;
X62 Y-30;
Z10;
Z0F500;
#1= -30.;
WHILE[#1 LT30.]  DO1;
G01 X-62  F300;
#1= #1+10.;
Y#1;
X62.
#1= #1+10.;
Y#1;
END1;
G0 Z100;
M5;
M30;
```

本例是只在毛坯表面切削一次,切削到 $Z=0$ 的深度。如果要在深度上进行多层切削则需要引入两个变量与两个嵌套循环语句,一个变量为深度 Z 方向,另一个变量为进给 Y 方向。

2. 矩形外轮廓加工宏程序编制

编程实例:如图 7-3(a)所示要求加工矩形的外轮廓,选择直径为 ϕ20mm 的平面立铣刀,毛坯材料为硬铝,矩形的高为 10mm。在机床上设置刀补 D01 为 10。

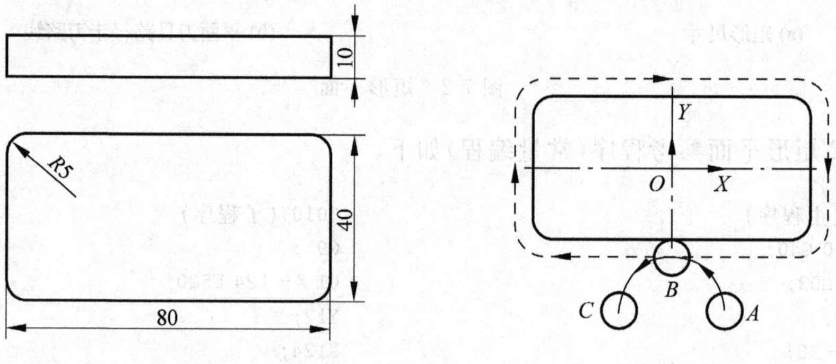

(a) 图形尺寸　　(b) 走刀路线

图 7-3　矩形轮廓及走刀路线

需要考虑的问题有两个：一是由于切削深度为10mm，在深度方向上要进行分层铣削，每刀切2mm；二是本题采用平面立铣刀，不能垂直进刀，需要在轮廓外边进刀，为了不留下接刀痕迹，所以要进行圆弧轨迹切入和切出。在 *XY* 方向加工余量小，不进行分层铣削。

图7-3(b)所示为刀具的走刀路径，设图形的中心 *O* 为坐标原点，刀具从毛坯外部点 *A* 开始走刀，走1/4的圆弧到 *B* 点，接着沿图形的最外轮廓顺时针走刀，回到 *B* 点后再走1/4的圆弧退到 *C* 点。

将切削深度＃1设为自变量，初始值设为2，最大值为需要加工的高度10，当切削深度小于等于需要加工的深度时，循环有效，持续进行切削，每循环一次，往下切2mm，编制的程序为O7013。

图7-3矩形轮廓参考程序如下。

```
O7013
G54 G90 G40;
S1500 M03;
G0Z50;
G0X15 Y-50;
Z10;
G1 Z1 F500;
＃1=2.;                        (变量初始赋值)
WHILE [＃1 LE10.]DO1;          (如果切削深度小于总深度，循环开始)
G1 Z[-＃1] F100;               (下刀到当前深度)
G1 G41 X15 Y-35 D01;
G3 X0 Y-20.R15;                (1/4圆弧进刀)
G1 X-35;                       (直线走刀)
G2 X-40 Y-15 R5;               (圆角走刀)
G1 Y15;                        (直线走刀)
G2 X-35 Y20 R5;                (圆角走刀)
G1 X35;                        (直线走刀)
G2 X40 Y15 R5;                 (圆角走刀)
G1 Y-15;                       (直线走刀)
G2 X35 Y-20 R5;                (圆角走刀)
G1 X0;                         (直线走刀)
G3 X-15 Y-35 R15;              (1/4圆弧退刀)
G40 G0 X15 Y-50;               (直线回到的加工开始点)
＃1= ＃1+2;                     (变量依次递增2)
END 1;                         (循环结束)
G0 Z100;
G0 X0 Y200;
M5;
M30;
```

如果要分粗、精加工，则粗加工的时候，将半径补偿值D01设为10.2(留0.2的精加工余量)，变量＃1的初设值设为2；精加工时，将半径补偿值D01设为10，变量＃1的初设值改为10。

矩形内轮廓的加工与外轮廓相似，在此不再举例说明，只是需要注意两点：一是铣刀的半径要小于轮廓圆角半径；二是铣刀要采用螺旋下刀方式，不可以直接轴向下刀。

3. 椭圆轮廓的宏程序编制

用宏程序加工椭圆等非圆曲线，就是在曲线上取若干个点，当点的数量足够多时，相邻两点间的椭圆曲线段可以用连接这两点的直线段来替代，即用无数段小直线来拟合理想的曲线轮廓，这样就可以用无数 G01 指令走出椭圆轮廓。

1）椭圆的参数方程

椭圆的参数方程的公式推导过程如下。

焦点在 x 轴上，长半轴为 a，短半轴为 b 的椭圆的标准方程：$x^2/a^2+y^2/b^2=1(a>b>0)$。又因为 $\cos^2\phi+\sin^2\phi=1$，设 $x/a=\cos\phi, y/b=\sin\phi$，即可以得 $x=a\cos\phi, y=b\sin\phi$，这是中心在原点 O，焦点在 x 轴上的椭圆的参数方程。

要加工一椭圆轨迹，椭圆的长半轴为 15，短半轴为 10，其坐标原点在椭圆中心，长半轴在 X 轴，短半轴在 Y 轴，则椭圆的参数方程可写成 $x=15\cos\phi$，$y=10\sin\phi$。当参数角从 0°变化到 360°，椭圆上的点(x,y)完成了一个完整椭圆的轨迹。

2）椭圆槽加工

利用宏程序加工椭圆槽时，刀具中心轨迹在椭圆上，不需要考虑刀具半径补偿。如果槽的深度不大，可以进行一次切削，那就可以选用一层循环语句；如果在深度方向上也要进行分层铣削，则需要二层循环嵌套语句。椭圆槽加工宏程序深度不同时的对比分析如表 7-4 所示。

表 7-4 椭圆槽加工宏程序在切削深度不同时的对比分析 单位：mm

总切削深度	2	10
每次进给深度	2	2
切削是否分层	否	是
是否应用刀具半径补偿	否	否
宏语句选择	WHILE 语句	二层循环嵌套 WHILE 语句
循环变量	参数角 ϕ	参数角 ϕ 和切削深度
椭圆尺寸	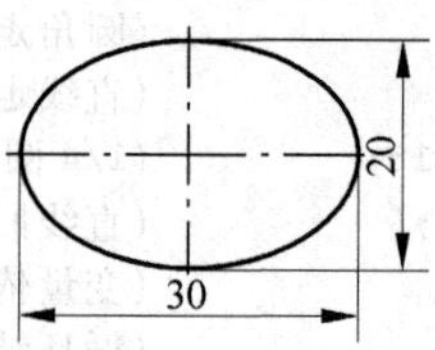	
走刀路线	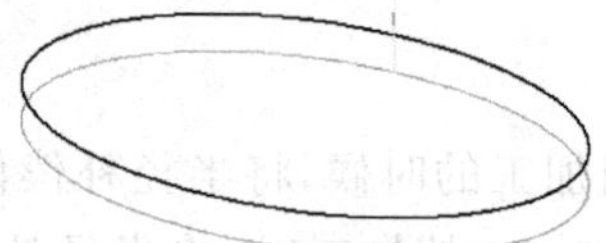	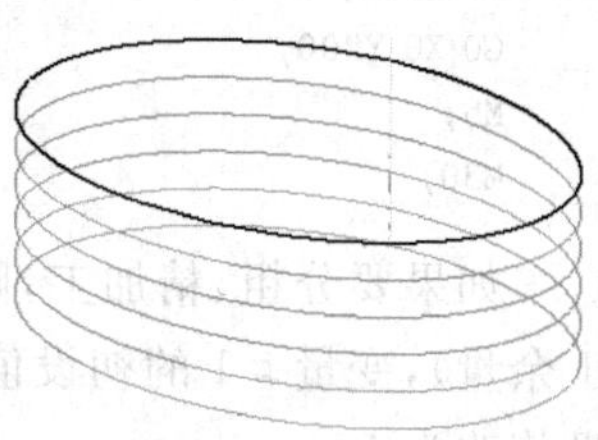

续表

切削效果	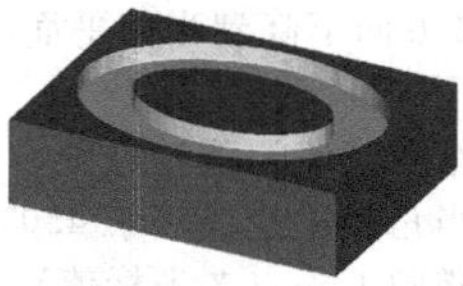	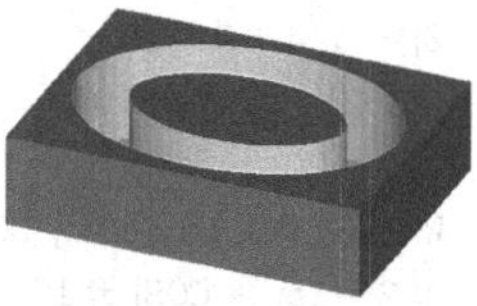
宏程序名称	O9005	O9006

编程实例 7-1：表 7-4 椭圆深度方向一次切削完成椭圆槽加工，深度为 2mm，采用 ϕ10mm 的槽铣刀。

表 7-4 椭圆参考程序如下。

```
O7014
G54 G90 G40;
S1500 M03;
G0 Z50;
X0 Y0;
Y10;                        (定位到下刀点上方向)
Z10;
G1 Z1 F500;                 (Z 方向下降到当前平面以上 10mm 处)
Z-2 F100;                   (下降到当前平面)
#1=90.;
WHILE[#1 LE 450.] DO1;      (当角度小于或等于 450°时开始循环)
#2= 15.*COS[#1];            (计算椭圆上一点 X 坐标值)
#3= 10.*SIN[#1];            (计算椭圆上一点 Y 坐标值)
G01 X[ #2] Y[ #3] F500;     (以直线拟合椭圆)
#1= #1+1.;                  (将角度变量增加 1)
END 1;                      (循环结束)
G0 Z100;
X0 Y30;
M5;
M30;
```

本例中真正的自变量只有#1，只是考虑到书写的方便，引入#2、#3 过渡计算结果。如果将 15.*COS[#1]、10.*SIN[#1]分别代入 G01 X[#2] Y[#3] F500 的#2、#3，则本程序中只有#1 一个变量。

编程实例 7-2：总深度为 10mm，深度方向一次切削 2mm 的椭圆槽加工，采用 10mm 的槽铣刀。

```
O7015
G54 G90 G40;
S1500 M03;
G0 Z50;
X0 Y0;
#4=2.;
WHILE[#4 LE10.] DO 1;       (如果切削深度小于总深度，循环开始)
```

```
Z2;                         (快速下刀到 Z2 平面)
G0 X0 Y10;                  (定位到 XY 平面的下刀点)
Z[ - #4 + 3.];              (Z 方向下降到当前平面以上 3 处)
G01 Z[ - #4] F100;          (下降到当前平面)
#1 = 90.;                   (给角度赋初值)
WHILE[ #1 LE 450.] DO 2;    (当角度小于或等于 450°时,开始第二层循环)
#2 = 15. * COS[ #1];        (椭圆上一点 X 坐标值)
#3 = 10. * SIN[ #1];        (椭圆上一点 Y 坐标值)
G01 X[ #2] Y[ #3] F500;     (以直线拟合椭圆)
#1 = #1 + 1.;               (将角度变量增加 1°)
END 2;                      (第二层循环结束)
G0 Z30.;                    (层与层之间进行抬刀)
#4 = #4 + 2.;               (将切削深度变量增加 2)
END 1;                      (第一层循环结束)
G0 Z100;
X0 Y40;
M5;
M30;
```

编程实例 7-3：如图 7-4 所示的椭圆内部要被全部切削，且切削深度较大不能一次完成，为了方便加工时直接下刀，在椭圆中心预先铣出圆孔，半径应该小于椭圆的短半轴。

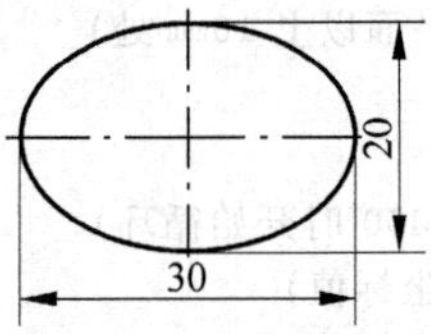

(a) 图形尺寸

(b) 效果

图 7-4 椭圆内轮廓

对于椭圆内轮廓的加工，需要特别注意的两个问题：一是内轮廓加工，刀具的中心轨迹不在椭圆上，而是要向里偏移一个刀具半径值。由于椭圆的等距线并不是真正的椭圆，所以加工真正的椭圆必须使用刀具半径补偿功能，这样，刀具的轨迹为椭圆的等距线，加工出来的轮廓为椭圆；二是由于使用了半径补偿，系统在补偿计算时，不能发生轮廓干涉。刀具的选择受椭圆的曲率半径限制，刀具半径要小于椭圆的最小曲率半径(b^2/a)，本例中 $a=15$，$b=10$，则 $10^2/15=6.67$，所以在加工时选择的刀具半径 R 要小于 6.67，否则，系统会因干涉而报警。

图 7-4 椭圆内轮廓加工参考程序如下。

```
O7016
G54 G90 G40;
S1500 M03;
G0 Z30;
X0 Y0;
Z10;
#4 = 2.;
WHILE [ #4 LE 10.] DO 1;    (当切削尝试小于指定深度时,第一层循环开始)
```

```
G01Z[ - #4] F100;
G41 G01 X0 Y10.F500 D01;      (刀具左补偿一个半径值)
#1 = 90.;                     (给角度赋初值 90°)
WHILE [ #1 LE 450. ] DO 2;    (将角度小于 450°时第二层循环开始)
#2 = 15. * COS[ #1];
#3 = 10. * SIN[ #1];
G01 X[ #2] Y[ #3] F500;       (椭圆上两点走直线)
#1 = #1 + 1.;                 (将角度变量增加 1)
END 2;                        (第二层循环结束)
G40 G01 X0 Y0;
#4 = #4 + 2.;                 (每层切深增加 2)
END 1;                        (第一层循环结束)
G0 Z100;
X0 Y0;
M5;
M30;
```

如果椭圆的内部还有少量体积没有切除的话，可以通过控制面板修改刀补 D01 的值(但需要注意的是，修改的刀补量不能大于椭圆最小曲率半径)，并重新运行程序来实现。

3) 椭圆加工综合实例

编程实例 7-4：如图 7-5 所示，在矩形 80mm×80mm 毛坯的基础上加工两个倾斜的小椭圆凸台以及一个椭圆凹槽。本例有两个问题需要处理：一是三个椭圆的中心均不在工件坐标系原点(G54 工件坐标系)，可以在控制面板上，将坐标系原点从 G54 平移相应的量，使得三个椭圆的中心分别在 G55、G56、G57 工件坐标系原点位置；二是两个椭圆凸台是倾斜的，对于倾斜的轮廓可以使用 G68 旋转指令，将坐标系旋转 45°和 135°。

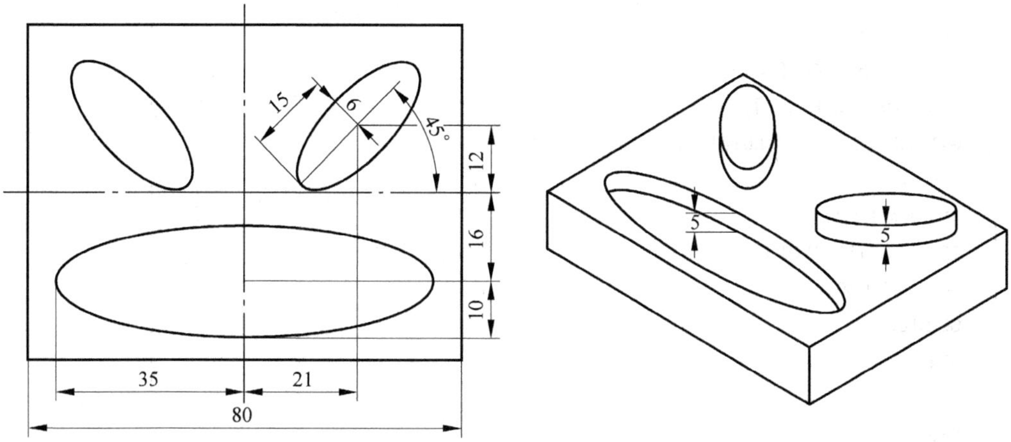

图 7-5 椭圆实例 7-4

图 7-5 椭圆实例两小椭圆凸台程序参考程序如下。

```
O7017(主程序)                 O7107(子程序)
G54 G40 G90;                  G1 Z-5 F500;
S1500 M3;                     #1 = 0;
```

```
G55;
G0 Z50;
X40 Y40;
Z2;
G68 X0 Y0 R45;
M98 P7107;
G69;
G56;
X40 Y40;
G68 X0 Y0 R135;
M98 P7107;
G69;
G0 Z100;
G54;
M5;
M30;
```

```
N1＃2 = 15. * COS[＃1];
＃3 = 6. * SIN[＃1];
G42G1X[＃2]Y[＃3]D01F500;
＃1 = ＃1 + 1.;
IF[＃1LE360.]GOTO1;
G0 Z2;
G40 G0 X40 Y40;
M99;
```

加工椭圆凹槽时，为了方便加工时直接下刀，用键槽铣刀在椭圆中心预先铣出圆孔，半径应该小于椭圆的短半轴，程序略。

图 7-5 椭圆实例大椭圆加工参考程序如下。

```
O7018
G57 G40 G90;
S1500 M03;
G0 Z50;
X0 Y0;
Z10;
＃1 = 90.;
N1＃2 = 35. * COS[＃1];
＃3 = 10. * SIN[＃1];
G41G1X[＃2]Y[＃3]D01F100;
Z－5;
＃1 = ＃1 + 1.;
IF[＃1LE450.]GOTO1;
G40 G1 X0 Y0;
G0 Z100;
G54;
M5;
M30;
```

编程实例 7-5：如图 7-6 所示，在矩形 80mm×60mm 毛坯的基础上加工两个小椭圆凸台，由于椭圆较小，椭圆外围需要切除的材料较多，可以考虑用 ϕ20mm 的立铣刀铣出两个矩形的小凸台，然后在矩形凸台的基础上精铣出椭圆凸台。最上面的小椭圆的中心不在工件坐标系原点，可以采用与上一节例题同样的方法，将 G54 坐标平移相应的量形成 G55 坐标系。本例只精铣椭圆凸台的程序，矩形凸台的加工程序略。

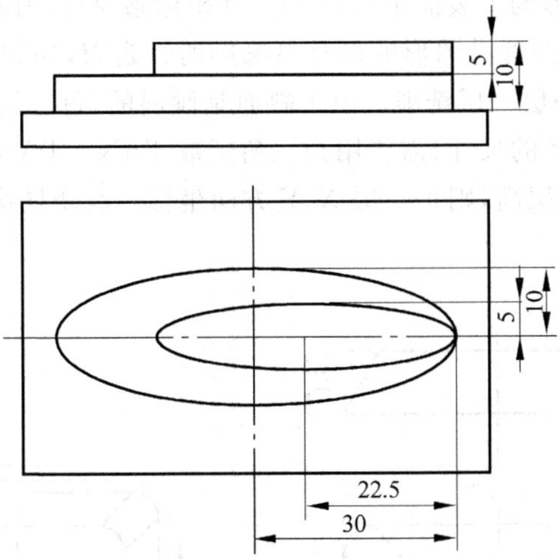

图 7-6 椭圆实例 7-5

图 7-6 椭圆加工参考程序如下。

```
O7019
G55 G40 G90;
S1500 M03;
G0 Z50;
X50 Y0;
Z2;
#1 = 0;
G1 Z - 5 F500;
N1 #2 = 22.5. * COS[ #1];
#3 = 5. * SIN[ #1];
G42G1X[ #2]Y[ #3]D01;
#1 = #1 + 1.;
IF[ #1LE360. ]GOTO1;
G40X50 Y0;
G54;
#4 = 0;
G1Z - 10 F500;
N2 #5 = 30. * COS[ #4];
#6 = 10. * SIN[ #4];
G42G1X[ #5]Y[ #6]D01;
#4 = #4 + 1.;
IF[ #4LE360. ]GOTO2;
G40 X50 Y0;
G0 Z100;
M5;
M30;
```

4. 斜面宏程序编制

加工如图 7-7(a)所示的斜面，其四个倾斜面与垂直方向的夹角均为 30°，斜面间为上、下等半径圆角过渡，半径均为 $R5$mm。采用平面立铣刀进行加工。图 7-7(b)所示为刀具的走刀路径，设图形的上表面中心 O 为工件坐标系原点，刀具从毛坯外部点 A 下刀，走 1/4 的圆弧到 B 点，接着沿图形的最外轮廓顺时针走刀，回到 B 点后再走 1/4 的圆弧退到 C 点，从下往上，一层一层铣削。由于斜面是倾斜的，每一层的矩形的尺寸都会发生变化，为了得到矩形路径的尺寸，需要用到三角函数 TAN。TAN 表示角的正切。如果已知高度方向的进给量即层高，则每一层 X、Y 方向坐标的改变量均为层高 * TAN[30.]，编制的程序为 O9011。

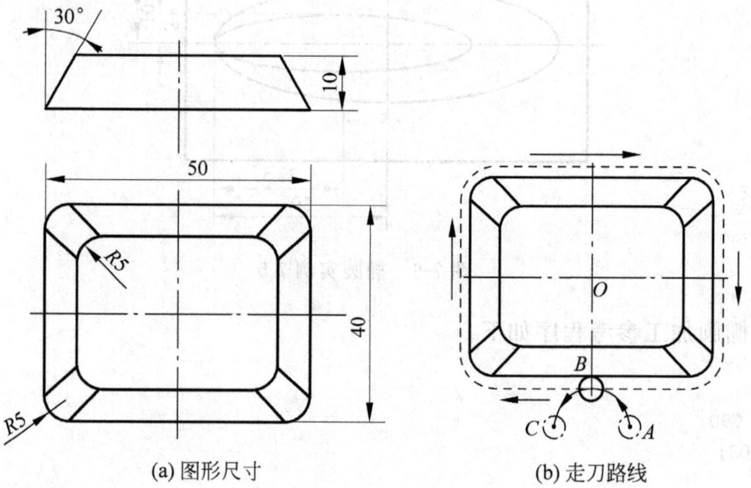

图 7-7　斜面图及走刀路线

图 7-7 斜面加工参考程序如下。

```
O7020
G54 G90 G40;
G0 X15 Y-50 Z2;
S1500 M03;
#1=0;
WHILE[#1 LE10.]DO 1;
G1 Z[-10.+ #1]F100;
G1 Y-[40.-#1 * TAN[30.]];
G3 X0 Y-[25.-#1 * TAN[30.]] R15;
G1 X-[30.-#1 * TAN[30.]],R10;
G1 Y[25.-#1 * TAN[30.]].,R10;
G1 X[30.-#1 * TAN[30.]].,R10;
G1 Y-[25.-#1 * TAN[30.]],R10;
G1 X0;
G3 X-15 Y-[40.-#1 * TAN[30.]] R15;
G1 X15;
#1= #1+0.2;
END1;
G0 Z100;
M5;
M30;
```

7.3 任务实施

1. 装夹方案

装夹是否合理对零件的形位精度有重大的影响，由于该零件无形位公差要求，零件采用平口虎钳装夹。由于零件毛坯的尺寸为120mm×80mm×30mm，其在高度方向上要切削掉15mm，考虑如果夹持的高度太小的话，虎钳的夹持力较弱，需要将零件上部分加工完成后再调头装夹。调头装夹时一定要找正。

2. 工件原点设定

工件坐标系原点可设置在工件上表面的中心点。

3. 加工机床选择

选择的数控机床为三轴联动数控铣床，机床数控系统采用FANUC系统，所选用的工、夹、量具清单如表7-5所示。

表7-5 工、夹、量具清单

类　型	型　号	规　格	数　量
机床	数控铣床	FANUC 0i-MD	10台
量具	钢直尺	0～300mm	每台1把
	深度千分尺	0～25mm	每台1把
	外径千分尺	0～25，25～50，50～75，75～100	每台1套
	内测千分尺	5～25	每台1把
	万能角度尺	0～360	每台1块
	磁力表座及表	0～5	每台1套
加工材料	硬铝	120mm×80mm×30mm	每台1块
工具、夹具	扳手、木槌		每台1把
	平行垫块、钢皮等		每台若干

4. 加工刀具选择

当零件为单件生产时，可选用ϕ20mm高速钢平面立铣刀1把、ϕ8mm高速钢平面立铣刀1把，ϕ6mm高速钢平面立铣刀1把，A2中心钻一把，ϕ5mm高速钢钻头1把，共五把刀。如零件为批量生产，为防止刀具过快磨损，影响所加工的零件尺寸一致性，需增加几把刀，其刀具列表如表7-6所示。

5. 加工工艺

在本例的加工中，由于毛坯的高度为30mm，零件的总高为15mm，上、下表面都要加工，分两次装夹，其加工工艺卡片如表7-7所示。

表 7-6　刀具列表

刀号	T1	T2	T3	T4	T5
刀具材料	高速钢	高速钢	高速钢	高速钢	高速钢
刀具直径/mm	ϕ20	ϕ8	ϕ6	A2	ϕ5
刀具名称	平面立铣刀	平面立铣刀	平面立铣刀	中心钻	钻头

表 7-7　工艺卡片

工序号	工步号	加工内容	程序号	刀具号	主轴转速/(r/min)	进给速度/(mm/min)	深度切削余量	XY 方向切削余量
一	1	粗铣上表面	O7021	T1	1500	500	0.3	0
	2	精铣上表面	O7022		2000	300	0	0
	3	粗铣 100mm×60mm 的矩形外轮廓	O7023		1500	500	0.8	0.8
	4	精铣 100mm×60mm 的矩形外轮廓	O7024		2000	300	0	0
	5	粗铣 80mm×40mm 的矩形外轮廓	O7025	T2	1500	500	0.8	0.8
	6	粗铣 20mm×40mm 的矩形外轮廓	O7026		1500	500	0.3	0.3
		精铣 20mm×40mm 的矩形外轮廓	O7027		2000	300	0	0
	7	粗铣 50mm×40mm 的矩形外轮廓	O7028		1500	500	0.3	0.3
	8	精铣斜度为 30°的斜面	O7027		2000	300	0	0
	9	粗铣 10mm×30mm 的矩形槽	O7028		1500	500	0.3	0.3
		精铣 10mm×30mm 的矩形槽	O7029	T3	2000	300		0
	10	粗铣椭圆槽	O7030		1500	500	0	0.3
		精铣椭圆槽			1500	300		0
	11	钻 ϕ5mm 的孔	O7031	T4	1500	100	12	0
			O7032	T5	1500	100	0	0
二	1	粗铣下表面	O7035	T1	1500	500	0.3	0
	2	精铣下表面	O7036		2000	300	0	0

6. 加工参考程序

根据零件图的尺寸标注，为了使编程时计算简单，可以将工件坐标系 G54 往左平移 30，建立 G55 工件坐标系来加工左侧凸台及凹槽；将工件坐标系 G54 往右平移 15，建立 G56 工件坐标系来加工右侧凸台及凹槽。

针对加工工艺卡片，编制各加工程序，程序 O7021、O7022 分别与程序 O7035、O7036 相同，故省略，下面提供了 O7021～O7034 的全部程序供参考。

图 7-1 铣上表面参考程序如下。

粗铣上表面

```
O7021
G54 G90 G40;
S1500 M3;
G0 Z50;
X72 Y-40;
G0 Z10;
G1 Z0.3 F500;
#1=-40;
WHILE[#1LE40.]DO1;
G01 X-72 F80;
#1=#1+15;
Y#1;
X72;
#1=#1+15;
Y#1;
END1;
G00 Z100;
M5;
M30;
```

精铣上表面

```
O7022
G54 G90 G40;
S2000 M3;
G00 Z50;
X72 Y-40;
Z10;
G1 Z0 F300;
#1=-40.;
WHILE[#1LE40.]DO1;
G01 X-72 F60;
#1=#1+15;
Y#1;
X72;
#1=#1+15;
Y#1;
END1;
G00 Z100;
M5;
M30;
```

图 7-1 铣 100mm×60mm 的矩形外轮廓参考程序如下。

粗铣 100mm×60mm 的矩形外轮廓(T1 刀具，D01 刀补设置为 10.8，预留 0.8 的余量)

```
O7023
G54 G90 G40;
S1500 M3;
G0 Z50;
X15 Y-60;
Z10;
G1 Z1 F500;
#1=2;
WHILE[#1LE16.] DO1;
G1 Z[-#1] F80;
G1 G41 X15 Y-45 D01;
G3 X0 Y-30 R15;
G1 X-45;
G2 X-50 Y-25 R5;
```

精铣 100mm×60mm 的矩形外轮廓(T2 刀具，D02 刀补设置为 10)

```
O7024
G54 G90 G40;
S1500 M3;
G0 Z50;
X15 Y-60;
Z1;
G1 Z-16 F300;
G1 G41 X15 Y-45 D02;
G3 X0 Y-30 R15;
G1 X-45;
G2 X-50 Y-25 R5;
G1 Y25;
G2 X-45 Y30 R5;
G1 X45;
```

```
G1 Y25;
G2 X-45 Y30 R5;
G1 X45;
G2 X50 Y25 R5;
G1 Y-25;
G2 X45 Y-30 R5;
G1 X0;
G3 X-15 Y-45 R15;
G40 G00 X15 Y-60;
#1=#1+2;
END1;
G0 Z30;
M5;
M30;
```

```
G2 X50 Y25 R5;
G1 Y-25;
G2 X45 Y-30 R5;
G1 X0;
G3 X-15 Y-45 R15;
G40 G00 X15 Y-60;
G0 Z100;
M5;
M30;
```

图 7-1 粗铣 80mm×40mm 的矩形外轮廓参考程序如下。

```
(T1 刀具,D01 刀补设置为 10.8,预留 0.8 的余量)
O7025
G54 G90 G40;
S1500 M3;
G0 Z50;
X15 Y-50;
Z10;
G1 Z1 F300;
#1=2.;
WHILE[#1LE10.]DO1;
G1 Z[-#1] F100;
G1 G41 X15 Y-35 D01;
G3 X0 Y-20 R15;
G1 X-35;
G2 X-40 Y-15 R5;
G1 Y15;
G2 X-35 Y20 R5;
G1 X35;
G2 X40 Y15 R5;
G1 Y-15;
G2 X35 Y-20 R5;
G1 X0;
G3 X-15 Y-35 R15;
G40 G00 X15 Y-50;
#1=#1+2.;
END1;
G0 Z30;
M5;
M30;
```

图 7-1 铣 20mm×40mm 的矩形外轮廓参考程序如下。

粗铣 20mm×40mm 矩形外轮廓(T2 刀具,D03 刀补设置为 4.3,预留 0.3 的余量.将工件坐标系往左平移 30,建立 G55 坐标系)

```
O7026
G55 G90 G40;
S1500 M3;
G0 Z50;
X15 Y-50;
Z10;
G1 Z1 F500;
#1=2.;
WHILE#[1LE10.] DO1;
G1 Z[-#1] F100;
G1 G41 X15 Y-35 D03;
G3 X0 Y-20 R15;
G1 X-5;
G2 X-10 Y-15 R5;
G1 Y15;
G2 X-5 Y20 R5;
G1 X5;
G2 X10 Y15 R5;
G1 Y-15;
G2 X5 Y-20 R5;
G1 X0;
G3 X-15 Y-35 R15;
G40 G0 X15 Y-50;
#1=#1+2.;
END1;
G0 Z100;
M5;
M30;
```

精铣 20mm×40mm 矩形外轮廓(T2 刀具,D04 刀补设置为 4.0,不留余量.将工件坐标系往左平移 30,建立 G55 坐标系)

```
O7027
G55 G90 G40;
S2000 M3;
G0 Z50;
X15 Y-50;
Z5;
G1 Z-10 F300;
G1 G41 X15 Y-35 D04;
G3 X0 Y-20 R15;
G1 X-5;
G2 X-10 Y-15 R5;
G1 Y15;
G2 X-5 Y20 R5;
G1 X5;
G2 X10 Y15 R5;
G1 Y-15;
G2 X5 Y-20 R5;
G1 X0;
G3 X-15 Y-35 R15;
G40 G0 X15 Y-50;
G0 Z100;
M5;
M30;
```

图 7-1 粗铣 50mm×40mm 外轮廓参考程序如下。

(T2 刀具,D03 刀补设置为 4.3,预留 0.3 的余量.将工件坐标系往右平移 15,建立 G56 坐标系)

```
O7028
G56 G90 G40;
S2000 M3;
G0 Z50;
X15 Y-50;
G1 Z1 F300;
#1=2.;
WHILE[#1LE10.]DO1;
G1 Z[-#1] F100;
G1 G41 X15 Y-35 D03;
G3 X0 Y-20 R15;
G1 X-20;
G2 X-25 Y-15 R5;
```

```
G1 Y15;
G2 X-20 Y20 R5;
G1 X20;
G2 X25 Y15 R5;
G1 Y-15;
G2 X20 Y-20 R5;
G1 X0;
G3 X-15 Y-35 R15;
G40 G0 X15 Y-50;
#1=#1+2.;
END1;
G00 Z100;
M5;
M30;
```

图 7-1 精铣斜度为 30°斜面轮廓参考程序如下。

```
(T2 刀具)
O7029
G56 G90 G40;
S2000 M3;
G0 Z50;
X15 Y-50;
Z10;
G1 Z2 F300;
#1=0;
WHILE[#1LE10.]DO1;
G1 Z[-10.+#1] F100;
G1 Y-[39.-#1* TAN[30.]];
G3 X0 Y-[24.-#1* TAN[30.]] R15;
G1 X-[29.-#1* TAN[30.]],R9;
G1 Y[24.-#1* TAN[30.]],R9;
G1 X[29.-#1* TAN[30.]],R9;
G1 Y-[24.-#1* TAN[30.]],R9;
G1 X0;
G3 X-15 Y-[39.-#1* TAN[30.]] R15;
G1 X15;
#1=#1+0.2;
G0 Z100;
M5;
M30;
```

图 7-1 铣 20mm×40mm 的矩形槽轮廓参考程序如下。

粗铣 20mm×40mm 矩形槽轮廓(T3 刀具,半径为 3,D05 设为 3.3,预留 0.3 的加工余量,倾斜下刀)

```
O7030
G55 G90 G40;
S1500 M3;
```

精铣 20mm×40mm 矩形槽轮廓(T3 刀具,半径为 3,D06 设为 3.0)

```
O7031
G55 G90 G40;
S2000 M3;
```

```
G00 Z50;
X0. Y10;
Z10;
G1 Z0 F500;
#1 = -1.;
WHILE[#1GE-5.] DO1;
G1 Z#1 Y-10 F100;
Y10;
G41 X0 Y15 D05;
G1 X-5;
G1 Y-15;
G1 X5;
G1 Y15;
G1 X0;
G40 X0 Y10;
#1 = #1-1.;
END1;
G0 Z100;
M5;
M30;
```

```
G0 Z50;
X0 Y10;
Z10;
G1 Z-5 F300;
G41 X0 Y15 D06;
G1 X-5;
G1 Y-15;
G1 X5;
G1 Y15;
G1 X0;
G40 X0 Y10;
G0 Z100;
M5;
M30;
```

图 7-1 粗、精铣椭圆槽轮廓参考程序如下。

```
(T3刀具,半径为3,D05设为3.3,D06为3.0,不留加工余量,螺旋下刀)
O7032
G90 G56 G40 G50;
S1500 M3;
G0 Z100;
X2.5 Y0;
Z10;
G1 Z0 F100;
G2 I-2.5 Z-1 F500;
I-2.5 Z-2;
I-2.5 Z-3;
I-2.5 Z-4;
I-2.5 Z-5;
G1 X4.5;
G2 I-4.5;
G1 X6.5;
G2 I-6.5;
G1 X2.5;
G2 I-2.5 Z-6 F500;
I-2.5 Z-7;
I-2.5 Z-8;
I-2.5 Z-9;
I-2.5 Z-10;
I-2.5;
G1 X4.5;
```

```
G2 I-4.5;
G1 X6.5;
G2 I-6.5;
G0 Z10;
S2000;
G0 X0 Y0 Z2;
#1=-2.;
WHILE[#1GE-10.]DO1;
G01 Z#1 F300;
#2=0;
WHILE[#2LE360.]DO2;
#3=15.*COS[#2];
#4=10.*SIN[#2];
G41 G1 X#3 Y#4 D05;
#2=#2+2.;
END2;
G40 X0 Y0;
#1=#1-2;
END1;
G1 Z-10 F300 S2000;
#5=0;
WHILE[#5LE360.]DO3;
#6=15.*COS[#5];
#7=10.*SIN[#5];
G41 G01 X#6 Y#7 D06;
#5=#5+1;
END3;
G40 X0 Y0;
G0 Z100;
M5;
M30;
```

图 7-1 钻 ϕ5mm 的孔参考程序如下。

```
(点钻)
O7033
G55 G90 G40 G50;
S1500 M3;
G0 Z50;
X0 Y11;
Z10;
G99 G81 X0 Y11 Z-3 R2 F100;
Y4;
Y-4;
G98 Y-11;
G80;
M5;
M30;
```

```
(点钻)
O7034
G55 G90 G17 G40 G50;
S1500 M3;
G0 Z10;
X0 Y11;
Z10;
G99 G81 X0 Y11 Z-15 R2 F100;
Y4;
Y-4;
G98 Y-11;
G80;
M5;
M30;
```

7. 操作注意事项

(1) 要做到安全操作、文明生产,在操作中发现有错,应立即停铣。

(2) 加工时,要随时查看程序中实际的剩余距离和剩余坐标值是否相符。

(3) 为保证测量的准确性,最好是游标卡尺与千分尺配合使用。

(4) 对刀之前,机床应先回到参考点。

(5) 在对刀的过程中,可通过改变微调进给试切提交对刀数据。

(6) 在手动(JOG)或手轮模式中,移动方向不能错,否则会损坏刀具和机床。

(7) 刀具路径编写好后,要进行认真检查与验证,以确保无误。

(8) X、Y 与 Z 方向的对刀验证步骤分开进行,以防验证时因对刀失误造成刀具撞刀。

附录A

数控铣床安全操作规程

1. 安全规程

(1) 工人应穿紧身工作服,袖口扎紧;女同志要戴防护帽;高速铣削时要戴防护镜;铣削铸铁件时应戴口罩;操作时,严禁戴手套,以防将手卷入旋转刀具和工件之间。

(2) 操作前应检查铣床各部件及安全装置是否安全可靠;检查设备电器部分安全可靠程度是否良好。

(3) 机床运转时,不得调整、测量工件和改变润滑方式,以防手触及刀具碰伤手指。

(4) 在铣刀旋转未完全停止前,不能用手去制动。

(5) 铣削中不要用手清除切屑,也不要用嘴吹,以防切屑损伤皮肤和眼睛。

(6) 装卸工件时,应将工作台退到安全位置,使用扳手紧固工件时,用力方向应避开铣刀,以防扳手打滑时撞到刀具或工夹具。

(7) 装拆铣刀时要用专用衬垫垫好,不要用手直接握住铣刀。

(8) 在机动快速进给时,要把手轮离合器打开,以防手轮快速旋转伤人。

2. 操作规程

(1) 操作者必须熟悉机床使用说明书和机床的一般性能、结构,严禁超性能使用。

(2) 开机前应按设备点检卡规定检查机床各部分是否完整、正常,机床的安全防护装置是否牢靠。

(3) 按润滑图表规定加油,检查油标、油量、油质及油路是否正常,保持润滑系统清洁,油箱、油眼不得敞开。

(4) 操作者必须严格按照数控铣床操作步骤操作机床,未经操作者同意,其他人员不得私自开动。

(5) 按动各按键时用力应适度,不得用力拍打键盘、按键和显示屏。

(6) 工作台面不许放置其他物品，安放分度头、虎钳或较重夹具时，要轻取轻放，以免碰伤台面。

(7) 机床发生故障或不正常现象时，应立即停车检查、排除。

(8) 操作者离开机床、变换速度、更换刀具、测量尺寸、调整工件时，都应停车。

(9) 工作完毕后，应使机床各部处于原始状态，并切断电源。

(10) 妥善保管机床附件，保持机床整洁、完好。

附录 B

习 题 集

(1) 编写图 B-1～图 B-5 线框图形程序并加工，不考虑刀具半径补偿，铣深 1mm。

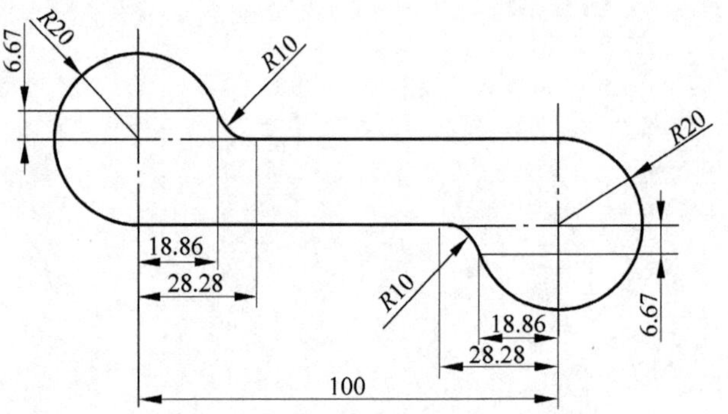

图 B-1

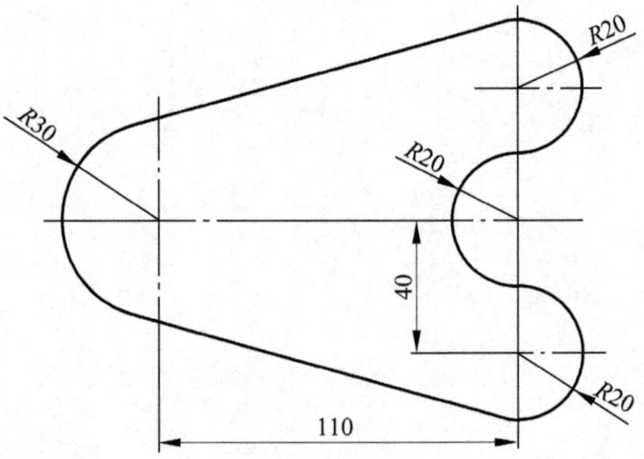

图 B-2

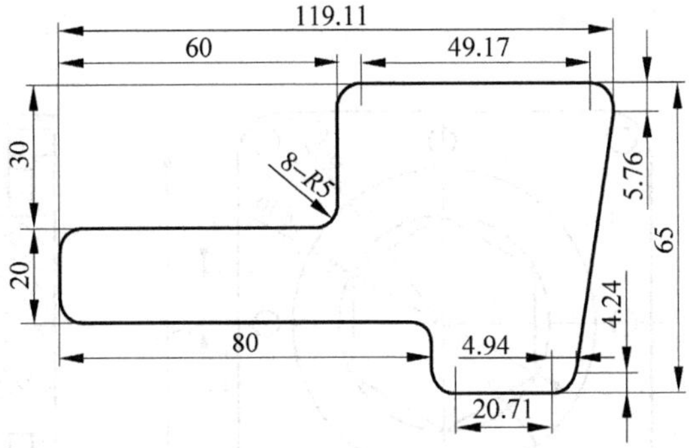

图 B-3

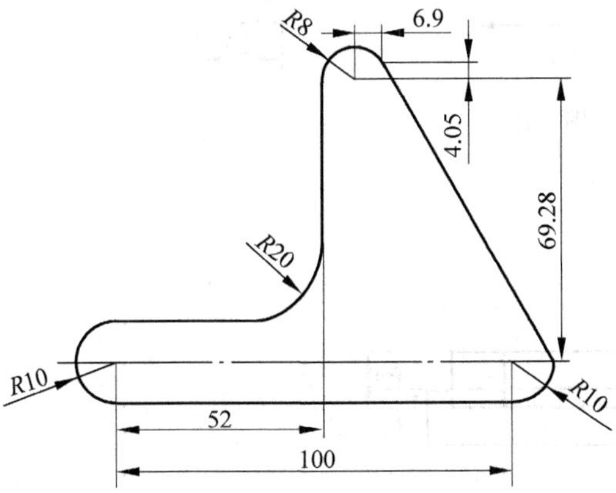

图 B-4

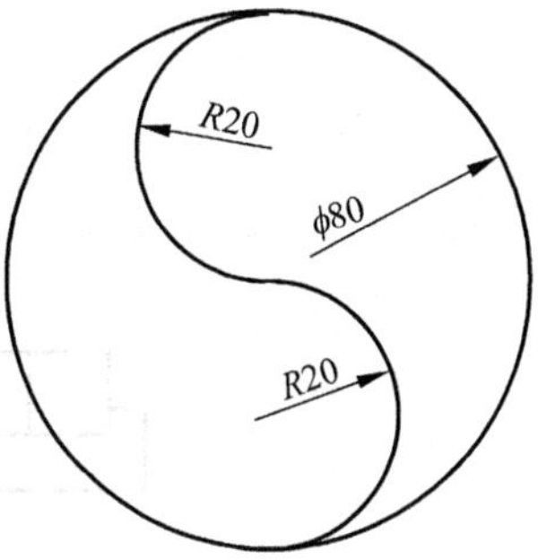

图 B-5

(2) 编写如图 B-6～图 B-9 所示二维图形程序并加工，须考虑刀具半径补偿，毛坯、刀具自定。

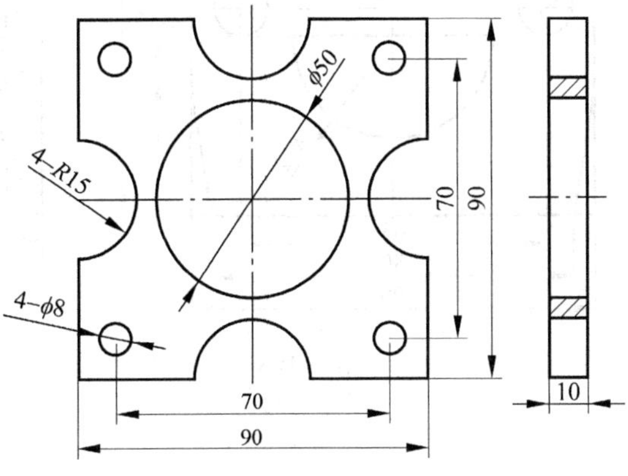

图 B-6

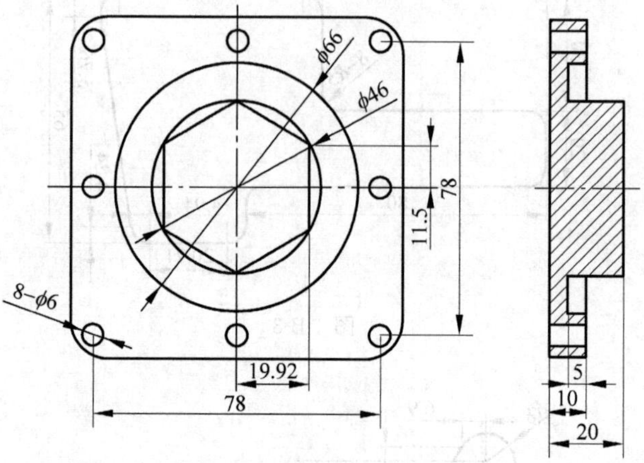

ϕ66
ϕ46
78
11.5
8-ϕ6
19.92
78
5
10
20

图 B-7

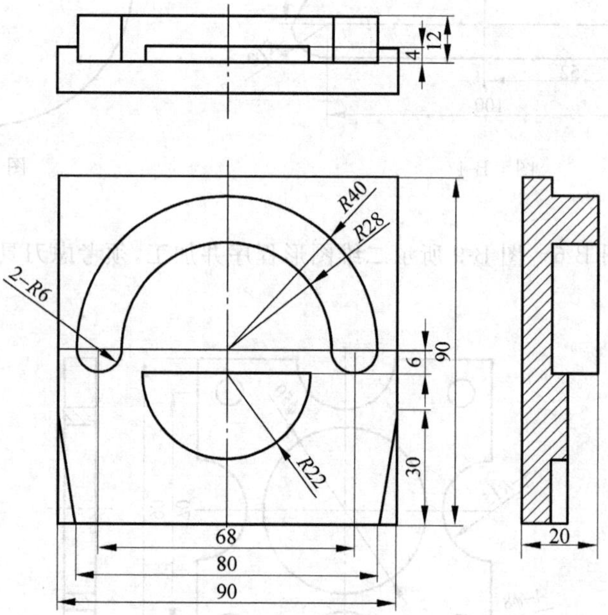

12
4
R40
R28
2-R6
6
90
30
R22
68
80
90
20

图 B-8

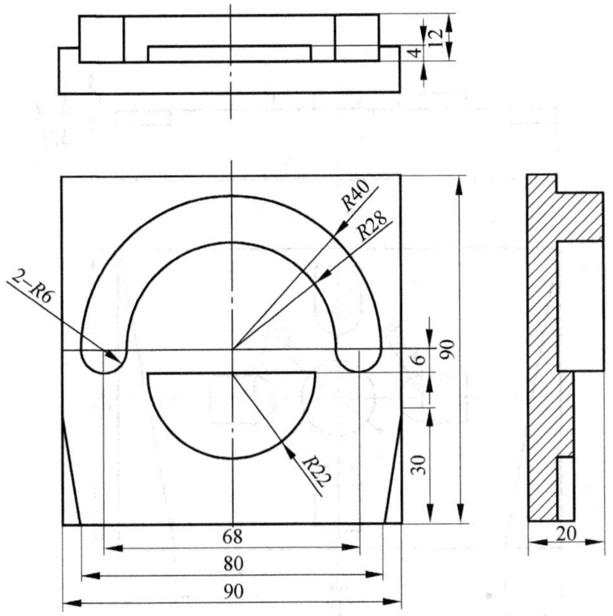

图 B-9

(3) 编写如图 B-10～图 B-21 所示二维图形程序并加工，须考虑刀具半径补偿，复合指令，毛坯、刀具自定。

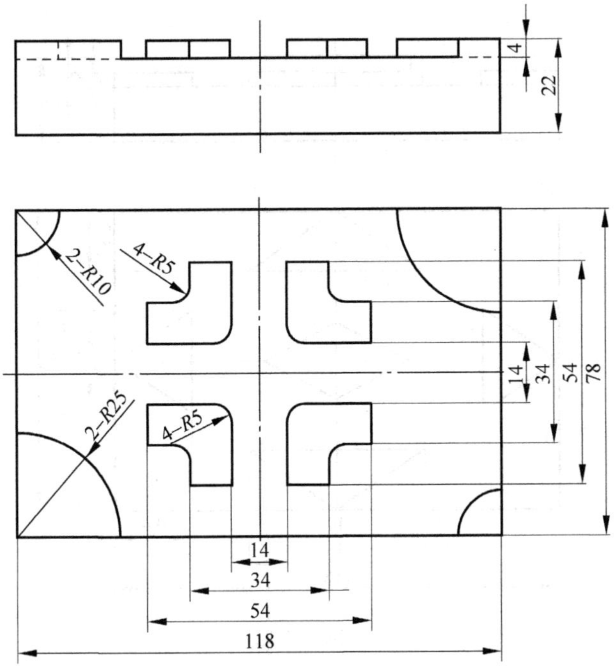

图 B-10

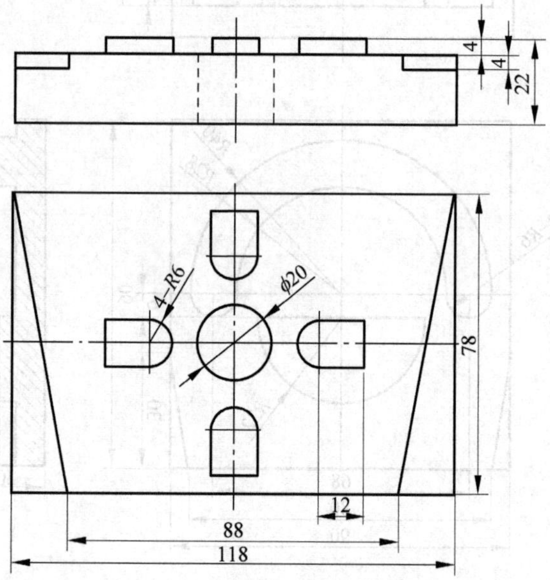

图　B-11

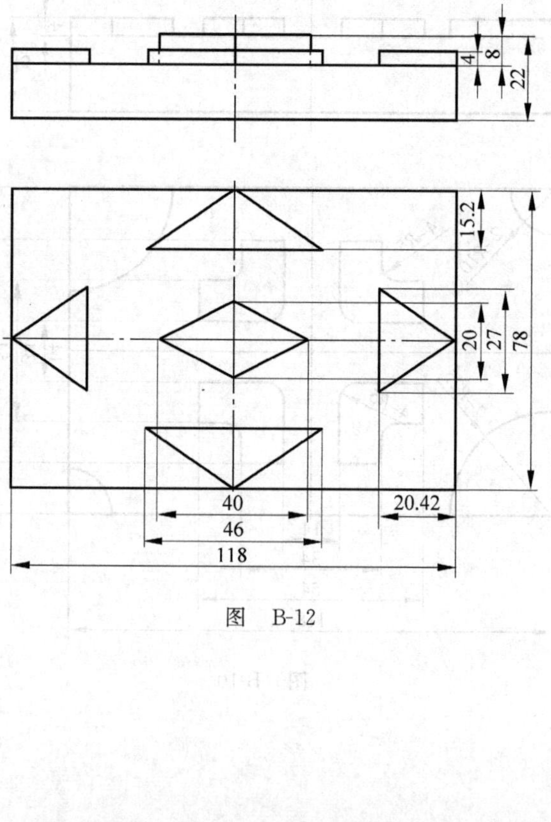

图　B-12

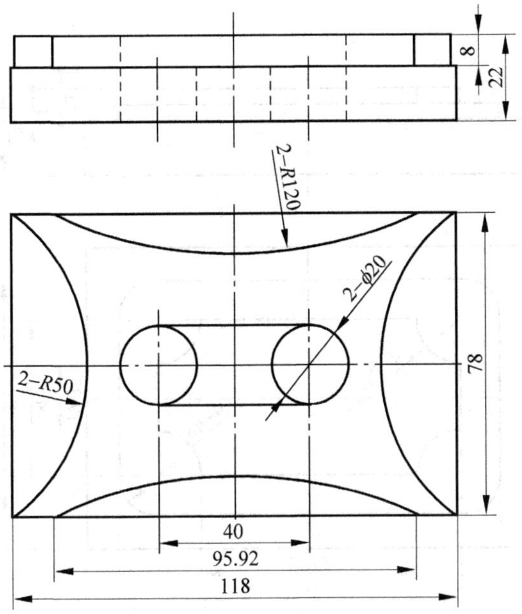
8
22
2-R120
2-ϕ20
2-R50
78
40
95.92
118

图 B-13

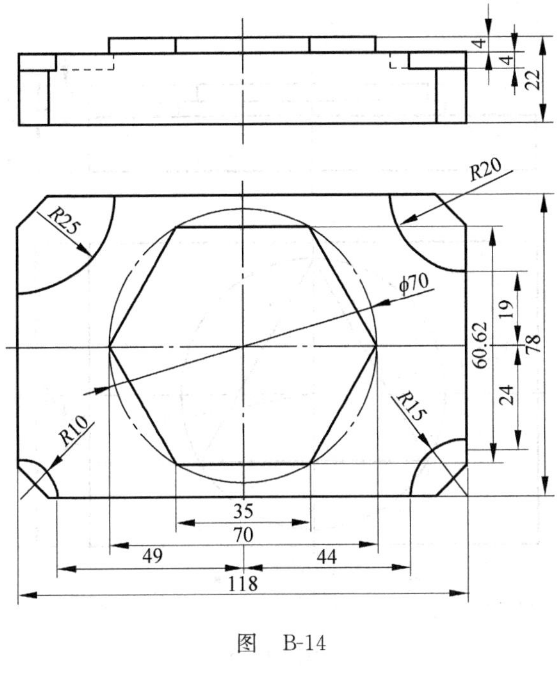
4
4
22
R20
R25
ϕ70
19
60.62
78
24
R15
R10
35
70
49
44
118

图 B-14

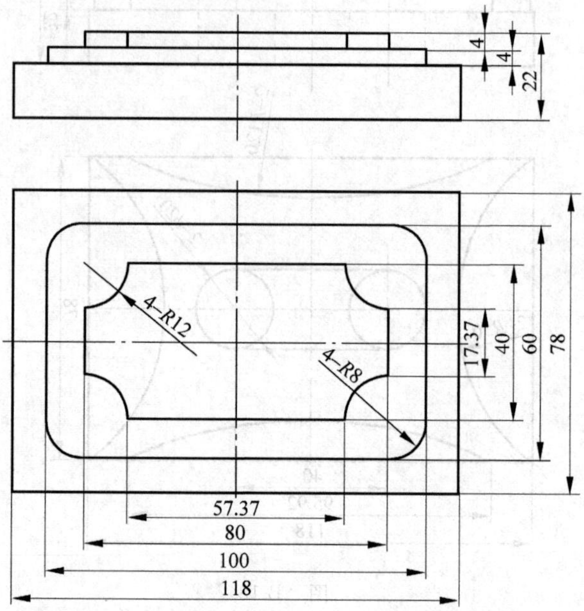
4
4
22
4–R12
4–R8
17.37
40
60
78
57.37
80
100
118

图 B-15

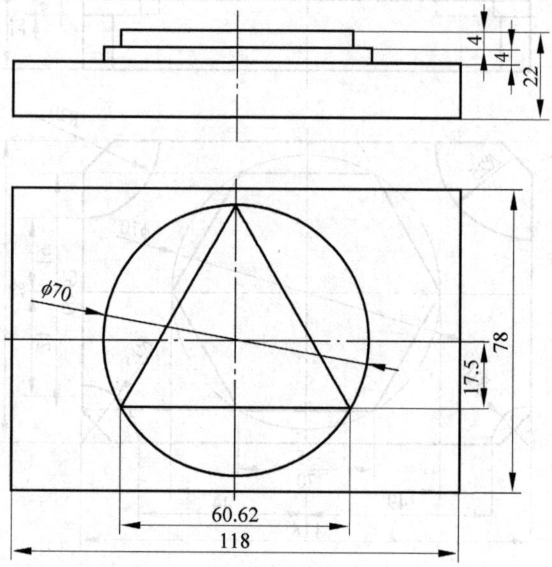
4
4
22
ϕ70
17.5
78
60.62
118

图 B-16

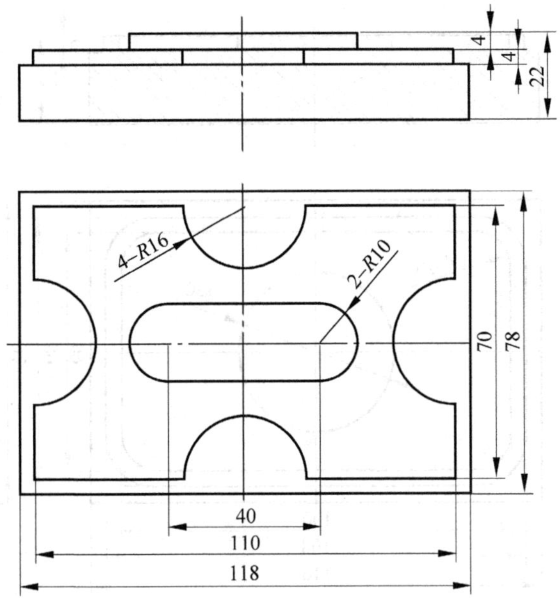

图 B-17

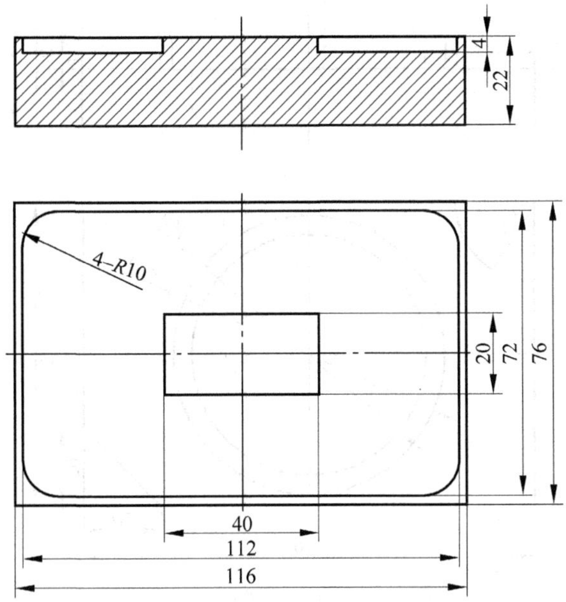

图 B-18

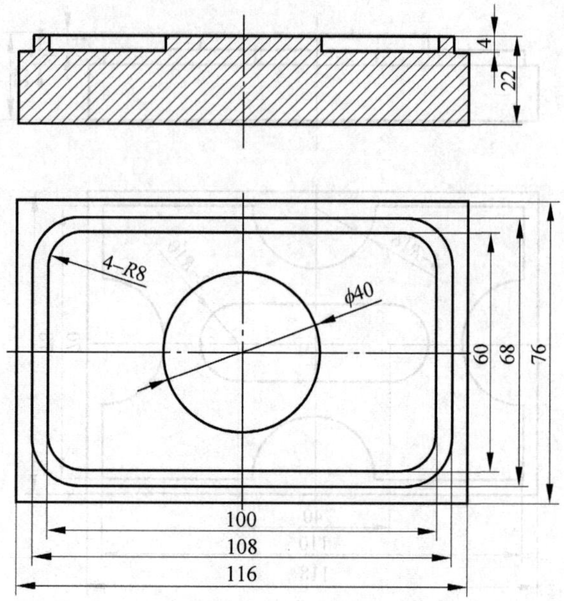

图 B-19

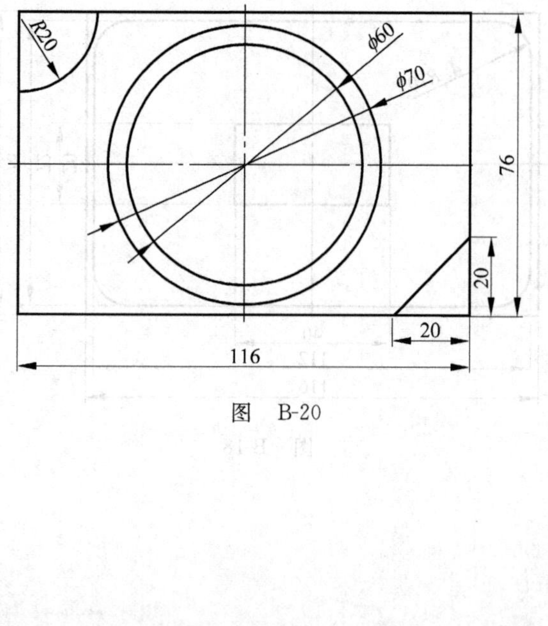

图 B-20

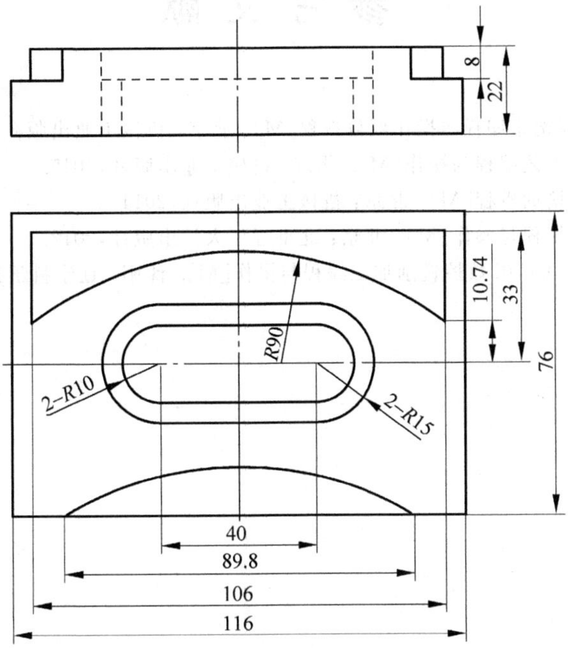

图 B-21

参 考 文 献

[1] 朱明松，王翔. 数控铣床编程与操作项目教程[M]. 北京：机械工业出版社，2007.

[2] 丑幸荣. 数控加工工艺编程与操作[M]. 北京：机械工业出版社，2015.

[3] 王荣兴. 加工中心培训教程[M]. 北京：机械工业出版社，2014.

[4] 夏燕兰. 数控机床编程与操作[M]. 北京：北京理工大学出版社，2012.

[5] 陈为国，陈昊. FANUC 0i 数控铣削加工编程与操作[M]. 沈阳：辽宁科学技术出版社，2011.